现代物理基础丛书　97

理论力学及其专题分析

王晓光　编著

科学出版社
北　京

内 容 简 介

　　理论力学是物理类各专业的一门基础课. 为了突出理论框架的连贯性并兼顾知识体系的完整性, 本书第 1—7 章分别是: 质点动力学、质点组动力学、拉格朗日力学、哈密顿力学、哈密顿-雅可比理论、牛顿力学专题和分析力学专题. 前两章是牛顿力学部分, 接下来三章是分析力学内容, 最后两个专题供读者进一步的深入学习. 第 8 章是附录. 本书在语言上采用简洁明了的叙述方式, 注重逻辑推理、代数方法的应用, 以及和量子力学的衔接, 以培养读者的理解能力、分析能力和科学素养为宗旨.

　　本书可以作为高等院校物理专业本科生的教学用书, 同时适用于 48 学时和 64 学时. 本书亦可作为相关专业教师和研究生的参考书.

图书在版编目 (CIP) 数据

理论力学及其专题分析/王晓光编著. —北京: 科学出版社, 2022.7
ISBN 978-7-03-072732-9

Ⅰ. ①理… Ⅱ. ①王… Ⅲ. ①理论力学 Ⅳ. ①O31

中国版本图书馆 CIP 数据核字(2022)第 123607 号

责任编辑: 周　涵 / 责任校对: 彭珍珍
责任印制: 吴兆东 / 封面设计: 陈　敬

科学出版社 出版
北京东黄城根北街 16 号
邮政编码: 100717
http://www.sciencep.com

北京建宏印刷有限公司 印刷
科学出版社发行　　各地新华书店经销

*

2022 年 7 月第　一　版　　开本: 720×1000　B5
2022 年 10 月第二次印刷　　印张: 15 1/2
字数: 310 000
定价: 98.00 元
(如有印装质量问题, 我社负责调换)

前　　言

　　理论力学是本科学习阶段物理专业中的一门十分重要的基础课程，它在普通物理中的力学课程基础上运用高等数学工具，全面系统地阐述宏观机械运动的普遍规律. 学生在学习理论力学之前，已经学习了力学，对静力学、运动学、动力学都有了一定的基础. 相较于力学，理论力学推理严密、体系完整、理论性强. 理论力学是学生在本科课程的学习中接触到的第一门理论物理课程，是后续理论物理课程的基础、桥梁和纽带，并且在培养、造就高素质人才过程中也起着重要作用.

　　教育部高等学校力学教学指导委员会发布的教学基本要求中明确指出：理论力学任务是使学生掌握质点、质点系、刚体和刚体系机械运动 (包括平衡) 的基本规律和研究方法. 对于不同的专业，所学内容侧重不同是可以理解的，对于物理学专业，理论力学内容主要包括牛顿力学和分析力学两大部分. 牛顿力学主要依托于力的表象，而分析力学主要依托于能量动量表象. 分析力学对于具有约束的质点系的求解更为优越，因为有了约束方程，系统的自由度就可减少，运动微分方程组的阶数随之降低，更易于求解.

　　分析力学知识在统计力学和量子力学中起着重要作用，在量子力学未建立以前，物理学家曾用分析力学研究微观现象的力学问题. 从 1923 年起，量子力学开始建立并逐步完善，才在微观现象的研究领域中取代了分析力学. 但是，掌握分析力学的一些基本知识有助于学好量子力学. 例如用分析力学知识求出哈密顿函数，再化成哈密顿算符，又自哈密顿-雅可比方程化成波动力学的薛定谔方程等. 但是，在力学课程改革的大背景下，理论力学教学学时不断减少，教学内容空间亦呈不断被压缩趋势. 有些高校现有的理论力学教学内容，基本只包含静力学、运动学、动力学内容的牛顿力学部分，对于重要的分析力学内容却少讲甚至不讲，这显然不利于物理专业人才的培养.

　　作者在浙江大学物理系从事理论力学课程的授课工作十余年，面向的学生主要是物理专业大二下学期的本科生. 本书是根据授课讲义完善而成的. 根据教学中的学情分析和实际经验，考虑学生在力学课程中打下的基础，本书的内容安排上，对于牛顿力学中与力学重复的内容，不过多地叙述，将内容言简意赅地分配到质点动力学、质点组动力学两章中，其中刚体问题作为质点组动力学的重要一节. 对于稳定性、傅科摆与几何相、阻尼谐振子、位力定理、测地线方程几个有趣又富有深刻意义的问题，以专题的形式归到牛顿力学专题这一章中.

　　对于分析力学的内容，本书将重点介绍，分为拉格朗日力学、哈密顿力学、哈密顿-雅可比理论三章，以建立完整的知识体系，展现分析力学的研究方法. 此外，把狭义相对论情况下的哈密顿量、正则微扰论、绝热不变量等专题归于分析力学专题这一章. 内容顺序上，先知识主干，后专题分析，有助于学生形成完整的体系，并进行查漏补缺. 先牛顿力学，后分析力学，符合学生由具体到抽象的认识过程. 对于本书应用到的数学基础，以附录的形式呈现. 知识学习后的应用与练习是必不可少的，每章都有配套的习题，数量不多，但是都值得反复品味. 对于一些有启发意义的名人传记以小传的形式介绍.

　　本书的主要特点之一是在教学过程中采用对称性分析的方法，利用代数和群论的工具，介绍相关的群的基本知识，例如 $SU(2)$，$SO(3)$，置换群和辛群. 每一个群都有具体的力学应用. 利用厄米矩阵和非厄米矩阵对角化方法给出一些力学问题简洁的解法. 厄米矩阵对角化方法不但是量子力学的数学基础，在经典力学中也有广泛应用. 这些手段的应用非常有助于培养学生的代数素养，也很有助于和后续量子力学课程的衔接. 本书是物理学理科专业本科生的教学用书，不仅要教授理论力学知识，更重要的是通过本课程的学习，培养同学们的科研能力.

　　本书的出版得到了科技部重点研发项目 (项目编号：2017YFA0205700) 资助，在此予以感谢.

　　本书的写作过程中，我的历届博士生、硕士生和博士后做了大量工作，如输入和校正等. 一些优秀的本科生也提出了不少改进意见. 在此不一一列举，一并致谢. 我要特别感谢我的导师孙昌璞院士的鼓励、支持和具体建议.

　　作者水平有限，已过知命，物理之要，犹未精通，敬请同行指正.

王晓光

2022 年 3 月于浙江大学

目　　录

第 1 章　质点动力学

1687 年，牛顿在他的《自然哲学的数学原理》中提出了著名的力学三大定律. 本章介绍单个质点的动力学.

1.1　牛顿动力学方程

物质的运动离不开时间和空间. 时间是人类用以描述物质运动过程的一个参数. 空间是物质存在和运动的场所. 牛顿三大定律给出了宏观低速物体机械运动所遵循的基本规律，其内容如下:

第一定律　任何一个物体在不受到其他物体的作用时，总是保持静止状态或匀速直线运动状态.

第二定律　物体的加速度和物体所受的合外力成正比，和物体的质量成反比，加速度的方向和合外力的方向相同.

第三定律　两个物体之间的作用力和反作用力，总是同时在同一条直线上，且大小相等，方向相反.

在以上三个定律中我们提到了力和质量的概念，它们的定义分别是:

(1) 物体之间相互作用叫作力. 当物体受其他物体的作用后，能使物体获得加速度 (速度或动量发生变化) 的都称为力.

(2) 质量是物体惯性大小的量度，其定义详见文献 [1]. 严格地讲，此处的质量叫作惯性质量.

如果 $\boldsymbol{F}(\boldsymbol{r}, \dot{\boldsymbol{r}}, t)$ 代表作用在质点上的外力，m 表示质点的质量，$\boldsymbol{r}$，$\dot{\boldsymbol{r}}$ 和 $\ddot{\boldsymbol{r}}$ 分别代表位移，速度和加速度，则牛顿第二定律可以表示成

$$m\ddot{\boldsymbol{r}} = \boldsymbol{F}(\boldsymbol{r}, \dot{\boldsymbol{r}}, t). \tag{1.1}$$

上式给出了质量、角速度和外力之间的关系，即质点的加速度 $\ddot{\boldsymbol{r}}$ 和作用力 $\boldsymbol{F}$ 成正比，与质量成反比. 一般情况下，力可以是坐标 $\boldsymbol{r}$，速度 $\dot{\boldsymbol{r}}$ 和时间 t 的函数. 一个质点的状态可以由 $(\boldsymbol{r}, \dot{\boldsymbol{r}})$ 来描述.

牛顿: 英国物理学家、天文学家和数学家. 牛顿在 1676 年首次公布他发明的二项式展开定理. 1687 年他完成《自然哲学的数学原理》巨作，提出牛

顿三大定律. 牛顿与莱布尼茨独立发展出微积分. 牛顿也是光的微粒说的提出者，并于 1704 年完成著作《光学》.

1.2　动量、角动量和能量

在这一节中，我们介绍力学中的基本物理量: 动量、角动量和能量等概念.

1.2.1　动量与冲量

质点的动量定义为

$$\boldsymbol{p} = m\boldsymbol{v} = m\dot{\boldsymbol{r}}. \tag{1.2}$$

根据牛顿第二定律式 (1.1) 可得

$$\dot{\boldsymbol{p}} = \boldsymbol{F}(\boldsymbol{r}, \dot{\boldsymbol{r}}, t), \tag{1.3}$$

这就是**动量定理**，表示动量对时间的导数等于力. 我们首先注意到上面公式比式 (1.1) 更一般. 这里的质量可以依赖时间.

方程 (1.3) 可以写成微分形式

$$\mathrm{d}\boldsymbol{p} = \boldsymbol{F}\mathrm{d}t. \tag{1.4}$$

对上式两边从时间 t_1 到 t_2 积分可得 ($\boldsymbol{p}_1$ 和 $\boldsymbol{p}_2$ 分别是 t_1 和 t_2 时刻的动量)

$$\boldsymbol{p}_2 - \boldsymbol{p}_1 = \int_{t_1}^{t_2} \boldsymbol{F}\mathrm{d}t, \tag{1.5}$$

上式的右边是一个力对时间的积分，叫作力 $\boldsymbol{F}$ 的冲量. 我们注意到冲量也是一个矢量. 式 (1.5) 的左边表示两个不同时刻的动量差，表明质点动量的变化等于冲量，这就是**冲量定理**. 如果 $\boldsymbol{F} = 0$，则在 t_1 和 t_2 时刻的动量相等 ($\boldsymbol{p}_2 = \boldsymbol{p}_1$)，即动量守恒.

我们可以看出，冲量是一个**过程量**，表述了对质点作用一段时间的累积效果，而动量则是一个对质点某个时刻的描述量，是一个**状态量**，描述质点的平动状态. 一个质点的状态可以由 $(\boldsymbol{r}, \boldsymbol{p})$ 来描述，是六维空间中的一个点. 这样的空间叫作相空间.

1.2.2　角动量与力矩

对于任一矢量，它相对于空间中的一点具有一定的矢量矩，比如说我们最常见的力矩 $\boldsymbol{M} = \boldsymbol{r} \times \boldsymbol{F}$. 质点的位移 $\boldsymbol{r}$ 和动量为 $\boldsymbol{p}$ 的叉乘 $\boldsymbol{J} = \boldsymbol{r} \times \boldsymbol{p}$，就是质点对坐标原点的**角动量**，又称为**动量矩**. 利用矢量分析公式

$$\frac{\mathrm{d}(\boldsymbol{a} \times \boldsymbol{b})}{\mathrm{d}t} = \dot{\boldsymbol{a}} \times \boldsymbol{b} + \boldsymbol{a} \times \dot{\boldsymbol{b}}, \tag{1.6}$$

我们有

$$\frac{\mathrm{d}\boldsymbol{J}}{\mathrm{d}t} = \frac{\mathrm{d}(\boldsymbol{r} \times \boldsymbol{p})}{\mathrm{d}t} = \dot{\boldsymbol{r}} \times \boldsymbol{p} + \boldsymbol{r} \times \dot{\boldsymbol{p}} = \boldsymbol{M}. \tag{1.7}$$

这里我们利用了式 (1.3) 及 $\dot{\boldsymbol{r}} \times \boldsymbol{p} = 0$. 从式 (1.7) 可知: 质点角动量的变化率等于质点所受到力矩. 这就是**角动量定理**. 如果力矩 $\boldsymbol{M} = 0$, 则 $\mathrm{d}\boldsymbol{J}/\mathrm{d}t = 0$, 即**角动量守恒**.

方程 (1.7) 可以写成微分形式

$$\mathrm{d}\boldsymbol{J} = \boldsymbol{M}\mathrm{d}t. \tag{1.8}$$

对上式两边从时间 t_1 到 t_2 积分可得

$$\boldsymbol{J}_2 - \boldsymbol{J}_1 = \int_{t_1}^{t_2} \boldsymbol{M}\mathrm{d}t. \tag{1.9}$$

上式的右边是一个力矩对时间的积分, 也可以叫作力矩 $\boldsymbol{M}$ 的**角冲量**.

1.2.3 能量与功

力学中的能量主要分为动能、势能和机械能, 下面分别介绍.

1. 动能

首先来看质点的动能, 其定义为

$$T = \frac{1}{2}m\boldsymbol{v}^2 \equiv \frac{1}{2}m\boldsymbol{v} \cdot \boldsymbol{v} = \frac{1}{2}mv^2. \tag{1.10}$$

由式 (1.2), 它也可以写成动量的函数, 具体形式为

$$T = \frac{\boldsymbol{p}^2}{2m}. \tag{1.11}$$

在上式中我们看到动能是一个标量. 对式 (1.10) 两边同时对时间求导, 并利用牛顿第二定律, 可得 (假设质量随时间不变)

$$\dot{T} = m\dot{\boldsymbol{v}} \cdot \boldsymbol{v} = \dot{\boldsymbol{p}} \cdot \boldsymbol{v} = \boldsymbol{F} \cdot \boldsymbol{v}. \tag{1.12}$$

上面推导利用矢量分析公式

$$\frac{\mathrm{d}(\boldsymbol{a} \cdot \boldsymbol{b})}{\mathrm{d}t} = \dot{\boldsymbol{a}} \cdot \boldsymbol{b} + \boldsymbol{a} \cdot \dot{\boldsymbol{b}}. \tag{1.13}$$

方程(1.12)两边同时乘以时间的微分 $\mathrm{d}t$ 得

$$\mathrm{d}T = \boldsymbol{F} \cdot \mathrm{d}\boldsymbol{r} = \mathrm{d}W, \tag{1.14}$$

其中 $\boldsymbol{F} \cdot \mathrm{d}\boldsymbol{r}$ 是力对质点所做的**元功**，通常记为 $\mathrm{d}W$. 如果质点从位置 $\boldsymbol{r}_1$ 运动到 $\boldsymbol{r}_2$，则该力对质点做的**总功**为

$$W = \int_{\boldsymbol{r}_1}^{\boldsymbol{r}_2} \boldsymbol{F} \cdot \mathrm{d}\boldsymbol{r}. \tag{1.15}$$

结合式 (1.14) 和 (1.15)，通过积分可得

$$T_2 - T_1 = W. \tag{1.16}$$

根据以上分析可以看到，力对物体所做的功等于动能的增加，此即**动能定理**.

2. **势能**

下面来介绍势能. 首先复习一下梯度和旋度的定义. 矢量算符 ∇(nabla) 定义为

$$\nabla = \partial_1 \boldsymbol{e}_1 + \partial_2 \boldsymbol{e}_2 + \partial_3 \boldsymbol{e}_3 \equiv \frac{\partial}{\partial \boldsymbol{r}} = \partial_i \boldsymbol{e}_i. \tag{1.17}$$

其中，$\boldsymbol{e}_1$, $\boldsymbol{e}_2$, $\boldsymbol{e}_3$ 分别为沿 x, y, z 方向的三个正交的单位矢量，且 $\partial_1 \equiv \partial_x, \partial_2 \equiv \partial_y, \partial_3 \equiv \partial_z$ 是三个偏导数. 我们还利用了 Einstein 求和约定：当指标出现两次，默认对指标求和. 这个矢量算符将一个标量变成一个矢量.

下面介绍两个指标的克罗内克 (Kronecker) 符号 $\boldsymbol{\delta}$(delta) 和三个指标的 Levi-Civita 符号 ϵ_{ijk}. 克罗内克符号定义为

$$\boldsymbol{\delta}_{ij} = \begin{cases} 0, & i \neq j, \\ 1, & i = j. \end{cases} \tag{1.18}$$

形式上看 $\boldsymbol{\delta}$ 为单位矩阵. 我们所考虑的坐标轴都是互相垂直的，三个单位矢量具有正交归一性，即

$$\boldsymbol{e}_i \cdot \boldsymbol{e}_j = \boldsymbol{\delta}_{ij}. \tag{1.19}$$

三个指标的 Levi-Civita 符号 ϵ_{ijk} 在理论物理中经常出现，其定义为

$$\epsilon_{ijk} = \begin{cases} 1, & ijk \text{ 偶数次近邻置换到123，如 } 123, 312, 231; \\ -1, & ijk \text{ 奇数次近邻置换到123，如 } 132, 321, 213; \\ 0, & ijk \text{ 任何两个指标相同.} \end{cases} \tag{1.20}$$

123，312，231 叫作偶置换；132，321，213 叫作奇置换. 可参考群论中置换群的定义. 容易发现 ϵ_{ijk} 满足反对称性质

$$\epsilon_{ijk} = -\epsilon_{jik}. \tag{1.21}$$

利用这个符号，我们有

$$\boldsymbol{e}_i \times \boldsymbol{e}_j = \epsilon_{ijk}\boldsymbol{e}_k. \tag{1.22}$$

指标 k 叫作哑指标. 利用上式，两个矢量 $\boldsymbol{A} = a_i\boldsymbol{e}_i$ 和 $\boldsymbol{B} = b_j\boldsymbol{e}_j$ 的叉乘可以写成

$$\boldsymbol{A} \times \boldsymbol{B} = \epsilon_{ijk}a_ib_j\boldsymbol{e}_k. \tag{1.23}$$

我们现在回忆一下梯度和旋度的定义. 梯度的定义是

$$\nabla V \equiv \frac{\partial V}{\partial \boldsymbol{r}} = \partial_1 V\boldsymbol{e}_1 + \partial_2 V\boldsymbol{e}_2 + \partial_3 V\boldsymbol{e}_3. \tag{1.24}$$

旋度的定义是

$$\begin{aligned}
\nabla \times \boldsymbol{F} &= \epsilon_{ijk}\partial_i F_j\boldsymbol{e}_k \\
&= (\partial_2 F_3 - \partial_3 F_2)\boldsymbol{e}_1 + (\partial_3 F_1 - \partial_1 F_3)\boldsymbol{e}_2 + (\partial_1 F_2 - \partial_2 F_1)\boldsymbol{e}_3. \tag{1.25}
\end{aligned}$$

这里我们利用了方程(1.23).

如果力 $\boldsymbol{F}(\boldsymbol{r})$ 满足 $\nabla \times \boldsymbol{F} = 0$，则力 $\boldsymbol{F}$ 为**保守力**. 根据矢量分析，存在单值标量函数 $V(\boldsymbol{r})$，使得 $\boldsymbol{F} = -\nabla V(\boldsymbol{r})$，这里的 $V(\boldsymbol{r})$ 就是**势能**. 下面证明这个定理.

定理　如果 $\nabla \times \boldsymbol{F} = 0$，则存在标量 V，使得 $\boldsymbol{F} = -\nabla V$. 反之亦成立.

证明　(1) 必要性: 如果 $\boldsymbol{F} = -\nabla V$，则 $\boldsymbol{F}$ 的旋度为零. 证明如下:

$$\begin{aligned}
\nabla \times \boldsymbol{F} &= -\nabla \times (\nabla V) \\
&= -\partial_i \boldsymbol{e}_i \times (\partial_j V)\boldsymbol{e}_j \\
&= -\epsilon_{ijk}(\partial_i\partial_j V)\boldsymbol{e}_k \\
&= -\epsilon_{ijk}(\partial_j\partial_i V)\boldsymbol{e}_k \\
&= \epsilon_{jik}(\partial_j\partial_i V)\boldsymbol{e}_k \\
&= \epsilon_{ijk}(\partial_i\partial_j V)\boldsymbol{e}_k \\
&= \nabla \times (\nabla V) \\
&= -\nabla \times \boldsymbol{F} \\
&= 0.
\end{aligned}$$

其中，ijk 为**哑指标**. 在上式推导中，我们利用了方程 (1.25)，(1.21) 和以下对易关系

$$[\partial_i, \partial_j] = 0 \tag{1.26}$$

其中，对易子 $[A, B]$ 定义为 $[A, B] = AB - BA$. 例如 $[\partial_x, x] = 1$.

(2) 充分性: 根据斯托克斯定理, 线积分的计算可以换为面积分, 如果力 $\boldsymbol{F}$ 的旋度为零, 则

$$\oint \boldsymbol{F} \cdot \mathrm{d}\boldsymbol{r} = \iint (\nabla \times \boldsymbol{F}) \cdot \mathrm{d}\boldsymbol{S} = 0 \tag{1.27}$$

即力作用在质点上循环一个回路之后的总功为零. 我们得到

$$\int_{\boldsymbol{0}(l_1)}^{\boldsymbol{r}} \boldsymbol{F}(\boldsymbol{r}') \cdot \mathrm{d}\boldsymbol{r}' = \int_{\boldsymbol{0}(l_2)}^{\boldsymbol{r}} \boldsymbol{F}(\boldsymbol{r}') \cdot \mathrm{d}\boldsymbol{r}'. \tag{1.28}$$

其中, l_1, l_2 表示起点和终点相同的两条不同路径. 上式表明无旋力在任意两点之间所做的功与路径无关, 只与两个端点的坐标有关. 于是力对质点所做的功表示为

$$\begin{aligned}
\int_{\boldsymbol{0}}^{\boldsymbol{r}} \boldsymbol{F}(\boldsymbol{r}') \cdot \mathrm{d}\boldsymbol{r}' &= U(\boldsymbol{r}) - U(\boldsymbol{0}) \\
&= \int_{\boldsymbol{0}}^{\boldsymbol{r}} \mathrm{d}U(\boldsymbol{r}') \\
&= \int_{\boldsymbol{0}}^{\boldsymbol{r}} \frac{\partial U}{\partial x'}\mathrm{d}x' + \frac{\partial U}{\partial y'}\mathrm{d}y' + \frac{\partial U}{\partial z'}\mathrm{d}z' \\
&= \int_{\boldsymbol{0}}^{\boldsymbol{r}} \nabla'U \cdot \mathrm{d}\boldsymbol{r}'.
\end{aligned} \tag{1.29}$$

在上式中第一个等号减去 $U(0)$ 保证了 $\boldsymbol{r} = 0$ 时等号两边都为零. 最后可以得到

$$\int_{\boldsymbol{0}}^{\boldsymbol{r}} (\boldsymbol{F}(\boldsymbol{r}') - \nabla'U) \cdot \mathrm{d}\boldsymbol{r}' = 0. \tag{1.30}$$

因为路径是任意的, 故 $\boldsymbol{F}(\boldsymbol{r}) = \nabla U$. 假设 $U = -V$, 那么 $\boldsymbol{F} = -\nabla V$, 证毕.

由式 (1.29) 和 $U = -V$, 我们还可以得到

$$V(\boldsymbol{r}) = V(0) - \int_{\boldsymbol{0}}^{\boldsymbol{r}} \boldsymbol{F}(\boldsymbol{r}') \cdot \mathrm{d}\boldsymbol{r}'. \tag{1.31}$$

所以只要知道保守力的具体表达式, 即可由上式得到势能的表达式.

3. 机械能

机械能是势能和动能之和: $T+V$. 对于保守力, 由式 (1.14) 和上面的定理可知

$$\begin{aligned}
\mathrm{d}T &= \boldsymbol{F} \cdot \mathrm{d}\boldsymbol{r} \\
&= -\nabla V(\boldsymbol{r}) \cdot \mathrm{d}\boldsymbol{r} \\
&= -(\partial_i V)\boldsymbol{e}_i \cdot \mathrm{d}x_j\boldsymbol{e}_j,
\end{aligned} \tag{1.32}$$

这里

$$\mathrm{d}\boldsymbol{r} = \mathrm{d}(x_i\boldsymbol{e}_i) = \mathrm{d}x_i\boldsymbol{e}_i + x_i\mathrm{d}\boldsymbol{e}_i = \mathrm{d}x_i\boldsymbol{e}_i, \tag{1.33}$$

因为我们选择的坐标系不随时间变化.

利用式 (1.18)，式 (1.32) 可以写成

$$\begin{aligned}
\mathrm{d}T &= -(\partial_i V)\mathrm{d}x_j\delta_{ij} \\
&= -(\partial_i V)\mathrm{d}x_i \\
&= -\mathrm{d}V.
\end{aligned} \tag{1.34}$$

于是，$\mathrm{d}(T + V) = 0$，即质点的**机械能守恒**.

1.3　各种坐标系下的牛顿方程

通常在解决牛顿动力学问题时，我们采用直角坐标系，但是对于一些具有对称性的力学问题，采用相应的坐标系会大大简化计算. 下面就来介绍几种常用的坐标系: 直角坐标系、平面极坐标系、柱坐标系、球坐标系和自然坐标系.

1.3.1　直角坐标系

最基本的坐标系就是直角坐标系. 在直角坐标系中，空间中的任意一个点可用三个参数来表示. 如用 $\boldsymbol{i}$、$\boldsymbol{j}$、$\boldsymbol{k}$(或者 $\boldsymbol{e}_1$、$\boldsymbol{e}_2$、$\boldsymbol{e}_3$) 分别表示沿三个坐标轴 x、y、z 正指向的单位矢量 (沿着 xyz 增加的方向)，那么任意一个质点的位移可表示为

$$\boldsymbol{r} = x\boldsymbol{i} + y\boldsymbol{j} + z\boldsymbol{k} = x_1\boldsymbol{e}_1 + x_2\boldsymbol{e}_2 + x_3\boldsymbol{e}_3 = x_k\boldsymbol{e}_k.$$

$x_k = \boldsymbol{e}_k \cdot \boldsymbol{r}$ 表示第 k 个分量. 这三个分量的取值范围为

$$x_k \in (-\infty, +\infty). \tag{1.35}$$

并且三个单位矢量不随时间改变，即 $\dot{\boldsymbol{e}}_k = 0$.

下面我们讨论一下动量、角动量、动能和牛顿方程在直角坐标系中的具体形式.

(1) 在直角坐标系下动量写成分量的形式为

$$\begin{aligned}
\boldsymbol{p} &= m(\dot{x}_1\boldsymbol{e}_1 + \dot{x}_2\boldsymbol{e}_2 + \dot{x}_3\boldsymbol{e}_3) \\
&= m\dot{x}_k\boldsymbol{e}_k.
\end{aligned} \tag{1.36}$$

(2) 利用式 (1.36)，角动量 $\boldsymbol{J} = \boldsymbol{r} \times \boldsymbol{p}$ 在直角坐标系下写成分量的形式为

$$J_1 = x_2p_3 - x_3p_2,$$

$$J_2 = x_3 p_1 - x_1 p_3, \tag{1.37}$$

$$J_3 = x_1 p_2 - x_2 p_1.$$

(3) 动能写成

$$T = \frac{m}{2} \sum_{i=1}^{3} \dot{x}_i^2 = \frac{m}{2} \dot{x}_i \dot{x}_i. \tag{1.38}$$

(4) 根据以上分析, 我们知道牛顿第二定律在直角坐标系下的动力学方程可表示为

$$m\ddot{x}_1 = F_1(x_1, x_2, x_3; \dot{x}_1, \dot{x}_2, \dot{x}_3, t),$$

$$m\ddot{x}_2 = F_2(x_1, x_2, x_3; \dot{x}_1, \dot{x}_2, \dot{x}_3, t), \tag{1.39}$$

$$m\ddot{x}_3 = F_3(x_1, x_2, x_3; \dot{x}_1, \dot{x}_2, \dot{x}_3, t).$$

在上式中, F_1, F_2 和 F_3 分别代表沿着三个不同方向的力.

1.3.2 平面极坐标系

下面我们来讨论另一种坐标系——平面极坐标系. 二维空间中任意一点的位矢也可用极坐标 r、θ 来表示. 如图 1.1 所示, 在平面极坐标系中, 空间中的任一点 P 到原点的距离 r 通常称为**极半径**, 位矢和横轴之间的夹角 θ 称为**极角**.

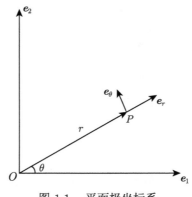

图 1.1 平面极坐标系

在平面极坐标系中, 点 P 在 e_1 轴和 e_2 轴上的投影分别为

$$x_1 = r\cos\theta, \quad x_2 = r\sin\theta, \tag{1.40}$$

其中, 参数的取值范围分别是 $r \in [0, \infty), \theta \in [0, 2\pi)$.

对比上节中所提到的直角坐标系, 任一矢量可以分解成平行于位矢 $\boldsymbol{r}$ 和垂直于位矢 $\boldsymbol{r}$ 的两个正交分量. 如图 1.1 所示, $\boldsymbol{e}_r$ 表示沿 r 增加的方向的单位矢量, $\boldsymbol{e}_\theta$ 表示沿 θ 增加的方向的单位矢量. 对于单位矢量 $\boldsymbol{e}_r$, $\boldsymbol{e}_\theta$ 有如下关系:

$$e_r = \cos\theta e_1 + \sin\theta e_2, \tag{1.41}$$

$$e_\theta = \cos(\theta + \pi/2)e_1 + \sin(\theta + \pi/2)e_2$$

$$= -\sin\theta e_1 + \cos\theta e_2. \tag{1.42}$$

可以验证以下等式 (单位矩阵 $E_{2\times 2}$ 分解)

$$E_{2\times 2} = e_r e_r^{\mathrm{T}} + e_\theta e_\theta^{\mathrm{T}}. \tag{1.43}$$

单位矢量之间的转换关系同时也可以写成矩阵的形式

$$\begin{pmatrix} e_r \\ e_\theta \end{pmatrix} = \begin{pmatrix} \cos\theta & \sin\theta \\ -\sin\theta & \cos\theta \end{pmatrix} \begin{pmatrix} e_1 \\ e_2 \end{pmatrix} = D \begin{pmatrix} e_1 \\ e_2 \end{pmatrix}. \tag{1.44}$$

反解可得

$$\begin{pmatrix} e_1 \\ e_2 \end{pmatrix} = \begin{pmatrix} \cos\theta & -\sin\theta \\ \sin\theta & \cos\theta \end{pmatrix} \begin{pmatrix} e_r \\ e_\theta \end{pmatrix}. \tag{1.45}$$

由方程 (1.44) 易证 e_r 和 e_θ 是正交归一的, 即

$$e_r \cdot e_r = 1, \quad e_\theta \cdot e_\theta = 1, \quad e_r \cdot e_\theta = e_\theta \cdot e_r = 0. \tag{1.46}$$

将上面公式的第一、二个方程对时间求导得

$$\dot{e}_r \cdot e_r = 0, \quad \dot{e}_\theta \cdot e_\theta = 0. \tag{1.47}$$

由此我们知道 e_r 的时间导数沿着 e_θ 正方向或者反方向. 注意这个正交性对于任意的归一化矢量都成立. 也很容易验证, 矩阵 D 是正交矩阵, 即 $D^{\mathrm{T}}D = DD^{\mathrm{T}} = E_{2\times 2}$.

根据式 (1.41) 和 (1.42), 对时间求导可以得到

$$\dot{e}_r = \dot{\theta} e_\theta,$$

$$\dot{e}_\theta = -\dot{\theta} e_r. \tag{1.48}$$

接下来, 我们分析在平面极坐标系下的动量、角动量、动能和牛顿运动方程的具体形式.

(1) 平面极坐标系下的动量.

在平面极坐标下, 我们知道质点的位移矢量可以表示成

$$r = r e_r. \tag{1.49}$$

对应的动量为

$$\boldsymbol{p} = m\dot{\boldsymbol{r}} = m(\dot{r}\boldsymbol{e}_r + r\dot{\theta}\boldsymbol{e}_\theta). \tag{1.50}$$

这里利用了式 (1.48).

(2) 平面极坐标系下的角动量.

在平面极坐标系下, 因为 $\boldsymbol{r} \times \boldsymbol{e}_r = 0$, 利用式 (1.49) 和 (1.50) 可得

$$\boldsymbol{J} = \boldsymbol{r} \times \boldsymbol{p} = mr^2\dot{\theta}\boldsymbol{e}_r \times \boldsymbol{e}_\theta = mr^2\dot{\theta}\boldsymbol{e}_3 = p_\theta\boldsymbol{e}_3 = J\boldsymbol{e}_3, \tag{1.51}$$

其中, $\boldsymbol{e}_3$ 表示的方向垂直于平面向外 (右手螺旋法则). 这里 p_θ 是角动量的绝对值, 是与角度 θ 对应的广义动量. θp_θ 和 xp 的量纲一致, 都是能量乘以时间, 即普朗克常数 h 的量纲.

(3) 平面极坐标系下的动能.

下面我们利用两种不同的方法得到在平面极坐标系下的动能表达式.

方法一: 由式 (1.50), 质点动量的两个分量分别为径向动量 $m\dot{r}$ 和横向动量 $mr\dot{\theta}$. 于是动能为

$$T = \frac{\boldsymbol{p}^2}{2m} = \frac{1}{2}m(\dot{r}^2 + r^2\dot{\theta}^2). \tag{1.52}$$

方法二: 根据式 (1.40), 将质点在平面极坐标系下的两个分量分别对时间求导可得

$$\dot{x}_1 = \dot{r}\cos\theta - r\sin\theta\dot{\theta}, \tag{1.53}$$

$$\dot{x}_2 = \dot{r}\sin\theta + r\cos\theta\dot{\theta}. \tag{1.54}$$

那么动能可以写为

$$T = \frac{1}{2}m(\dot{x}_1^2 + \dot{x}_2^2) = \frac{1}{2}m(\dot{r}^2 + r^2\dot{\theta}^2). \tag{1.55}$$

利用方程 (1.51), 动能可以表达为径向动量 p_r 和广义动量 p_θ 的形式

$$T = \frac{1}{2m}\left(p_r^2 + \frac{p_\theta^2}{r^2}\right). \tag{1.56}$$

(4) 平面极坐标系下的牛顿运动方程的具体形式.

在平面极坐标系下, 对质点的坐标 $\boldsymbol{r} = r\boldsymbol{e}_r$ 求二阶导数, 可得

$$\ddot{\boldsymbol{r}} = \ddot{r}\boldsymbol{e}_r + 2\dot{r}\dot{\boldsymbol{e}}_r + r\ddot{\boldsymbol{e}}_r. \tag{1.57}$$

这里利用了公式

$$\frac{\mathrm{d}}{\mathrm{d}t}(a\boldsymbol{B}) = \dot{a}\boldsymbol{B} + a\dot{\boldsymbol{B}}, \tag{1.58}$$

其中，a 是标量.

利用式 (1.48)，可得 e_r 的二阶导数为

$$\ddot{e}_r = \ddot{\theta}e_\theta - \dot{\theta}^2 e_r, \tag{1.59}$$

将式 (1.48) 和 (1.59) 代入 (1.57) 得

$$\ddot{r} = (\ddot{r} - r\dot{\theta}^2)e_r + (2\dot{r}\dot{\theta} + r\ddot{\theta})e_\theta$$
$$= (F_r e_r + F_\theta e_\theta)/m, \tag{1.60}$$

其中，F_r 和 F_θ 分别为力在 e_r 和 e_θ 方向的分量. 于是，平面极坐标系下的牛顿方程为

$$m(\ddot{r} - r\dot{\theta}^2) = F_r, \tag{1.61}$$
$$m(2\dot{r}\dot{\theta} + r\ddot{\theta}) = F_\theta. \tag{1.62}$$

式 (1.62) 可以写成

$$\frac{1}{r}\frac{\mathrm{d}}{\mathrm{d}t}\left(mr^2\dot{\theta}\right) = F_\theta. \tag{1.63}$$

注意：角动量 $J = mr^2\dot{\theta}$，上面方程即是

$$\dot{J} = F_\theta r. \tag{1.64}$$

假如 $F_\theta = 0$，角动量即是守恒量.

1.3.3 柱坐标系

柱坐标可以看成是平面极坐标和一维直角坐标的组合. 在柱坐标系中，点 P 可以用参数 r，θ 和 z 来表示. 如图 1.2 所示，点 P 的坐标分别是

$$x_1 = r\cos\theta,$$
$$x_2 = r\sin\theta,$$
$$x_3 = z,$$

其中，$r \in [0, \infty), \theta \in [0, 2\pi), z \in (-\infty, \infty)$.

(1) 柱坐标系下的动量.

质点的位矢在柱坐标系下的表示

$$\boldsymbol{r} = r\boldsymbol{e}_r + z\boldsymbol{e}_3, \tag{1.65}$$

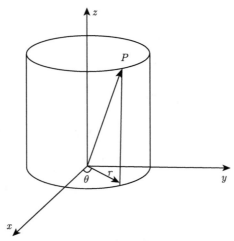

图 1.2　柱坐标系

于是，质点的动量可以表示为

$$\boldsymbol{p} = m\dot{\boldsymbol{r}} = m(\dot{r}\boldsymbol{e}_r + r\dot{\boldsymbol{e}}_r + \dot{z}\boldsymbol{e}_3 + z\dot{\boldsymbol{e}}_3). \tag{1.66}$$

因为 $\dot{\boldsymbol{e}}_3 = 0$，所以

$$\boldsymbol{p} = m(\dot{r}\boldsymbol{e}_r + r\dot{\theta}\boldsymbol{e}_\theta + \dot{z}\boldsymbol{e}_3). \tag{1.67}$$

这里利用了式 (1.48). 三个矢量 $\boldsymbol{e}_r, \boldsymbol{e}_\theta, \boldsymbol{e}_3$ 正交归一，张成三维空间.

(2) 柱坐标系下的角动量.

在柱坐标系下，质点的角动量为

$$\begin{aligned}
\boldsymbol{J} &= \boldsymbol{r} \times \boldsymbol{p} \\
&= (r\boldsymbol{e}_r + z\boldsymbol{e}_3) \times m(\dot{r}\boldsymbol{e}_r + r\dot{\theta}\boldsymbol{e}_\theta + \dot{z}\boldsymbol{e}_3),
\end{aligned} \tag{1.68}$$

因为

$$\boldsymbol{e}_r \times \boldsymbol{e}_\theta = \boldsymbol{e}_3, \tag{1.69}$$

所以

$$\boldsymbol{J} = m\left[-zr\dot{\theta}\boldsymbol{e}_r + (z\dot{r} - r\dot{z})\boldsymbol{e}_\theta + r^2\dot{\theta}\boldsymbol{e}_3\right]. \tag{1.70}$$

(3) 柱坐标系下的动能.

利用质点动量的表示式(1.67)，质点的动能在柱坐标系下的形式为

$$T = \frac{\boldsymbol{p}^2}{2m} = \frac{1}{2}m(\dot{r}^2 + r^2\dot{\theta}^2 + \dot{z}^2). \tag{1.71}$$

(4) 柱坐标系下的牛顿第二定律方程.

结合极坐标系下的牛顿第二定律方程 (1.61) 和 (1.62)，在柱坐标系下，其具体的形式可以写成

$$
\begin{aligned}
m(\ddot{r} - r\dot{\theta}^2) &= F_r, \\
m(2\dot{r}\dot{\theta} + r\ddot{\theta}) &= F_\theta, \\
m\ddot{z} &= F_z.
\end{aligned}
\tag{1.72}
$$

1.3.4 球坐标系

在球坐标系中，空间中任一位置可用球坐标 r、θ、ϕ 来确定. 如图 1.3 所示，r 表示点 P 到原点的距离，极角 θ 表示位矢 r 和 z 轴之间的夹角，方位角 ϕ 表示 r 在 xy 平面上的投影与 x 轴之间的夹角. 在球坐标系中，点 P 在 x、y、z 上的投影分别为

$$
\begin{aligned}
x_1 &= r\sin\theta\cos\phi, \\
x_2 &= r\sin\theta\sin\phi, \\
x_3 &= r\cos\theta,
\end{aligned}
$$

其中，参数的取值范围为 $r \in [0, \infty), \theta \in [0, \pi], \phi \in [0, 2\pi)$.

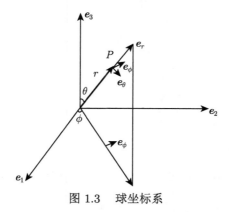

图 1.3　球坐标系

根据图 1.3，如果用 e_r, e_θ, e_ϕ 分别表示三个参数增加方向的单位矢量，我们有

$$
e_r = \sin\theta\cos\phi e_1 + \sin\theta\sin\phi e_2 + \cos\theta e_3,
\tag{1.73}
$$

$$
e_\theta = \sin(\theta + \pi/2)\cos\phi e_1 + \sin(\theta + \pi/2)\sin\phi e_2 + \cos(\theta + \pi/2)e_3
$$

$$
= \cos\theta\cos\phi e_1 + \cos\theta\sin\phi e_2 - \sin\theta e_3,
\tag{1.74}
$$

$$e_\phi = \cos(\phi + \pi/2)e_1 + \sin(\phi + \pi/2)e_2$$
$$= -\sin\phi e_1 + \cos\phi e_2. \tag{1.75}$$

注意：e_θ 的方位角为 ϕ，极角为 $\theta + \pi/2$；e_ϕ 的方位角为 $\phi + \pi/2$，极角为 $\pi/2$. 直接计算可得这三个矢量是正交归一的. 把以上的表达式写成矩阵形式有

$$\begin{pmatrix} e_r \\ e_\theta \\ e_\phi \end{pmatrix} = \begin{pmatrix} \sin\theta\cos\phi & \sin\theta\sin\phi & \cos\theta \\ \cos\theta\cos\phi & \cos\theta\sin\phi & -\sin\theta \\ -\sin\phi & \cos\phi & 0 \end{pmatrix} \begin{pmatrix} e_1 \\ e_2 \\ e_3 \end{pmatrix} = \boldsymbol{R} \begin{pmatrix} e_1 \\ e_2 \\ e_3 \end{pmatrix}. \tag{1.76}$$

$\boldsymbol{R}$ 是一个实正交矩阵，满足 $\boldsymbol{R}^{\mathrm{T}}\boldsymbol{R} = \boldsymbol{E}_{3\times3}$，其中，T 表示对矩阵 $\boldsymbol{R}$ 的转置，$\boldsymbol{E}$ 表示单位矩阵.

下面证明 $\boldsymbol{R}$ 是正交矩阵. 证明：令

$$C_1 \equiv e_r = (\sin\theta\cos\phi, \sin\theta\sin\phi, \cos\theta)^{\mathrm{T}},$$
$$C_2 \equiv e_\theta = (\cos\theta\cos\phi, \cos\theta\sin\phi, -\sin\theta)^{\mathrm{T}},$$
$$C_3 \equiv e_\phi = (-\sin\phi, \cos\phi, 0)^{\mathrm{T}}.$$

那么，$\boldsymbol{R}$ 和 $\boldsymbol{R}^{\mathrm{T}}$ 可分别写成

$$\boldsymbol{R} = \begin{pmatrix} C_1^{\mathrm{T}} \\ C_2^{\mathrm{T}} \\ C_3^{\mathrm{T}} \end{pmatrix}, \quad \boldsymbol{R}^{\mathrm{T}} = (C_1, C_2, C_3).$$

所以，利用 C_1, C_2, C_3 的正交归一性（$\boldsymbol{C}_i^{\mathrm{T}}\boldsymbol{C}_j = \delta_{ij}$），我们有

$$\boldsymbol{R}\boldsymbol{R}^{\mathrm{T}} = \begin{pmatrix} \boldsymbol{C}_1^{\mathrm{T}} \\ \boldsymbol{C}_2^{\mathrm{T}} \\ \boldsymbol{C}_3^{\mathrm{T}} \end{pmatrix} (C_1, C_2, C_3) = \boldsymbol{E}_{3\times3}. \tag{1.77}$$

所以，我们可以得到 $\boldsymbol{R}^{\mathrm{T}} = \boldsymbol{R}^{-1}$，故有

$$\boldsymbol{R}^{\mathrm{T}}\boldsymbol{R} = C_1 C_1^{\mathrm{T}} + C_2 C_2^{\mathrm{T}} + C_3 C_3^{\mathrm{T}} = \boldsymbol{E}_{3\times3}. \tag{1.78}$$

上面公式给出了单位矩阵 $\boldsymbol{E}_{3\times3}$ 的一个分解.

利用 $\boldsymbol{R}^{\mathrm{T}}\boldsymbol{R} = \boldsymbol{E}_{3\times3}$ 可以将方程 (1.76) 另写为

$$\begin{pmatrix} e_1 \\ e_2 \\ e_3 \end{pmatrix} = \boldsymbol{R}^{\mathrm{T}} \begin{pmatrix} e_r \\ e_\theta \\ e_\phi \end{pmatrix} = \begin{pmatrix} \sin\theta\cos\phi & \cos\theta\cos\phi & -\sin\phi \\ \sin\theta\sin\phi & \cos\theta\sin\phi & \cos\phi \\ \cos\theta & -\sin\theta & 0 \end{pmatrix} \begin{pmatrix} e_r \\ e_\theta \\ e_\phi \end{pmatrix}. \tag{1.79}$$

方程 (1.76) 和 (1.79) 给出了两组基矢相互变换的具体形式.

那么, 利用方程 (1.76) 和 (1.79), 各个单位矢量的一阶微分可以写为

$$\begin{aligned}
\dot{\boldsymbol{e}}_r &= \dot{\theta}\left(\cos\theta\cos\phi\boldsymbol{e}_1 + \cos\theta\sin\phi\boldsymbol{e}_2 - \sin\theta\boldsymbol{e}_3\right) \\
&\quad + \sin\theta\dot{\phi}\left(-\sin\phi\boldsymbol{e}_1 + \cos\phi\boldsymbol{e}_2\right) \\
&= \dot{\theta}\boldsymbol{e}_\theta + \sin\theta\dot{\phi}\boldsymbol{e}_\phi,
\end{aligned} \tag{1.80}$$

$$\dot{\boldsymbol{e}}_\theta = -\dot{\theta}\boldsymbol{e}_r + \cos\theta\dot{\phi}\boldsymbol{e}_\phi, \tag{1.81}$$

$$\begin{aligned}
\dot{\boldsymbol{e}}_\phi &= -\dot{\phi}\left(\cos\phi\boldsymbol{e}_1 + \sin\phi\boldsymbol{e}_2\right) \\
&= -\dot{\phi}\left(\sin\theta\boldsymbol{e}_r + \cos\theta\boldsymbol{e}_\theta\right).
\end{aligned} \tag{1.82}$$

从上面的三个方程中我们可以看到 $\dot{\boldsymbol{e}}_r$ 处于 $\boldsymbol{e}_\theta$ 和 $\boldsymbol{e}_\phi$ 所在的平面上 (因为单位矢量的导数和它本身互相垂直). 类似的情况, $\dot{\boldsymbol{e}}_\theta$ 处于 $\boldsymbol{e}_r$ 和 $\boldsymbol{e}_\phi$ 所在的平面上, $\dot{\boldsymbol{e}}_\phi$ 处于 $\boldsymbol{e}_r$ 和 $\boldsymbol{e}_\theta$ 所在的平面上.

下面给出质点在球坐标系下的动量、角动量、动能和牛顿方程的具体形式.

(1) 球坐标系下的动量.

利用式 (1.80), 质点在球坐标系下的动量可以表示为

$$\boldsymbol{p} = m\dot{\boldsymbol{r}} = m\frac{\mathrm{d}}{\mathrm{d}t}(r\boldsymbol{e}_r) = m(\dot{r}\boldsymbol{e}_r + r\dot{\boldsymbol{e}}_r) = m(\dot{r}\boldsymbol{e}_r + r\dot{\theta}\boldsymbol{e}_\theta + r\sin\theta\dot{\phi}\boldsymbol{e}_\phi). \tag{1.83}$$

(2) 球坐标系下的角动量.

在球坐标系下, 利用式 (1.83), 角动量的形式可以写为

$$\begin{aligned}
\boldsymbol{J} &= \boldsymbol{r} \times \boldsymbol{p} \\
&= r\boldsymbol{e}_r \times m(\dot{r}\boldsymbol{e}_r + r\dot{\theta}\boldsymbol{e}_\theta + r\sin\theta\dot{\phi}\boldsymbol{e}_\phi).
\end{aligned} \tag{1.84}$$

因为

$$\boldsymbol{e}_r \times \boldsymbol{e}_\theta = \boldsymbol{e}_\phi \tag{1.85}$$

所以

$$\boldsymbol{J} = m(r^2\dot{\theta}\boldsymbol{e}_\phi - r^2\sin\theta\dot{\phi}\boldsymbol{e}_\theta). \tag{1.86}$$

可见, 角动量在 $\boldsymbol{e}_\phi$ 和 $\boldsymbol{e}_\theta$ 所张开的平面上.

(3) 球坐标系下的动能.

根据动量的表达式 (1.83), 质点在球坐标系下的动能可以表示为

$$T = \frac{m}{2}\left(\dot{r}^2 + r^2\dot{\theta}^2 + r^2\sin^2\theta\dot{\phi}^2\right). \tag{1.87}$$

我们知道在极坐标系下与极角 θ 对应的广义动量是 $p_\theta = mr^2\theta$. 由方程 (1.83)，我们可以定义与 r, θ 和 ϕ 对应的广义动量分别为

$$p_r = m\dot{r}, \quad p_\theta = mr^2\dot{\theta}, \quad p_\phi = m(r\sin\theta)^2\dot{\phi}. \tag{1.88}$$

利用上式我们可以把动能式 (1.87) 表示成广义动量的形式

$$T = \frac{1}{2m}\left(p_r^2 + \frac{p_\theta^2}{r^2} + \frac{p_\phi^2}{r^2\sin^2\theta}\right). \tag{1.89}$$

(4) 球坐标系下的牛顿方程.

为了得到球坐标系下的牛顿方程. 首先我们要得到该坐标系下加速度的具体表达式. 根据动量表达式 (1.83)，我们有

$$\ddot{\boldsymbol{r}} = \ddot{r}\boldsymbol{e}_r + \dot{r}\dot{\boldsymbol{e}}_r + \dot{r}\dot{\theta}\boldsymbol{e}_\theta + r\ddot{\theta}\boldsymbol{e}_\theta + r\dot{\theta}\dot{\boldsymbol{e}}_\theta$$
$$+ \dot{r}\sin\theta\dot{\phi}\boldsymbol{e}_\phi + r\cos\theta\dot{\theta}\dot{\phi}\boldsymbol{e}_\phi + r\sin\theta\ddot{\phi}\boldsymbol{e}_\phi + r\sin\theta\dot{\phi}\dot{\boldsymbol{e}}_\phi. \tag{1.90}$$

上式就是加速度的具体表达式. 再利用式 (1.80)，(1.81) 和 (1.82)，得到对应的牛顿方程为

$$\begin{aligned} F_r &= m(\ddot{r} - r\dot{\theta}^2 - r\dot{\phi}^2\sin^2\theta), \\ F_\theta &= m(r\ddot{\theta} + 2\dot{r}\dot{\theta} - r\dot{\phi}^2\sin\theta\cos\theta), \\ F_\phi &= m(r\ddot{\phi}\sin\theta + 2\dot{r}\dot{\phi}\sin\theta + 2r\dot{\phi}\dot{\theta}\cos\theta). \end{aligned} \tag{1.91}$$

1.3.5　自然坐标系

假设已知一个质点的运动轨迹，那么利用运动轨道自身的特性来定义坐标系是非常方便的. 用这种方法定义的坐标系叫作**自然坐标系**. 如图 1.4 所示，自然坐标系是将二维曲线的切线和法线方向形成一个坐标系，其中 $\boldsymbol{e}_\tau$ 和 $\boldsymbol{e}_n$ 分别代表切线和法线方向的单位矢量.

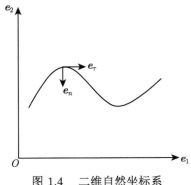

图 1.4　二维自然坐标系

下面我们考虑更一般的三维空间曲线. 假设空间中有一质点沿着曲线运动, 它的位置由位矢 $\boldsymbol{r}$ 来确定, 参数曲线可以表示为

$$\boldsymbol{r} = \boldsymbol{r}(t), \quad \alpha \leqslant t \leqslant \beta. \tag{1.92}$$

如图 1.5 所示, s 表示运动轨道的弧长, 定义为弧坐标. 弧长 $s(t)$ 是随着时间的增加而单调增加, 所以有反函数 $t = t(s)$. 质点运动的轨迹也可以用弧坐标来表示, 那么质点的位矢可表示为

$$\boldsymbol{r} = \tilde{\boldsymbol{r}}(s), \tag{1.93}$$

其中, $0 \leqslant s \leqslant l$, l 表示弧总长. 注意: $\boldsymbol{r}(t)$ 和 $\tilde{\boldsymbol{r}}(s)$ 函数形式不同. 例如, 动能可以写为速度或者动量的函数, 其函数形式不同. 引入弧坐标会让我们方便地给出三个自然坐标系中的单位矢量.

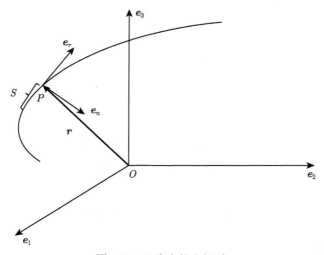

图 1.5　三维自然坐标系

如图 1.5 所示, $\boldsymbol{r}'$ 表示曲线在点 P 切线方向的单位矢量, 也叫**切向量**, 可以表示为

$$\boldsymbol{e}_\tau = \boldsymbol{r}' = \frac{\mathrm{d}\tilde{\boldsymbol{r}}}{\mathrm{d}s}. \tag{1.94}$$

因为

$$\mathrm{d}\tilde{\boldsymbol{r}} = \mathrm{d}\boldsymbol{r} = \mathrm{d}x_1 \boldsymbol{e}_1 + \mathrm{d}x_2 \boldsymbol{e}_2 + \mathrm{d}x_3 \boldsymbol{e}_3, \tag{1.95}$$

而弧长的微分为

$$\mathrm{d}s = \sqrt{\mathrm{d}^2 x_1 + \mathrm{d}^2 x_2 + \mathrm{d}^2 x_3}. \tag{1.96}$$

所以

$$ds = |d\boldsymbol{r}|. \tag{1.97}$$

故我们有

$$\boldsymbol{r}'^2 = \boldsymbol{r}' \cdot \boldsymbol{r}' = 1, \tag{1.98}$$

即 $\boldsymbol{r}'$ 为单位矢量.

对上式两边对 s 取一阶导数可得

$$\boldsymbol{r}' \cdot \boldsymbol{r}'' = 0, \tag{1.99}$$

即

$$\boldsymbol{r}' \perp \boldsymbol{r}''. \tag{1.100}$$

这表明作为单位矢量的切矢量和它的导数垂直. 还可以看出 $\boldsymbol{r}''$ 的方向指向曲线弯曲的方向, 通常我们定义

$$\boldsymbol{e}_n = \boldsymbol{r}''/|\boldsymbol{r}''| \tag{1.101}$$

为**主法向量**, 并且已经归一化. 最后我们通过叉乘定义另外一个单位矢量——**副法向量**

$$\boldsymbol{e}_b = \boldsymbol{e}_\tau \times \boldsymbol{e}_n. \tag{1.102}$$

因为

$$|\boldsymbol{e}_b| = |\boldsymbol{e}_\tau||\boldsymbol{e}_n|\sin(\pi/2) = 1, \tag{1.103}$$

所以, $\boldsymbol{e}_b$ 也是一个单位矢量, 并且和 $\boldsymbol{e}_\tau$, $\boldsymbol{e}_n$ 互相垂直. 于是, $\boldsymbol{e}_\tau$, $\boldsymbol{e}_n$ 和 $\boldsymbol{e}_b$ 就确定了自然坐标系.

下面我们定义曲率 κ (kappa) 来刻画曲线弯曲的程度,

$$\kappa = 1/\rho = \frac{d\theta}{ds}, \tag{1.104}$$

其中, ρ 称为曲率半径, 它表示曲线内切圆的半径, 对于二维的情况, 如图 1.6 所示, 其中 θ 为轨道的切线和 $\boldsymbol{e}_2$ 轴之间的夹角. 对于三维情况, 我们可以选定一点的切线 $\boldsymbol{e}_\tau$ 和主法向量 $\boldsymbol{e}_n$ 所在平面中的一条参考线, θ 为 $\boldsymbol{e}_\tau$ 和参考线的夹角.

首先, 我们详细地讨论三维空间的曲线曲率. 因为 $\boldsymbol{r}'$ 是单位矢量, 所以

$$|d\boldsymbol{r}'| = |\boldsymbol{r}'|d\theta = d\theta. \tag{1.105}$$

这时, 在三维空间中, 曲线曲率的表达式可以写为 $(ds > 0)$

$$\kappa = \frac{d\theta}{ds} = \frac{|d\boldsymbol{r}'|}{ds} = |\boldsymbol{r}''|. \tag{1.106}$$

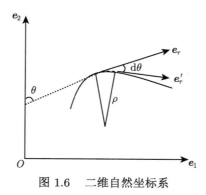

图 1.6 二维自然坐标系

由于 $|\boldsymbol{r}'| = 1$，同时 $\boldsymbol{r}' \perp \boldsymbol{r}''$，所以曲线曲率可以表示为

$$\kappa = |\boldsymbol{r}' \times \boldsymbol{r}''|. \tag{1.107}$$

接下来，我们把曲线曲率写成质点速度 $\dot{\boldsymbol{r}}$ 和加速度 $\ddot{\boldsymbol{r}}$ 的形式. 我们有

$$\boldsymbol{r}' = \frac{\dot{\boldsymbol{r}}}{|\dot{\boldsymbol{r}}|}, \tag{1.108}$$

其中，$\dot{\boldsymbol{r}}, \ddot{\boldsymbol{r}}$ 分别表示对时间的一阶和二阶导数. 所以，二阶导数

$$\begin{aligned}
\boldsymbol{r}'' &= \frac{\mathrm{d}}{\mathrm{d}t}\left(\frac{\dot{\boldsymbol{r}}}{|\dot{\boldsymbol{r}}|}\right)\frac{\mathrm{d}t}{\mathrm{d}s} \\
&= \frac{\mathrm{d}}{\mathrm{d}t}\left(\frac{\dot{\boldsymbol{r}}}{|\dot{\boldsymbol{r}}|}\right)\frac{1}{|\dot{\boldsymbol{r}}|} \\
&= \frac{\ddot{\boldsymbol{r}}}{|\dot{\boldsymbol{r}}|^2} + \frac{\dot{\boldsymbol{r}}}{|\dot{\boldsymbol{r}}|}\frac{\mathrm{d}}{\mathrm{d}t}\left(\frac{1}{|\dot{\boldsymbol{r}}|}\right).
\end{aligned} \tag{1.109}$$

将式 (1.108) 和 (1.109) 代入式 (1.107) 得到曲线曲率的另一个表达式

$$\kappa = \frac{|\dot{\boldsymbol{r}} \times \ddot{\boldsymbol{r}}|}{|\dot{\boldsymbol{r}}|^3}. \tag{1.110}$$

下面我们讨论退化到二维空间曲线时曲率的表达式. 假设 $\dot{x} \neq 0$，即始终具有横向速度，在二维空间中，平面参数曲线可以表示为 $x = x(t)$，$y = y(t)$ $(\alpha \leqslant t \leqslant \beta)$. 根据式 (1.110)，曲率可以表示为

$$\begin{aligned}
\kappa &= \frac{|(\dot{x}, \dot{y}, 0) \times (\ddot{x}, \ddot{y}, 0)|}{(\dot{x}^2 + \dot{y}^2)^{3/2}} = \frac{|\dot{x}\ddot{y} - \dot{y}\ddot{x}|}{(\dot{x}^2 + \dot{y}^2)^{3/2}} \\
&= \left|\frac{\dot{x}\ddot{y} - \dot{y}\ddot{x}}{\dot{x}^3}\right|\left[1 + \left(\frac{\mathrm{d}y}{\mathrm{d}x}\right)^2\right]^{-\frac{3}{2}}
\end{aligned}$$

$$= \frac{1}{|\dot{x}|} \left| \frac{\dot{x}\ddot{y} - \dot{y}\ddot{x}}{\dot{x}^2} \right| \left[1 + \left(\frac{\mathrm{d}y}{\mathrm{d}x} \right)^2 \right]^{-\frac{3}{2}}$$

$$= \frac{1}{|\dot{x}|} \left| \frac{\mathrm{d}}{\mathrm{d}t} \left(\frac{\dot{y}}{\dot{x}} \right) \right| \left[1 + \left(\frac{\mathrm{d}y}{\mathrm{d}x} \right)^2 \right]^{-\frac{3}{2}}, \tag{1.111}$$

在上式中我们利用了关系式 (先开根号再立方)

$$(\dot{x}^2)^{3/2} = |\dot{x}|^3 = |\dot{x}^3|. \tag{1.112}$$

最后一个等式利用了立方运算和绝对值运算可以相互对易.

由方程 (1.111)，进一步计算得

$$\kappa = \frac{\left| \dfrac{\mathrm{d}^2 y}{\mathrm{d}x^2} \right|}{\left[1 + \left(\dfrac{\mathrm{d}y}{\mathrm{d}x} \right)^2 \right]^{3/2}}. \tag{1.113}$$

这样我们就得到了二维曲线的曲率表达式.

我们也可以利用二维曲线的参数方程

$$x = t, \quad y = f(t), \quad z = 0. \tag{1.114}$$

于是可得

$$\dot{x} = 1, \quad \dot{y} = \dot{f}(t), \quad \dot{z} = 0,$$
$$\ddot{x} = 0, \quad \ddot{y} = \ddot{f}(t), \quad \ddot{z} = 0. \tag{1.115}$$

将上式直接代入方程(1.110)即可得到曲率表达式(1.113).

下面我们来求二维自然坐标系下的牛顿方程. 在自然坐标系下，速度可以表示为

$$\boldsymbol{v} = v\boldsymbol{e}_\tau, \tag{1.116}$$

于是，加速度的表达式可以写为

$$\begin{aligned} \dot{\boldsymbol{v}} &= \dot{v}\boldsymbol{e}_\tau + v\dot{\boldsymbol{e}}_\tau \\ &= \dot{v}\boldsymbol{e}_\tau + v\dot{\theta}\boldsymbol{e}_n \\ &= \dot{v}\boldsymbol{e}_\tau + v^2 \frac{\mathrm{d}\theta}{\mathrm{d}s}\boldsymbol{e}_n \\ &= \dot{v}\boldsymbol{e}_\tau + \frac{v^2}{\rho}\boldsymbol{e}_n, \end{aligned} \tag{1.117}$$

其中, 速率 $v = \mathrm{d}s/\mathrm{d}t$. 这里 (见图 1.6), 我们利用了以下关系

$$\dot{\boldsymbol{e}}_\tau = \dot{\theta}\boldsymbol{e}_n, \tag{1.118}$$

$$\dot{\boldsymbol{e}}_n = -\dot{\theta}\boldsymbol{e}_\tau. \tag{1.119}$$

这是因为 $\boldsymbol{e}_\tau$ 是单位矢量, 故有 $|\mathrm{d}\boldsymbol{e}_\tau| = \mathrm{d}\theta$, 且其导数在 $\boldsymbol{e}_n$ 的正方向. 由图 1.6 可知, 其导数在 $\boldsymbol{e}_n$ 的正方向, 固有上面方程的式 (1.118). 同理可以得到式 (1.119).

根据式 (1.117), 自然坐标系下的牛顿方程可以写为

$$m\frac{\mathrm{d}v}{\mathrm{d}t} = F_\tau, \tag{1.120}$$

$$m\frac{v^2}{\rho} = F_n. \tag{1.121}$$

现在利用上式和曲率表达式 (1.113) 求解以下问题. 如图 1.7 所示, 质量为 m 的小环套在由方程 $y = x^2/(4a)(a > 0)$ 描述的光滑钢索上, 求小环从 $x = 2a$ 处以零初速度滑到抛物线顶点时的约束反力.

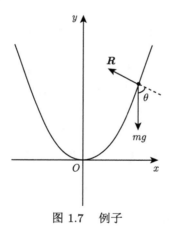

图 1.7 例子

解 在 $x = 2a$ 点处, 高度

$$y = \frac{x^2}{4a} = a. \tag{1.122}$$

根据能量守恒定律, 有

$$mga = \frac{1}{2}mv^2. \tag{1.123}$$

所以, 小环到达原点时的速度值

$$v = \sqrt{2ga}. \tag{1.124}$$

约束反力 $\boldsymbol{R}$ 和 $\boldsymbol{e}_n$ 的方向是一致的，根据式 (1.120) 和 (1.121)，小环在任意点处的动力学方程是

$$m\frac{\mathrm{d}v}{\mathrm{d}t} = mg\sin\theta, \tag{1.125}$$

$$m\frac{v^2}{\rho} = R - mg\cos\theta. \tag{1.126}$$

利用式 (1.124) 和 (1.126)，在点 O 约束反作用力为 $(\theta = 0)$

$$R = mg + 2mga/\rho. \tag{1.127}$$

剩下的问题是求点 O 的曲率半径. 利用式 (1.122) 可得

$$\frac{\mathrm{d}y}{\mathrm{d}x} = \frac{x}{2a}, \quad \frac{\mathrm{d}^2y}{\mathrm{d}x^2} = \frac{1}{2a}. \tag{1.128}$$

在点 O 时，$x = y = 0$. 由式 (1.113)，我们得到曲率半径 $\rho = 2a$. 将其代入式 (1.127)，即得到约束反作用力 $R = 2mg$，即约束反力是两倍重力.

1.4　简谐振子

在经典力学中，所谓谐振子就是这样一个系统，它表示当质点偏离平衡位置时，感受到一个恢复力 F 正比于它偏离平衡位置的距离 x，并且受力方向总是指向平衡位置. 具体的形式为

$$F = -kx, \tag{1.129}$$

其中，k 为弹性系数. 在这个情况下，牛顿第二定律可表示为

$$m\ddot{x} + kx = 0. \tag{1.130}$$

令 $\omega = \sqrt{k/m}$，则上式写为

$$\ddot{x} + \omega^2 x = 0. \tag{1.131}$$

可以解得

$$x = A\cos(\omega t + \phi), \tag{1.132}$$

其中，A 表示振幅，ω 为角频率，ϕ 为位相.

下面计算此系统中 x 和 x^2 对时间的平均值及其相应的涨落. 一个物理量 $X(t)$ 在一个周期内对时间的平均值可写为

$$\bar{X} = \frac{1}{T}\int_0^T X(t)\mathrm{d}t. \tag{1.133}$$

位移 x 在一个周期 T 内对时间平均值为

$$\bar{x} = \frac{1}{T} \int_0^T A\cos(\omega t + \phi)\mathrm{d}t$$
$$= -\frac{A}{\omega T}[\sin(\omega T + \phi) - \sin\phi]. \tag{1.134}$$

因为 $\omega T = 2\pi$，所以

$$\bar{x} = 0. \tag{1.135}$$

同样，对于位移的平方 x^2，它在一个周期 T 内对时间的平均值为

$$\overline{x^2} = \frac{1}{T} \int_0^T A^2 \cos^2(\omega t + \phi)\mathrm{d}t$$
$$= \frac{1}{T} \int_0^T \frac{A^2}{2}\left\{1 - \cos[2(\omega t + \phi)]\right\}\mathrm{d}t$$
$$= \frac{A^2}{2} - \frac{A^2}{4\omega T}\left\{\sin[2(\omega T + \phi)] - \sin 2\phi\right\}$$
$$= \frac{A^2}{2}. \tag{1.136}$$

可见，在一个周期内，涨落 $(\Delta x)^2 = \overline{x^2} - \bar{x}^2 = A^2/2$.

1.5 粒子在电磁场中的运动

1.5.1 电场中的运动

首先，我们来讨论粒子在外电场中的运动. 假设自由电子在沿 x 轴的振荡电场中运动，那么其受的力是时间 t 的函数. 这时电场强度可以表示为

$$E_x = E_0 \cos(\omega t + \theta), \tag{1.137}$$

电子所受到的电场力

$$F = -eE_0 \cos(\omega t + \theta), \tag{1.138}$$

其中，$-e$ 为电子电荷.

根据以上条件，我们可以得到牛顿方程:

$$m\dot{v} = -eE_0 \cos(\omega t + \theta). \tag{1.139}$$

对两边积分可得

$$\int_{v_0}^v m\dot{v}\mathrm{d}t = -eE_0 \int_0^t \cos(\omega t + \theta)\mathrm{d}t, \tag{1.140}$$

其中，v_0 和 v 分别是 0 和 t 时刻的速度. 积分后得

$$m(v - v_0) = -\frac{eE_0}{\omega}\left[\sin(\omega t + \theta) - \sin\theta\right]. \tag{1.141}$$

所以，电子在 t 时刻的速度为

$$v = v_0 - \frac{eE_0}{m\omega}\left[\sin(\omega t + \theta) - \sin\theta\right], \tag{1.142}$$

速度 $v = \mathrm{d}x/\mathrm{d}t$，于是有

$$\int_{x_0}^{x}\mathrm{d}x = \int_{0}^{t}\left[v_0 + \frac{eE_0}{m\omega}\sin\theta - \frac{eE_0}{m\omega}\sin(\omega t + \theta)\right]\mathrm{d}t, \tag{1.143}$$

其中，x_0 为初始位置. 最终得到

$$x = x_0 + \left(v_0 + \frac{eE_0}{m\omega}\sin\theta\right)t + \frac{eE_0}{m\omega^2}\left[\cos(\omega t + \theta) - \cos\theta\right]. \tag{1.144}$$

这表明电子在振荡电场中的运动形式是匀速直线运动加简谐振荡.

1.5.2 磁场中的运动

上节中我们讨论了带电粒子在电场中的运动，现在我们来研究带电粒子在恒定的均匀磁场中的运动. 我们知道带电粒子在磁场中所受到的力是速度 v 的函数. 假设带电粒子的电荷为 q，质量为 m，磁场沿着 z 方向，即

$$\boldsymbol{B} = B\boldsymbol{k}, \tag{1.145}$$

那么，带电粒子所受到的洛伦兹力为

$$\boldsymbol{F} = q(\boldsymbol{v}\times\boldsymbol{B}) = qB\left(\boldsymbol{v}\times\boldsymbol{k}\right). \tag{1.146}$$

由牛顿方程得

$$\dot{\boldsymbol{v}} = \frac{qB}{m}\left(\boldsymbol{v}\times\boldsymbol{k}\right) = \omega_c\left(\boldsymbol{v}\times\boldsymbol{k}\right). \tag{1.147}$$

其中

$$\omega_c = \frac{qB}{m} \tag{1.148}$$

称为回转频率. 由方程 (1.147)，通过量纲分析可知，其量纲为时间分之一. 将方程 (1.147) 写成分量的形式

$$\begin{aligned}\dot{v}_x &= \omega_c v_y, \\ \dot{v}_y &= -\omega_c v_x,\end{aligned} \tag{1.149}$$

$$\dot{v}_z = 0.$$

显然有 $v_z = v_0$，其中 v_0 是常数. 将上面两个方程组对时间求导，可以得到

$$\ddot{v}_x + \omega_c^2 v_x = 0, \tag{1.150}$$

$$\ddot{v}_y + \omega_c^2 v_y = 0, \tag{1.151}$$

可见，速度满足简谐振子的方程. 在初始条件 $t = 0$ 时，设质点的位置和速度分别为

$$x = x_0, \quad y = y_0, \quad z = z_0, \tag{1.152}$$

$$v_x = 0, \quad v_y = v_1, \quad v_z = v_0. \tag{1.153}$$

由此联合方程 (1.149)，可得另外两个初始条件

$$\dot{v}_y = 0, \quad \dot{v}_x = v_1 \omega_c, \quad \dot{v}_z = 0. \tag{1.154}$$

那么，带电粒子在各个分量上的速度可以表示为

$$\begin{aligned}
v_x(t) &= v_1 \sin(\omega_c t), \\
v_y(t) &= v_1 \cos(\omega_c t), \\
v_z(t) &= v_0,
\end{aligned} \tag{1.155}$$

进而通过积分可得

$$\begin{aligned}
x - x_0 &= \frac{v_1}{\omega_c}[1 - \cos(\omega_c t)], \\
y - y_0 &= \frac{v_1}{\omega_c} \sin(\omega_c t), \\
z - z_0 &= v_0 t.
\end{aligned} \tag{1.156}$$

最后可以得到 x, y 满足以下方程

$$\left[x - \left(x_0 + \frac{v_1}{\omega_c} \right) \right]^2 + (y - y_0)^2 = \left(\frac{v_1}{\omega_c} \right)^2 = r_c^2, \tag{1.157}$$

其中，r_c 为回转半径，

$$r_c = \frac{v_1}{\omega_c} = \frac{m v_1}{qB}. \tag{1.158}$$

上面最后的等号利用方程 (1.148). 从上面的计算，我们可以发现带电粒子在恒定的均匀磁场中是一种螺旋线运动: 沿 z 轴是匀速直线运动，在 x-y 平面内是以 $(x_0 + v_1/\omega_c, y_0)$ 为中心，回转频率为 ω_c，回转半径为 r_c 的运动.

1.5.3　拉莫尔进动

在上节中我们讨论了带电粒子在磁场中的运动, 现在我们来研究原子中的电子在匀强磁场中的运动. 在匀强磁场中, 电子所受的外力矩为

$$M = p_m \times B, \tag{1.159}$$

其中, p_m 是电子磁矩. 磁矩和角动量之间的关系为[①]

$$p_m = \frac{-e}{2m} J. \tag{1.160}$$

由上式和角动量定理式 (1.7) 可得

$$
\begin{aligned}
\dot{J} &= M \\
&= p_m \times B \\
&= \frac{-e}{2m} J \times B \\
&= \frac{e}{2m} B \times J \\
&= \frac{e}{2m} |B| n \times J
\end{aligned}
\tag{1.161}
$$

其中, n 是磁场方向的单位矢量.

根据式 (1.161), 我们得到

$$J \cdot \dot{J} = 0, \tag{1.162}$$

即

$$\frac{\mathrm{d} J^2}{\mathrm{d} t} = 0. \tag{1.163}$$

由此可以看到电子的角动量 J 的值在匀强磁场中不变. 类似的有

$$B \cdot \dot{J} = 0, \tag{1.164}$$

即

$$\frac{\mathrm{d}(J \cdot B)}{\mathrm{d} t} = 0. \tag{1.165}$$

结合式 (1.163) 可得在运动过程中 J 和 B 的夹角不变, 如图 1.8 所示. 由此可以推出电子的角动量 J 绕磁场以角频率 (由上节)

$$\omega_e = \frac{e}{2m} |B| \tag{1.166}$$

---

① 参见杨福家. 原子物理学. 北京: 高等教育出版社, 2008.

进动. 由方程(1.161), $\boldsymbol{B} \times \boldsymbol{J}$ 的方向即是 $\dot{\boldsymbol{J}}$ 的方向, 故进动方向沿着逆时针方向. 这种现象就是拉莫尔进动, 进动的角频率 ω_e 又称为拉莫尔频率.

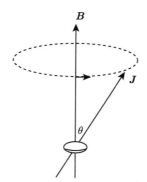

图 1.8　拉莫尔进动示意图

1.6　有心力场中的开普勒问题

如果运动的质点所受力的作用线始终通过某一固定点 O, 那么我们称这个力为**有心力**, 定点 O 称为**力心**, 相应的场称为**有心力场**. 在有心力场中, 我们知道有心力 $\boldsymbol{F}$ 和力心 O 到质点的矢量 $\boldsymbol{r}$ 是共线的, 那么质点的角动量对时间求导得

$$\dot{\boldsymbol{J}} = \boldsymbol{r} \times \boldsymbol{F} = 0. \tag{1.167}$$

这说明质点在有心力场中运动时, 角动量守恒. 在有心力的作用下, 因为

$$\boldsymbol{r} \cdot \boldsymbol{J} = \boldsymbol{r} \cdot (\boldsymbol{r} \times \boldsymbol{p}) = 0, \tag{1.168}$$

且 $\boldsymbol{J}$ 不变, 所以质点始终在垂直于 $\boldsymbol{J}$ 的平面上运动, 故有心力场问题可以简化为二维问题.

对于有心力场, 因为 $\boldsymbol{F}$ 和 $\boldsymbol{r}$ 共线, 采用极坐标系. 在极坐标系下的牛顿方程为

$$m(\ddot{r} - r\dot{\theta}^2) = F(r), \tag{1.169}$$

$$m(2\dot{r}\dot{\theta} + r\ddot{\theta}) = \frac{1}{r}\frac{\mathrm{d}}{\mathrm{d}t}(mr^2\dot{\theta}) = 0. \tag{1.170}$$

式 (1.170) 意味着角动量

$$J = mr^2\dot{\theta}. \tag{1.171}$$

守恒. 由上面方程得

$$\dot{\theta} = \frac{J}{mr^2}. \tag{1.172}$$

那么将方程 (1.172) 代入方程 (1.169)，即可得到径向方程如下

$$\ddot{r} - \frac{J^2}{m^2 r^3} = \frac{F(r)}{m}. \tag{1.173}$$

为解此径向方程，作倒数变换，令

$$u = 1/r \tag{1.174}$$

得

$$\ddot{r} - \frac{J^2}{m^2} u^3 = \frac{\bar{F}(u)}{m}. \tag{1.175}$$

这里 $\bar{F}(u) = F(r)$. 由于 $r = 1/u$, 再利用式 (1.172)，则 r 对时间的导数为

$$\dot{r} = -\frac{1}{u^2}\dot{u} = -\frac{1}{u^2}\frac{\mathrm{d}u}{\mathrm{d}\theta}\dot{\theta} = -\frac{J}{m}\frac{\mathrm{d}u}{\mathrm{d}\theta}. \tag{1.176}$$

再将上式求一次导，可得

$$\ddot{r} = -\frac{J}{m}\dot{\theta}\frac{\mathrm{d}^2 u}{\mathrm{d}\theta^2} = -\frac{J^2}{m^2}u^2\frac{\mathrm{d}^2 u}{\mathrm{d}\theta^2}. \tag{1.177}$$

在推导上式的过程中，又一次用到了式 (1.172). 将上式代入式 (1.175) 得

$$\frac{J^2}{m}u^2\left(\frac{\mathrm{d}^2 u}{\mathrm{d}\theta^2} + u\right) = -\bar{F}(u). \tag{1.178}$$

这就是适合于任何有心力场的**比内公式**. 可以看出，如果知道质点的具体运动轨道方程，就可以根据此公式来反推出力的具体形式.

在研究行星运动的轨道方程时，遇到的是平方反比力. 接下来，我们就利用比内公式来求解质点在平方反比力作用下的轨道方程. 力的具体形式为

$$F = -\frac{k^2 m}{r^2} = -k^2 m u^2 = -\alpha u^2, \tag{1.179}$$

其中，m 是质量，k 是常数，$\alpha = k^2 m$. 将上式代入比内公式 (1.178) 可得

$$\frac{J^2}{m^2}\left(\frac{\mathrm{d}^2 u}{\mathrm{d}\theta^2} + u\right) = k^2. \tag{1.180}$$

从上面方程，我们有

$$\frac{\mathrm{d}^2 u}{\mathrm{d}\theta^2} + u = \frac{\alpha m}{J^2}. \tag{1.181}$$

再作平移变换

$$\tilde{u} = u - \frac{\alpha m}{J^2}. \tag{1.182}$$

式 (1.181) 变成

$$\frac{\mathrm{d}^2\tilde{u}}{\mathrm{d}\theta^2} + \tilde{u} = 0. \tag{1.183}$$

我们看到, 通过倒数变换和平移变换, 平方反比有心力场的问题转化成了一维谐振子问题. 此时 $\tilde{u}$ 的具体形式可以写为

$$\tilde{u} = A\cos(\theta - \theta_0). \tag{1.184}$$

根据上式和方程 (1.182) 可以得到

$$\frac{1}{r} = u = \frac{\alpha m}{J^2} + A\cos(\theta - \theta_0). \tag{1.185}$$

此时 r 的具体形式可以写为

$$r = \frac{1}{\dfrac{\alpha m}{J^2} + A\cos(\theta - \theta_0)} = \frac{\dfrac{J^2}{\alpha m}}{1 + \dfrac{AJ^2}{\alpha m}\cos(\theta - \theta_0)}. \tag{1.186}$$

注意: 在上面公式中, A 的意义还不清楚.

接下来, 我们利用守恒量的方法来求轨道方程. 在平方反比力下, 势能为

$$V(r) = -\frac{\alpha}{r}. \tag{1.187}$$

根据牛顿第二定律, 并利用方程 (1.187), 运动方程可以写成

$$\dot{\boldsymbol{p}} = \boldsymbol{F} = -\nabla V = -\frac{\partial V}{\partial r}\hat{\boldsymbol{r}} = -\frac{\alpha}{r^2}\hat{\boldsymbol{r}} = -\frac{\alpha}{r^3}\boldsymbol{r}, \tag{1.188}$$

其中, $\hat{\boldsymbol{r}} = \boldsymbol{r}/r$ 是单位矢量.

在平方反比力作用下存在另一个守恒量: 龙格-楞次 (Runge-Lenz) 矢量. 考虑椭圆的长轴 (或者短轴) 方向不随时间改变, 可能沿着长轴有一个矢量守恒. 再考察特殊的近地点, 矢量 $\boldsymbol{p} \times \boldsymbol{J}$ 沿着长轴方向, 当然 $\boldsymbol{r}$ 也是, 所以守恒量有可能是 $\boldsymbol{p} \times \boldsymbol{J}$ 和 $\boldsymbol{r}$ 的线性组合.

在有心力场中, 角动量 $\boldsymbol{J}$ 是守恒的, 即 $\dot{\boldsymbol{J}} = 0$, 所以利用上面公式得

$$\frac{\mathrm{d}(\boldsymbol{p} \times \boldsymbol{J})}{\mathrm{d}t} = \dot{\boldsymbol{p}} \times \boldsymbol{J} = -\frac{\alpha}{r^3}\boldsymbol{r} \times (\boldsymbol{r} \times \boldsymbol{p}) = \frac{\alpha}{r^3}(\boldsymbol{r} \times \boldsymbol{p}) \times \boldsymbol{r}. \tag{1.189}$$

对于任意的矢量 $\boldsymbol{r}$, 有如下恒等式:

$$\dot{r}r = \dot{\boldsymbol{r}} \cdot \boldsymbol{r}, \tag{1.190}$$

$$\frac{\mathrm{d}\hat{\boldsymbol{r}}}{\mathrm{d}t} = \frac{\mathrm{d}(\boldsymbol{r}/r)}{\mathrm{d}t} = \frac{\dot{\boldsymbol{r}}}{r} - \frac{\dot{r}}{r^2}\boldsymbol{r}. \tag{1.191}$$

首先，证明式 (1.190)，证明如下：

$$\begin{aligned}
2\boldsymbol{r}\cdot\dot{\boldsymbol{r}} &= \frac{\mathrm{d}(\boldsymbol{r}\cdot\boldsymbol{r})}{\mathrm{d}t} \\
&= \frac{\mathrm{d}(r^2)}{\mathrm{d}t} \\
&= 2r\dot{r}.
\end{aligned} \tag{1.192}$$

这个公式也可以如下证明. 在直角坐标系中，$\boldsymbol{r}$ 的模为 $\sqrt{x^2 + y^2 + z^2}$，对 r 的导数为

$$\begin{aligned}
\dot{r} &= \frac{\partial r}{\partial x}\dot{x} + \frac{\partial r}{\partial y}\dot{y} + \frac{\partial r}{\partial z}\dot{z} \\
&= \frac{x}{r}\dot{x} + \frac{y}{r}\dot{y} + \frac{z}{r}\dot{z} \\
&= \frac{\boldsymbol{r}\cdot\dot{\boldsymbol{r}}}{r}.
\end{aligned} \tag{1.193}$$

推导上面公式时我们用到了关系

$$\frac{\partial r}{\partial x} = \frac{x}{r}, \quad \nabla r = \hat{\boldsymbol{r}}. \tag{1.194}$$

式 (1.191) 可以直接求导验证.

有了这些简单的数学结果，根据公式

$$(\boldsymbol{a} \times \boldsymbol{b}) \times \boldsymbol{c} = (\boldsymbol{a}\cdot\boldsymbol{c})\boldsymbol{b} - (\boldsymbol{b}\cdot\boldsymbol{c})\boldsymbol{a},$$

方程 (1.189) 变为

$$\begin{aligned}
\frac{\mathrm{d}(\boldsymbol{p}\times\boldsymbol{J})}{\mathrm{d}t} &= \alpha\frac{\boldsymbol{p}}{r} - \alpha(\boldsymbol{p}\cdot\boldsymbol{r})\frac{\boldsymbol{r}}{r^3} \\
&= \alpha m\left[\frac{\dot{\boldsymbol{r}}}{r} - (\dot{\boldsymbol{r}}\cdot\boldsymbol{r})\frac{\boldsymbol{r}}{r^3}\right] && (\boldsymbol{p} = m\dot{\boldsymbol{r}}) \\
&= \alpha m\left[\frac{\dot{\boldsymbol{r}}}{r} - \frac{\dot{r}\boldsymbol{r}}{r^2}\right] && (方程\ (1.190)) \\
&= \alpha m\frac{\mathrm{d}\hat{\boldsymbol{r}}}{\mathrm{d}t}, && (方程\ (1.191))
\end{aligned}$$

所以

$$\frac{\mathrm{d}\boldsymbol{R}}{\mathrm{d}t} = \frac{\mathrm{d}(\boldsymbol{p}\times\boldsymbol{J} - \alpha m\hat{\boldsymbol{r}})}{\mathrm{d}t} = 0, \tag{1.195}$$

其中

$$\boldsymbol{R} = \boldsymbol{p} \times \boldsymbol{J} - \alpha m \hat{\boldsymbol{r}} \tag{1.196}$$

为龙格-楞次矢量. 所以, 在平方反比有心力场下, 这个矢量为守恒量.

由于

$$\boldsymbol{R} \cdot \boldsymbol{J} = \left(\boldsymbol{p} \times \boldsymbol{J} - \frac{m\alpha \boldsymbol{r}}{r} \right) \cdot \boldsymbol{J} = 0$$

所以, $\boldsymbol{R}$ 在垂直于角动量的平面内, 与 $\boldsymbol{r}$ 共面.

通过以上分析, 我们可以发现, 在平方反比中心力场中存在的七个守恒量:

$$E = \frac{\boldsymbol{p}^2}{2m} - \frac{\alpha}{r}, \tag{1.197}$$

$$\boldsymbol{J} = \boldsymbol{r} \times \boldsymbol{p}, \tag{1.198}$$

$$\boldsymbol{R} = \boldsymbol{p} \times \boldsymbol{J} - m\alpha \hat{\boldsymbol{r}}. \tag{1.199}$$

下面我们利用龙格-楞次矢量来求轨道方程. 因为 $\boldsymbol{R}$ 是守恒量, 原点是太阳所在的位置, 令 $\boldsymbol{R}$ 与 $\boldsymbol{r}$ 的夹角为 θ, 则 $\boldsymbol{R}$ 与 $\boldsymbol{r}$ 内积为

$$\begin{aligned}
\boldsymbol{R} \cdot \boldsymbol{r} &= rR\cos\theta \\
&= \left(\boldsymbol{p} \times \boldsymbol{J} - \frac{m\alpha \boldsymbol{r}}{r} \right) \cdot \boldsymbol{r} \\
&= (\boldsymbol{p} \times \boldsymbol{J}) \cdot \boldsymbol{r} - m\alpha r \\
&= \boldsymbol{J} \cdot (\boldsymbol{r} \times \boldsymbol{p}) - m\alpha r \\
&= \boldsymbol{J}^2 - m\alpha r \\
&= J^2 - m\alpha r.
\end{aligned} \tag{1.200}$$

由上式可得

$$rR\cos\theta = J^2 - m\alpha r. \tag{1.201}$$

所以

$$r = \frac{J^2}{m\alpha + R\cos\theta} = \frac{\dfrac{J^2}{m\alpha}}{1 + \dfrac{R}{m\alpha}\cos\theta} = \frac{p}{1 + e\cos\theta} \tag{1.202}$$

这个公式刻画的是一个圆锥曲线, 其中

$$p = \frac{J^2}{m\alpha} \tag{1.203}$$

为半通径,

$$e = \frac{R}{m\alpha} \tag{1.204}$$

为离心率. 可见, 龙格-楞次矢量的大小决定了曲线的形状. 在 $\theta = 0$ 的点, 对应着近地点, 这时 R 和 r 同向, 故 R 沿着从原点指向近地点的方向.

我们来看 R 的意义, 由式(1.196)可得

$$\begin{aligned} R^2 = R \cdot R &= (p \times J - m\alpha\hat{r}) \cdot (p \times J - m\alpha\hat{r}) \\ &= (p \times J) \cdot (p \times J) - 2m\alpha\hat{r} \cdot (p \times J) + m^2\alpha^2. \end{aligned}$$

运用矢量运算公式

$$(a \times b) \cdot (c \times d) = (a \cdot c)(b \cdot d) - (a \cdot d)(b \cdot c),$$

我们得到

$$R^2 = p^2 J^2 - (p \cdot J)^2 - 2m\alpha \frac{J^2}{r} + m^2\alpha^2. \tag{1.205}$$

因为动量和角动量互相垂直, 即 $p \cdot J = 0$, 所以

$$R^2 = 2mJ^2 \left(\frac{p^2}{2m} - \frac{\alpha}{r} \right) + m^2\alpha^2. \tag{1.206}$$

这里强调一下, $P \cdot J = 0$ 和 $r \cdot J = 0$ 意味着 P 和 r 是平权的.

根据能量的定义式 (1.197), 最后得到

$$R^2 = 2mJ^2 E + m^2\alpha^2. \tag{1.207}$$

所以, R^2 是能量的线性函数. R 的具体形式为 (R 为模, 故 $R \geqslant 0$)

$$R = \sqrt{2mJ^2 E + m^2\alpha^2}, \tag{1.208}$$

则离心率式(1.204)可以表示成

$$e = \sqrt{\frac{2J^2 E}{m\alpha^2} + 1}. \tag{1.209}$$

我们可以发现离心率的平方 e^2 是能量 E 的线性函数. 这样, 如果能量 $E < 0$(束缚轨道), 则离心率小于 1, 相应的轨道是椭圆形轨道; 能量 $E > 0$(非束缚轨道, 又称为散射轨道), 则离心率大于 1, 这时对应的是双曲线轨道; 假如能量 $E = 0$, 则离心率等于 1, 这时是抛物线轨道.

1.7 有心力场中的散射问题

在上一节中，我们讨论的有心力都是引力，现在讨论斥力情况，比如同号电荷之间的电斥力就是平方反比斥力. 通常研究平方反比斥力往往都是为了讨论带电粒子的散射问题.

最早的散射实验是盖革和马斯顿在 1909 年用 α 粒子撞击金属锡箔而实现. 下面我们就来讨论中心力场中的散射问题. 考虑一束 α 粒子射入金属箔中，由于受到金属原子核的静电斥力，α 粒子将不再保持原来的入射方向而散开. 这种现象就叫作 α 粒子散射. 由于原子核的质量比较大，可以看作相对静止. 此时 α 粒子所受到的电斥力为有心力，原子核就是其力心.

如图 1.9 所示，一束 α 粒子以一定的初速度入射，其中 Z_e 代表原子核，即力心. 力心到粒子入射方向的延长线间的垂直距离 b 为瞄准距离，θ 为偏转角. 由于不同的粒子有不同的瞄准距离，对应的偏转角不同. 若定义单位时间通过单位面积的粒子数为入射流密度 J_i，单位时间内散射在 θ 到 $\theta + \mathrm{d}\theta$ 粒子数为 $\mathrm{d}N$，则

$$\mathrm{d}N = J_i \mathrm{d}\sigma. \tag{1.210}$$

其中，$\mathrm{d}\sigma$ 称为微分散射截面. 因为 J_i 的量纲为 $[1/(\mathrm{TS})]$，$\mathrm{d}N$ 的量纲为 $[1/\mathrm{T}]$. 所以 $\mathrm{d}\sigma$ 为面积量纲 $[\mathrm{S}]$. 根据图 1.9 可得

$$\mathrm{d}\sigma = 2\pi b \mathrm{d}b = 2\pi b \frac{\mathrm{d}b}{\mathrm{d}\theta} \mathrm{d}\theta, \tag{1.211}$$

其中，θ 是关于 b 的函数.

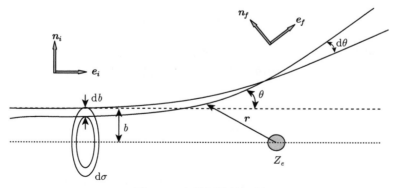

图 1.9 卢瑟福散射问题

下面将利用立体角的概念. 首先，我们来看一下体积元

$$\mathrm{d}V = \mathrm{d}S\mathrm{d}r = r^2 \sin\theta \mathrm{d}\theta \mathrm{d}\phi \mathrm{d}r \tag{1.212}$$

其中, $\mathrm{d}S$ 为投影面积, r 为球半径.

类似于平面角度是圆的弧长与半径的比, $\mathrm{d}\theta = \mathrm{d}s/r$, 对于立体角, 我们有

$$\mathrm{d}\Omega = \frac{\mathrm{d}S}{r^2} = \sin\theta \mathrm{d}\theta \mathrm{d}\phi. \tag{1.213}$$

考虑一个极角在 θ 到 $\theta + \mathrm{d}\theta$ 之间的环带, 此时这一环带所张成的立体角为

$$\mathrm{d}\Omega' = \int_0^{2\pi} \mathrm{d}\phi \sin\theta \mathrm{d}\theta = 2\pi \sin\theta \mathrm{d}\theta. \tag{1.214}$$

根据上式可得整个球面所张成的立体角为

$$\int_0^\pi \mathrm{d}\Omega' = \int_0^\pi 2\pi \sin\theta \mathrm{d}\theta = 4\pi. \tag{1.215}$$

散射面积恒为正, 利用式 (1.214), 散射截面式 (1.211) 可改写为

$$\mathrm{d}\sigma = 2\pi b \left| \frac{\mathrm{d}b}{\mathrm{d}\theta} \right| \mathrm{d}\theta$$
$$= b \left| \frac{\mathrm{d}b}{\mathrm{d}\theta} \right| \frac{\mathrm{d}\Omega'}{\sin\theta}. \tag{1.216}$$

我们看到, 在考虑中心力场中的散射问题时, 式 (1.216) 就是散射截面的具体表达式.

接下来, 我们利用龙格-楞次矢量来解粒子在有心力场中的散射问题. 考虑库仑排斥力, 其势能为 $V(r) = \alpha/r$, 则龙格-楞次矢量为

$$\boldsymbol{R} = \boldsymbol{p} \times \boldsymbol{J} + m\alpha\hat{\boldsymbol{r}} \tag{1.217}$$

其中, 角动量为 $\boldsymbol{J} = \boldsymbol{r} \times \boldsymbol{p}$. 我们注意到角动量方向为垂直于平面向内. 在有心力场中, 由于角动量守恒, 初始的动量可用无穷远处的代替. 此时, 初始动量和角动量可写成

$$\boldsymbol{p} = mv_\infty \boldsymbol{e}_i, \tag{1.218}$$

$$\boldsymbol{J} = mv_\infty b\boldsymbol{e}_k, \tag{1.219}$$

其中, $\boldsymbol{e}_i$ 表示粒子初速度的方向, $\boldsymbol{e}_k$ 表示垂直于平面向内的单位矢量.

由于能量守恒, 入射速度和出射速度的绝对值是相同的, 出射时 $\boldsymbol{p} = mv_\infty \boldsymbol{e}_f$. 此时对应的入射和出射龙格-楞次矢量分别为

$$\boldsymbol{R}_i = m^2 v_\infty^2 b\boldsymbol{n}_i - \alpha m\boldsymbol{e}_i, \tag{1.220}$$

$$\boldsymbol{R}_f = m^2 v_\infty^2 b \boldsymbol{n}_f + \alpha m \boldsymbol{e}_f, \tag{1.221}$$

其中, $\boldsymbol{n}_i$ 的方向垂直于入射方向 $\boldsymbol{e}_i$, $\boldsymbol{e}_f$ 为出射方向 (见图 1.9). 两个无穷远处的龙格-楞次矢量相等, 即

$$\boldsymbol{R}_i = \boldsymbol{R}_f. \tag{1.222}$$

结合式 (1.220) 和 (1.221), 在上式两端点乘 $\boldsymbol{e}_i$ 后可得

$$\begin{aligned}
\boldsymbol{R}_i \cdot \boldsymbol{e}_i &= -\alpha m \\
&= m^2 v_\infty^2 b \boldsymbol{n}_f \cdot \boldsymbol{e}_i + \alpha m \boldsymbol{e}_f \cdot \boldsymbol{e}_i \\
&= m^2 v_\infty^2 b \cos(\theta + \pi/2) + \alpha m \cos\theta \\
&= -m^2 v_\infty^2 b \sin\theta + \alpha m \cos\theta.
\end{aligned} \tag{1.223}$$

解得其中的 b 为

$$\begin{aligned}
b &= \frac{\alpha(1 + \cos\theta)}{m v_\infty^2 \sin\theta} \\
&= \frac{\alpha}{m v_\infty^2} \frac{2\cos^2\dfrac{\theta}{2}}{2\sin\dfrac{\theta}{2}\cos\dfrac{\theta}{2}} \\
&= \frac{\alpha}{m v_\infty^2} \cot\frac{\theta}{2}.
\end{aligned} \tag{1.224}$$

所以

$$b^2 = \frac{\alpha^2}{m^2 v_\infty^4} \cot^2\frac{\theta}{2}. \tag{1.225}$$

上式两边同时对 θ 求导可得

$$2b\frac{\mathrm{d}b}{\mathrm{d}\theta} = \frac{\alpha^2}{m^2 v_\infty^4} 2\cot\frac{\theta}{2}\left(-\frac{1}{\sin^2\dfrac{\theta}{2}}\right)\frac{1}{2} = \frac{-\alpha^2}{m^2 v_\infty^4}\frac{\cos\dfrac{\theta}{2}}{\sin^3\dfrac{\theta}{2}}. \tag{1.226}$$

注意: 在上式中, 当瞄准距离 b 增大时, 散射角 θ 减小, 所以在等式前面存在一负号. 将式 (1.226) 代入微分散射截面公式 (1.216) 得到

$$\mathrm{d}\sigma = \frac{\alpha^2}{4m^2 v_\infty^4}\frac{\mathrm{d}\Omega'}{\sin^4\dfrac{\theta}{2}} = \left(\frac{\alpha}{2m v_\infty^2}\right)^2 \frac{\mathrm{d}\Omega'}{\sin^4\dfrac{\theta}{2}}. \tag{1.227}$$

这就是卢瑟福散射公式. 从上式中我们可以看到微分散射截面和 α 的符号无关. 此公式在 1913 年被盖革和马斯顿用实验所验证.

1.8　最速落径问题和变分法

1696 年 6 月约翰 · 伯努利在《教师学报》上提出了最速落径问题, 开创了变分法研究. 1697 年 1 月 29 日, 牛顿从法国的来信中知道了这件事, 几个小时解决了这个问题: 答案是摆线, 并发表在《哲学会刊》上. 接下来, 我们用变分法来求解最速落径问题. 如图 1.10 所示, 在重力作用且忽略摩擦力的情况下, 一个物体从点 A 以速率为零开始, 沿某光滑曲线落到点 B, 哪条曲线用时最短? 此即最速落径问题.

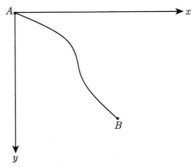

图 1.10　最速落径问题

在质点沿着固定二维曲线运动的过程中, 物体的速率是

$$v = \frac{\mathrm{d}s}{\mathrm{d}t} = \frac{\sqrt{(\mathrm{d}x)^2 + (\mathrm{d}y)^2}}{\mathrm{d}t} = \frac{\mathrm{d}x\sqrt{1 + y'^2}}{\mathrm{d}t}, \tag{1.228}$$

其中, $y' = \mathrm{d}y/\mathrm{d}x$, $\mathrm{d}s$ 是**线元**. 由于机械能守恒, 所以

$$\frac{1}{2}mv^2 = mgy. \tag{1.229}$$

从上式得 $v = \sqrt{2gy}$, 代入式 (1.228), 我们有

$$\mathrm{d}t = \frac{\mathrm{d}x\sqrt{1 + y'^2}}{\sqrt{2gy}}. \tag{1.230}$$

上式两边同时积分得

$$\Delta t = \int_{t_A}^{t_B} \mathrm{d}t = \int_{x_A}^{x_B} \frac{\mathrm{d}x\sqrt{1 + y'^2}}{\sqrt{2gy}} = J[y(x)]. \tag{1.231}$$

这里 $x_A = 0$. 从上式中我们发现不同的路径函数 $y(x)$ 给出不同的时间, 即 $J[y(x)]$ 是函数的函数. 寻找 $y(x)$ 使得 $J[y(x)]$ 的值最小就是我们要解决的问题.

连接两点中的所有曲线中直线最短也是类似的问题. 连接平面两点 (x_0, y_0) 和 (x_1, y_1) 的曲线 $y(x)$ 的弧长是函数 $y(x)$ 的泛函, 即

$$\Delta S = \int_{x_0}^{x_1} \mathrm{d}s = \int_{x_0}^{x_1} \sqrt{(\mathrm{d}x)^2 + (\mathrm{d}y)^2} = \int_{x_0}^{x_1} \mathrm{d}x\sqrt{1 + y'^2}. \tag{1.232}$$

我们先介绍一下**泛函**和**变分**的定义.

泛函: 设 Y 是给定的某函数集, 若对于集合中的每一个 $y(x) \in Y$, 有一个数 $J \in R$ 与之对应, 则称变量 J 为函数 $y(x)$ 的泛函. 泛函 $J[y(x)]$ 是函数集 Y 到实数集合 R 上的一个映射.

变分: 在自变量不变的情况下, 由函数 $y(x) \in Y$ 的变化引起的, 则两个函数的差, 小量 $\bar{y}(x) - y(x) = \epsilon$ 称为函数 $y(x)$ 的变分, 记作 δy. 这里 δy 是函数.

在运用**变分**和**微分**的时候还需要注意两者在概念上的区别: **变分是由于函数的改变而引起的, 而微分是由于自变量 x 的改变引起的**. 下面我们就来仔细地讨论一下变分和微分的性质:

(1) 变分算符和微分算符对自变量 x 的作用是不一样的, 其中 $\delta x = 0$, $\mathrm{d}x \neq 0$, 除此以外, 两种运算一样. 例如

$$\delta(af + bg) = a\delta f + b\delta g,$$
$$\delta(fg) = (f + \delta f)(g + \delta g) - fg = (\delta f)g + f\delta g,$$
$$\delta(f/g) = \frac{(\delta f)g - f\delta g}{g^2}. \tag{1.233}$$

接下来, 我们来理解为什么 $\delta x = 0$. 对于泛函的变分, 形式上有

$$\delta J[y(x), x] = \frac{\partial J}{\partial y}\delta y + \frac{\partial J}{\partial x}\delta x. \tag{1.234}$$

由于变分是由函数变化引起的, 故而

$$\delta J[y(x), x] = \frac{\partial J}{\partial y}\delta y, \tag{1.235}$$

所以 $\delta x = 0$.

(2) 变分和微分的可对易性, 即 $[\delta, d] = 0$.

证明 因为 δy 是函数, 我们有

$$\delta y(x + \mathrm{d}x) = (\delta y)(x + \mathrm{d}x)$$
$$= (y_2 - y_1)(x + \mathrm{d}x)$$
$$= [y_2(x + \mathrm{d}x) - y_1(x + \mathrm{d}x)]$$

$$
\begin{aligned}
&= y_2(x) + \mathrm{d}y_2(x) - y_1(x) - \mathrm{d}y_1(x) \\
&= y_2(x) - y_1(x) + \mathrm{d}[\delta y(x)] \\
&= \delta y(x) + \mathrm{d}[\delta y(x)],
\end{aligned} \tag{1.236}
$$

另一个方面可以先取 y 在 $x + \mathrm{d}x$ 上的值

$$
\begin{aligned}
\delta y(x + \mathrm{d}x) &= \delta(y(x + \mathrm{d}x)) \\
&= \delta[y(x) + \mathrm{d}y(x)] \\
&= \delta y(x) + \delta[\mathrm{d}y(x)].
\end{aligned} \tag{1.237}
$$

方程 (1.236) 和 (1.237) 比较可得: $\delta(\mathrm{d}y) = \mathrm{d}(\delta y)$，证毕. 这里隐含着变分、函数和自变量的一种结合律.

根据变分算符和微分算符的可对易性，可得

$$
\delta(\mathrm{d}x) = \mathrm{d}(\delta x) = 0, \tag{1.238}
$$

进一步可以得到

$$
\delta\left(\frac{\mathrm{d}}{\mathrm{d}x}\right) y = \delta\left(\frac{\mathrm{d}y}{\mathrm{d}x}\right) = \frac{\delta(\mathrm{d}y)\mathrm{d}x - \mathrm{d}y\delta(\mathrm{d}x)}{(\mathrm{d}x)^2} = \frac{\mathrm{d}}{\mathrm{d}x}\delta y.
$$

即

$$
\left[\delta, \frac{\mathrm{d}}{\mathrm{d}x}\right] = 0 \tag{1.239}
$$

变分与导数对易.

(3) **泛函极值的必要条件**: 如果泛函 $J[y(x)]$ 在 $y = y_0(x)$ 上达到极值，则泛函在 $y = y_0(x)$ 处有 $\delta J = 0$，其中 $\delta J = J[y(x) + \delta y] - J[y(x)]$.

我们需要求出一个函数 $y(x)$ 使得函数 $J[y(x)]$ 取极值，即

$$
\delta J[y(x)] = \delta \int_{x_1}^{x_2} f(y, y', x)\mathrm{d}x = 0. \tag{1.240}
$$

接下来，我们来详细推导 $\delta J[y(x)]$:

$$
\begin{aligned}
\delta J[y(x)] &= \int_{x_1}^{x_2} \delta\left[f(y, y', x)\mathrm{d}x\right] \\
&= \int_{x_1}^{x_2} \mathrm{d}x\delta[f(y, y', x)] + f\delta(\mathrm{d}x) \\
&= \int_{x_1}^{x_2} \mathrm{d}x\delta[f(y, y', x)].
\end{aligned} \tag{1.241}
$$

这里利用了 $\delta x = 0$ ，以及变分和积分的对易性. 进一步有

$$
\begin{aligned}
\delta J[y(x)] &= \int_{x_1}^{x_2} \mathrm{d}x \left[\frac{\partial f}{\partial y} \delta y + \frac{\partial f}{\partial y'} \delta y' + \frac{\partial f}{\partial x} \delta x \right] \\
&= \int_{x_1}^{x_2} \mathrm{d}x \left[\frac{\partial f}{\partial y} \delta y + \frac{\partial f}{\partial y'} \frac{\mathrm{d}}{\mathrm{d}x} (\delta y) \right] \qquad (\delta x = 0, [\delta, \mathrm{d}/\mathrm{d}x] = 0) \\
&= \int_{x_1}^{x_2} \mathrm{d}x \left[\left(\frac{\partial f}{\partial y} \delta y \right) + \frac{\mathrm{d}}{\mathrm{d}x} \left(\frac{\partial f}{\partial y'} \delta y \right) - \frac{\mathrm{d}}{\mathrm{d}x} \left(\frac{\partial f}{\partial y'} \right) \delta y \right] \\
&= \int_{x_1}^{x_2} \mathrm{d}x \left[\frac{\partial f}{\partial y} - \frac{\mathrm{d}}{\mathrm{d}x} \left(\frac{\partial f}{\partial y'} \right) \right] \delta y + \left[\frac{\partial f}{\partial y'} \delta y \right]_{x_1}^{x_2} \\
&= \int_{x_1}^{x_2} \mathrm{d}x \left[\frac{\partial f}{\partial y} - \frac{\mathrm{d}}{\mathrm{d}x} \left(\frac{\partial f}{\partial y'} \right) \right] \delta y \\
&= 0.
\end{aligned}
\tag{1.242}
$$

在倒数第二个等号中，因为所研究的是两端点固定的问题，所以 $\delta y(x_1) = \delta y(x_2) = 0$. 函数集合是固定端点的函数集. 在最后一个等号中，由于函数 δy 的任意性，我们有

$$
\frac{\mathrm{d}}{\mathrm{d}x} \left(\frac{\partial f}{\partial y'} \right) = \frac{\partial f}{\partial y},
\tag{1.243}
$$

此即**欧拉方程**，也是泛函极值的**必要条件**. 涉及二阶变分的最小值问题这里不作讨论.

假若函数 f 对 x 偏微分为 0，即 $\partial f/\partial x = 0$，那么根据上述欧拉方程可得 $f - y'\partial f/\partial y'$ 是积分常数，即找到一个"守恒量".

证明

$$
\begin{aligned}
\frac{\mathrm{d}f}{\mathrm{d}x} &= \frac{\partial f}{\partial y} y' + \frac{\partial f}{\partial y'} y'' + \frac{\partial f}{\partial x} \\
&= \frac{\partial f}{\partial y} y' + \frac{\partial f}{\partial y'} y'' \\
&= y' \frac{\mathrm{d}}{\mathrm{d}x} \left(\frac{\partial f}{\partial y'} \right) + \frac{\partial f}{\partial y'} y'' \qquad (方程\ (1.243)) \\
&= \frac{\mathrm{d}}{\mathrm{d}x} \left(y' \frac{\partial f}{\partial y'} \right),
\end{aligned}
$$

所以 $f - y'\partial f/\partial y'$ 是积分常数. 注意：这里的函数 y 是满足欧拉方程的函数.

接下来，我们讨论最速落径问题. 由式 (1.231) 和 (1.240)，函数 f 为

$$
f = \frac{\sqrt{1 + y'^2}}{\sqrt{2gy}}.
\tag{1.244}
$$

根据 $f - y'\partial f/\partial y'$ 是一积分常数, 得

$$f - \frac{y'^2}{\sqrt{2gy}\sqrt{1+y'^2}} = C \tag{1.245}$$

其中, C 是常数. 将方程 (1.244) 代入上式得

$$\frac{1}{\sqrt{2gy}\sqrt{1+y'^2}} = C. \tag{1.246}$$

可见, $C > 0$, 令 $C = \sqrt{1/(2ga)}(a > 0)$, 我们得到

$$y(1+y'^2) = a. \tag{1.247}$$

于是有

$$y' = \pm\sqrt{\frac{a-y}{y}} \tag{1.248}$$

为求解上面的方程, 根号要开出来. 通过变量代换, 令

$$y = a\sin^2\left(\frac{\phi}{2}\right) = \frac{a}{2}(1-\cos\phi), \tag{1.249}$$

得

$$\mathrm{d}y = a\sin\left(\frac{\phi}{2}\right)\cos\left(\frac{\phi}{2}\right)\mathrm{d}\phi. \tag{1.250}$$

将式 (1.249) 和 (1.250) 代入式 (1.247) 中可得

$$\sin^2\left(\frac{\phi}{2}\right)\left[1 + a^2\sin^2\left(\frac{\phi}{2}\right)\cos^2\left(\frac{\phi}{2}\right)\left(\frac{\mathrm{d}\phi}{\mathrm{d}x}\right)^2\right] = 1. \tag{1.251}$$

故有

$$a^2\sin^4\left(\frac{\phi}{2}\right)\left(\frac{\mathrm{d}\phi}{\mathrm{d}x}\right)^2 = 1. \tag{1.252}$$

将上面公式开根号得

$$\pm\mathrm{d}x = a\sin^2\left(\frac{\phi}{2}\right)\mathrm{d}\phi = \frac{a}{2}(1-\cos\phi)\mathrm{d}\phi. \tag{1.253}$$

对上式两边同时积分得

$$x = \pm\frac{a}{2}(\phi - \sin\phi) + c. \tag{1.254}$$

方程 (1.249) 和 (1.254) 就是最速落径的参数方程.

下面我们来确定方程 (1.254) 中积分常数 c. 取点 A 为坐标原点，即 $x = y = 0$，所以对应的有 $\phi = 0$，$c = 0$. 又因为点 B 在 y 右边 $(x > 0)$ 以及 $\phi - \sin\phi \geqslant 0$，所以

$$x = \frac{a}{2}(\phi - \sin\phi), \tag{1.255}$$

$$y = \frac{a}{2}(1 - \cos\phi), \tag{1.256}$$

此即**摆线方程**. a 的值可以由 x_B, y_B 来确定，即是把 a, ϕ 看作未知数来求解.

欧拉: 出生在瑞士，13 岁进巴塞尔大学读书，得到当时著名的数学家约翰·伯努利的精心指导. 他从 19 岁开始发表论文，直到 76 岁. 欧拉是科学史上最多产的一位杰出的数学家. 彼得堡科学院为了整理他的著作，忙碌了 47 年. 欧拉还创造了许多数学符号，例如 π, i, e, sin, cos 和 tan 等.

1.9 保守力一维情况下的拉格朗日方程和哈密顿方程

1.9.1 保守力一维情况下的拉格朗日方程

考虑一个处于保守势 $V(x)$ 中的一维运动粒子，由牛顿第二定律可知

$$m\ddot{x} = F(x) = -\frac{\partial V(x)}{\partial x}, \tag{1.257}$$

上式左边可以写成

$$m\ddot{x} = \frac{\mathrm{d}}{\mathrm{d}t}(m\dot{x}) = \frac{\mathrm{d}}{\mathrm{d}t}\frac{\partial}{\partial \dot{x}}\left(\frac{1}{2}m\dot{x}^2\right) = \frac{\mathrm{d}}{\mathrm{d}t}\frac{\partial T}{\partial \dot{x}}, \tag{1.258}$$

其中，T 为动能. 我们定义所谓的拉格朗日量 (简称拉氏量) 为 $L \equiv T - V$，是动能和势能之差. 由该定义可知，拉格朗日量是坐标和速度的函数，即 $L = L(x, \dot{x})$. 根据该定义，可以得到

$$\frac{\mathrm{d}}{\mathrm{d}t}\frac{\partial T}{\partial \dot{x}} = \frac{\mathrm{d}}{\mathrm{d}t}\frac{\partial(T - V)}{\partial \dot{x}} = \frac{\mathrm{d}}{\mathrm{d}t}\frac{\partial L}{\partial \dot{x}}, \tag{1.259}$$

$$-\frac{\partial V}{\partial x} = \frac{\partial(T - V)}{\partial x} = \frac{\partial L}{\partial x}. \tag{1.260}$$

由上面两式，结合方程(1.257)和(1.258)，我们能够得到拉格朗日方程

$$\frac{\mathrm{d}}{\mathrm{d}t}\frac{\partial L}{\partial \dot{x}} = \frac{\partial L}{\partial x}. \tag{1.261}$$

此方程和牛顿方程等价. 从拉格朗日量出发，通过对 L 求偏导数和全导数，即可得到牛顿方程.

1.9.2　保守力一维情况下的哈密顿方程

在上面的保守系拉格朗日方程中, 动量和拉格朗日量的关系为

$$p = \frac{\partial L}{\partial \dot{x}}. \tag{1.262}$$

注意到拉格朗日量 L 是坐标和速度的函数: $L = L(x, \dot{x})$, 我们有

$$\begin{aligned}
\frac{\mathrm{d}L}{\mathrm{d}t} &= \frac{\partial L}{\partial x}\dot{x} + \frac{\partial L}{\partial \dot{x}}\ddot{x} \\
&= \frac{\mathrm{d}p}{\mathrm{d}t}\dot{x} + p\ddot{x} \\
&= \frac{\mathrm{d}(p\dot{x})}{\mathrm{d}t}.
\end{aligned} \tag{1.263}$$

于是可以得到 $H = p\dot{x} - L$ 是一个不随时间变化的守恒量. 又由

$$H = p\dot{x} - L = m\dot{x}^2 - (T - V) = T + V \tag{1.264}$$

可知, 这里的 H 为**能量**, 叫作哈密顿量.

现在考虑一维情况. 拉格朗日量为

$$L = \frac{1}{2}m\dot{x}^2 - V(x). \tag{1.265}$$

由哈密顿量的定义得

$$H = \frac{p^2}{2m} + V(x). \tag{1.266}$$

把哈密顿量看成动量和坐标的函数, 于是有

$$\dot{x} = \frac{p}{m} = \frac{\partial H}{\partial p}, \tag{1.267}$$

$$\dot{p} = -\frac{\partial V(x)}{\partial x} = -\frac{\partial H}{\partial x}. \tag{1.268}$$

这样我们就得到了哈密顿方程

$$\dot{x} = \frac{\partial H}{\partial p}, \tag{1.269}$$

$$\dot{p} = -\frac{\partial H}{\partial x}. \tag{1.270}$$

拉格朗日方程和哈密顿方程将在分析力学中仔细研究.

参 考 文 献

[1] 张建树, 孙秀泉, 张正军. 理论力学. 北京: 科学出版社, 2005.

[2] 张启仁. 经典力学. 北京: 科学出版社, 2002.

[3] 吴大猷. 古典动力学. 北京: 科学出版社, 1983.

[4] 王明达, 王秀江. 电动力学. 长春: 吉林大学出版社, 1988.

[5] 周衍柏. 理论力学教程. 北京: 高等教育出版社, 1979.

[6] 金尚年, 马永利. 理论力学. 北京: 高等教育出版社, 2002.

[7] 陈祥清. 用 Runge-Lenz 矢量推导卢瑟福散射公式. 大学物理, 1993, 012(002): 31, 32.

[8] 老大中. 变分法基础. 北京: 国防工业出版社, 2004.

[9] Redmond P J. Generalization of the Runge-Lenz vector in the presence of an electric field. Physical Review, 1964, 133(5B): B1352.

习　　题

1. 质点做平面运动, 其速率保持为常数. 试证其速度矢量 $\boldsymbol{v}$ 与加速度矢量 $\boldsymbol{a}$ 正交.

2. 已知作用在质点上的力为

$$F_x = a_{11}x + a_{12}y + a_{13}z,$$
$$F_y = a_{21}x + a_{22}y + a_{23}z,$$
$$F_z = a_{31}x + a_{32}y + a_{33}z,$$

式中, 系数 a_{ij} $(i, j = 1, 2, 3)$ 都是常数. 问这些 a_{ij} 应满足什么条件, 才有势能存在? 如这些条件满足, 试计算其势能.

3. 一质量为 m 的质点的运动规律为

$$\boldsymbol{r}(t) = bt\boldsymbol{e}_1 + (ct - gt^2/2)\boldsymbol{e}_2, \tag{1.271}$$

其中, b, c 都是常数; $\boldsymbol{e}_k(k = 1, 2)$ 为正交归一的矢量. 求质点所受之力.

4. 质点做平面运动, 其加速度矢量 $\boldsymbol{a}$ 始终通过某个定点 O. 证明 $a = v\mathrm{d}v/\mathrm{d}\rho$, ρ 是质点与点 O 的距离.

5. 根据微分几何中 Frenet-Serret 公式,

$$\begin{pmatrix} \boldsymbol{e}'_\tau \\ \boldsymbol{e}'_n \\ \boldsymbol{e}'_b \end{pmatrix} = \begin{pmatrix} 0 & \kappa & 0 \\ -\kappa & 0 & \chi \\ 0 & -\chi & 0 \end{pmatrix} \begin{pmatrix} \boldsymbol{e}_\tau \\ \boldsymbol{e}_n \\ \boldsymbol{e}_b \end{pmatrix}$$

其中, κ, χ 分别是曲率和挠率, 求导是对弧坐标. 验证三维自然坐标系下的牛顿方程最终约化为二维情况.

6. 一电子在匀强电场和匀强磁场中运动, $\boldsymbol{E} = E\boldsymbol{j}$, $\boldsymbol{B} = B\boldsymbol{k}$. 初始位置在原点, 初速度为零, 求电子的运动轨迹.

7. 质点在光滑球面上滑动, 当它在顶点 A 时水平初速度为 v_0, 试问质点滑到何处脱离球面? 若质点在 A 处就脱离球面, 速率是多大?

8. 考虑氢原子加入一个恒电场，牛顿方程为 $\dot{\boldsymbol{p}} = -\dfrac{Ze^2}{r^2}\hat{\boldsymbol{r}} + e\boldsymbol{E}$. (1) 角动量守恒吗？(2) 证明: $\boldsymbol{C} \cdot \boldsymbol{E}$ 为守恒量. 其中，$\boldsymbol{C} = \boldsymbol{A} - [(\boldsymbol{r} \times \boldsymbol{E}) \times \boldsymbol{r}]/(2Ze)$, $\boldsymbol{A} = \hat{\boldsymbol{r}} + (\boldsymbol{L} \times \boldsymbol{p})/(Ze^2m)$, $\boldsymbol{L} = \boldsymbol{r} \times \boldsymbol{p}$.

9. 根据汤川核力理论，中子与质子之间的引力具有如下的势能: $V(r) = ke^{-\alpha r}/r, k < 0$. 试求: (1) 中子与质子间的引力表达式，并与平方反比定律相比较；(2) 求质量为 m 的粒子做半径为 a 的圆周运动的动量矩 J 及能量 E.

10. 如 $\dot{s}_a$ 及 $\dot{s}_p$ 为质点在远日点及近日点处的速率，试证明: $\dot{s}_p : \dot{s}_a = (1 + e) : (1 - e)$.

11. 一质点在有心力作用下运动，轨道为一螺旋线 $r = c\varphi^2$，求它所受的力，并确定 φ 随时间的变化规律.

12. 试求泛函 $J[y(x)] = \displaystyle\int_{x_0}^{x_1} \sqrt{1 + y'^2}\,\mathrm{d}x$, $y(x_0) = y_0$, $y(x_1) = y_1$ 的极值曲线.

13. 在球面上连接两定点的所有曲线中，求出长度最短的曲线.

14. 用光学费马原理研究光线在 xy 平面的传播规律，折射率 n 反比于坐标 y.

第 2 章　质点组动力学

在上一章中，我们讨论了单个质点动力学的问题，这里，我们将考虑更一般的质点组动力学问题. 相对于单体而言，多体系统会表现出更丰富的运动形式和规律.

2.1　关于质点组的几个定理

N 个质点所组成的体系，称为**质点组**. 用 m_k，r_k，v_k 分别表示第 k 个质点的质量，位移，速度. 这里质量不含时间.

首先介绍质心的概念. 质点系的质心定义为

$$r_c = \frac{1}{M} \sum_{k=1}^{N} m_k r_k, \tag{2.1}$$

其中，$M = \sum_{k=1}^{N} m_k$ 是总质量. 可以定义 $w_k = m_k/M$ 满足 $\sum_{k=1}^{N} w_k = 1$. 这样 w_k 可以解释成概率. 质心坐标可以表示为

$$r_c = \sum_{k=1}^{N} w_k r_k. \tag{2.2}$$

可见，描述质心的向量是各个质点向量的加权平均.

质心速度定义为质心位移对时间的导数，即

$$v_c = \frac{\mathrm{d} r_c}{\mathrm{d} t} = \frac{1}{M} \sum_{k=1}^{N} m_k v_k. \tag{2.3}$$

下面我们给出关于质点系的几个定理. 简要概括了质点系运动的基本规律.

定理 1　质点组的总动量等于总质量乘以质心速度.

证明　质点组的总动量是其所有质点动量之和，即

$$P = \sum_{k=1}^{N} p_k$$

$$= \sum_{k=1}^{N} m_k \frac{\mathrm{d} r_k}{\mathrm{d} t}$$

$$= \frac{\mathrm{d}}{\mathrm{d}t}\left(\sum_{k=1}^{N} m_k \boldsymbol{r}_k\right)$$

$$= \frac{\mathrm{d}}{\mathrm{d}t}(M\boldsymbol{r}_c)$$

$$= M\boldsymbol{v}_c. \tag{2.4}$$

其中，第 4 个和第 5 个等号分别利用了质心的定义式 (2.2) 和质心速度的形式式 (2.3).

该定理说明质点系的总动量完全是由其质心运动决定的，与质点之间的相对运动无关.

定理 2　质点系的总动量的导数等于作用于其上的合外力，与体系内部相互作用无关.

证明　根据牛顿第二定律，第 k 个粒子动量的导数为

$$\dot{\boldsymbol{p}}_k = \boldsymbol{F}_k^{(e)} + \boldsymbol{F}_k^{(i)}, \tag{2.5}$$

其中，$\boldsymbol{F}_k^{(e)}$ (external) 表示体系外部作用在第 k 个质点上的力，$\boldsymbol{F}_k^{(i)}$ (internal) 表示体系内部的其他所有质点作用在第 k 个质点上的力，即

$$\boldsymbol{F}_k^{(i)} = \sum_{l\neq k}^{N} \boldsymbol{F}_{kl}^{(i)}, \tag{2.6}$$

其中，$\boldsymbol{F}_{kl}^{(i)}$ 代表第 l 个粒子作用在第 k 个粒子上的力. 根据式 (2.5) 和 (2.6)，质点系的总动量的导数为

$$\dot{\boldsymbol{P}} = \sum_{k=1}^{N} \dot{\boldsymbol{p}}_k$$

$$= \sum_{k=1}^{N} \boldsymbol{F}_k^{(e)} + \sum_{k=1}^{N} \boldsymbol{F}_k^{(i)}$$

$$= \boldsymbol{F}^{(e)} + \sum_{k=1}^{N}\sum_{l\neq k}^{N} \boldsymbol{F}_{kl}^{(i)}$$

$$= \boldsymbol{F}^{(e)}, \tag{2.7}$$

这里，我们将作用在所有质点上的总的合外力 $\sum_{k=1}^{N} \boldsymbol{F}_k^{(e)}$ 记为 $\boldsymbol{F}^{(e)}$. 并且，我们注意到倒数第二行的第二项为零. 这可以由以下分析得出. 根据牛顿第三定律，我们有

$$\boldsymbol{F}_{kl}^{(i)} = -\boldsymbol{F}_{lk}^{(i)}. \tag{2.8}$$

考虑以下矩阵:

$$\begin{pmatrix} 0 & \boldsymbol{F}_{12}^{(i)} & \cdots & \boldsymbol{F}_{1N}^{(i)} \\ \boldsymbol{F}_{21}^{(i)} & 0 & \cdots & \boldsymbol{F}_{2N}^{(i)} \\ \vdots & \vdots & & \vdots \\ \boldsymbol{F}_{N1}^{(i)} & \boldsymbol{F}_{N2}^{(i)} & \cdots & 0 \end{pmatrix}. \tag{2.9}$$

对该矩阵的所有矩阵元进行求和, 即 $\sum\limits_{k=1}^{N}\sum\limits_{l=1}^{N}\boldsymbol{F}_{kl}^{(i)}$. 根据牛顿第三定律得 $\sum\limits_{k=1}^{N}\sum\limits_{l\neq k}^{N}\boldsymbol{F}_{kl}^{(i)}$ $= 0$. 又由定理 1 和式 (2.7), 可得

$$\dot{\boldsymbol{P}} = M\dot{\boldsymbol{v}}_c = \boldsymbol{F}^{(e)}. \tag{2.10}$$

该结果说明将整个系统可以视为一个总质量为 M 的质点是完全合理的. 换句话说, 第 1 章中关于质点动力学的结论同样适用于描述质点系质心的运动. 当合外力为零时, 即 $\boldsymbol{F}^{(e)} = 0$, 则有

$$\dot{\boldsymbol{P}} = 0, \tag{2.11}$$

此即说明质点系的总动量守恒.

定理 3 质点系对任意点 O 的总角动量, 等于全部质量集中于质心对点 O 的角动量和各质点对质心的角动量之和.

证明 质点系的总角动量为

$$\boldsymbol{J} = \sum_{k=1}^{N}\boldsymbol{j}_k = \sum_{k=1}^{N}\boldsymbol{r}_k \times \boldsymbol{p}_k = \sum_{k=1}^{N}m_k\boldsymbol{r}_k \times \boldsymbol{v}_k. \tag{2.12}$$

将质点系中的各质点的位移表示成质心的位移和相对于质心的位移

$$\boldsymbol{r}_k = \boldsymbol{r}_c + \boldsymbol{r}_k'. \tag{2.13}$$

将上式对时间求导得

$$\boldsymbol{v}_k = \boldsymbol{v}_c + \boldsymbol{v}_k'. \tag{2.14}$$

再将式 (2.13) 和 (2.14) 代入式 (2.12), 总角动量表示为

$$\boldsymbol{J} = \sum_{k=1}^{N}m_k(\boldsymbol{r}_c + \boldsymbol{r}_k') \times (\boldsymbol{v}_c + \boldsymbol{v}_k')$$

$$= M\boldsymbol{r}_c \times \boldsymbol{v}_c + \sum_{k=1}^{N}m_k\boldsymbol{r}_k' \times \boldsymbol{v}_k'. \tag{2.15}$$

我们注意到上式中的交叉项全为零，即

$$\sum_{k=1}^{N} m_k \boldsymbol{r}'_k = 0, \tag{2.16}$$

$$\sum_{k=1}^{N} m_k \boldsymbol{v}'_k = 0. \tag{2.17}$$

式 (2.16) 和 (2.17) 的证明如下: 式 (2.16) 对于时间求导直接给出等式 (2.17). 因此只需证明式 (2.16) 成立即可. 利用式 (2.13)，我们有

$$\sum_{k=1}^{N} m_k \boldsymbol{r}'_k = \sum_{k=1}^{N} m_k (\boldsymbol{r}_k - \boldsymbol{r}_c) = \sum_{k=1}^{N} m_k \boldsymbol{r}_k - M\boldsymbol{r}_c = 0. \tag{2.18}$$

最后的等号由质心的定义式 (2.2) 给出.

定理 4 质点系的总角动量的导数等于作用于其上的合外力矩，与体系内部相互作用无关.

证明 质点系的总角动量是

$$\boldsymbol{J} = \sum_{k=1}^{N} \boldsymbol{r}_k \times \boldsymbol{p}_k. \tag{2.19}$$

将上式两边同时对时间求导，同时利用式 (2.5)，注意到 $\dot{\boldsymbol{r}}_k \times \boldsymbol{p}_k = 0$. 我们得到总角动量的变化率为

$$\dot{\boldsymbol{J}} = \sum_{k=1}^{N} \boldsymbol{r}_k \times \dot{\boldsymbol{p}}_k$$

$$= \sum_{k=1}^{N} \boldsymbol{r}_k \times \boldsymbol{F}_k^{(e)} + \sum_{k=1}^{N} \boldsymbol{r}_k \times \boldsymbol{F}_k^{(i)}. \tag{2.20}$$

利用式 (2.6)，式(2.20) 中的最后一项可以进一步写成

$$\sum_{k=1}^{N} \boldsymbol{r}_k \times \boldsymbol{F}_k^{(i)} = \sum_{k=1}^{N} \boldsymbol{r}_k \times \sum_{l \neq k}^{N} \boldsymbol{F}_{kl}^{(i)} = \sum_{k=1}^{N} \sum_{l \neq k}^{N} \boldsymbol{r}_k \times \boldsymbol{F}_{kl}^{(i)}. \tag{2.21}$$

根据式 (2.8)，可知上式为零，

$$\boldsymbol{r}_k \times \boldsymbol{F}_{kl}^{(i)} + \boldsymbol{r}_l \times \boldsymbol{F}_{lk}^{(i)} = (\boldsymbol{r}_k - \boldsymbol{r}_l) \times \boldsymbol{F}_{kl}^{(i)} = 0. \tag{2.22}$$

上式最后一个等号利用了矢量 $\boldsymbol{r}_k - \boldsymbol{r}_l$ 与 $\boldsymbol{F}_{kl}^{(i)}$ 共线. 将上述结果代入式 (2.20)，我们最终得到

$$\dot{\boldsymbol{J}} = \sum_{k=1}^{N} \boldsymbol{r}_k \times \boldsymbol{F}_k^{(e)}. \tag{2.23}$$

当合外力矩为零时，可得

$$\dot{\boldsymbol{J}} = \sum_{k=1}^{N} \boldsymbol{r}_k \times \boldsymbol{F}_k^{(e)} = 0, \tag{2.24}$$

即说明质点系的总角动量守恒.

定理 5 (柯尼西定理) 质点系的总动能等于质心动能与所有质点相对于质心运动的动能之和.

证明 类似于定理 3 的证明，首先我们将质点速度分解成质心速度和该质点相对质心运动速度的矢量之和，见式 (2.14). 质点系的总动能是其所有质点动能的总和. 我们有

$$\begin{aligned}
T &= \frac{1}{2} \sum_{k=1}^{N} m_k \boldsymbol{v}_k^2 \\
&= \frac{1}{2} \sum_{k=1}^{N} m_k (\boldsymbol{v}_c + \boldsymbol{v}_k') \cdot (\boldsymbol{v}_c + \boldsymbol{v}_k') \\
&= \frac{1}{2} M \boldsymbol{v}_c^2 + \frac{1}{2} \sum_{k=1}^{N} m_k \boldsymbol{v}_k'^2 + \sum_{k=1}^{N} m_k \boldsymbol{v}_k' \cdot \boldsymbol{v}_c \\
&= \frac{1}{2} M \boldsymbol{v}_c^2 + \frac{1}{2} \sum_{k=1}^{N} m_k \boldsymbol{v}_k'^2. \tag{2.25}
\end{aligned}$$

最后一个等号，我们利用了恒等式 (2.17). 至此，我们将质点系的总动能分解成为两项：一项表示体系质心的动能，另一项表示各质点相对于质心运动的动能.

推论 两个质量分别为 m_1 和 m_2 的运动质点，质心速度为 $\boldsymbol{v}_c$，质点间的相对速度为 $\boldsymbol{v}$，则体系的总动能为

$$T = \frac{1}{2} M \boldsymbol{v}_c^2 + \frac{1}{2} \mu \boldsymbol{v}^2, \tag{2.26}$$

其中，$M = m_1 + m_2$ 和 $\mu = \dfrac{m_1 m_2}{m_1 + m_2}$ 分别是总质量和折合质量 (m_1 和 m_2 的调和平均).

证明 由定理 5 可得，两质点系的动能可以写成

$$T = \frac{1}{2} M \boldsymbol{v}_c^2 + \frac{1}{2} \sum_{k=1}^{2} m_k \boldsymbol{v}_k'^2. \tag{2.27}$$

根据式 (2.14) 和质心速度定义式 (2.3)，我们有

$$\boldsymbol{v}_1' = \boldsymbol{v}_1 - \boldsymbol{v}_c, \tag{2.28}$$

$$\boldsymbol{v}_2' = \boldsymbol{v}_2 - \boldsymbol{v}_c, \tag{2.29}$$

$$\boldsymbol{v}_c = \frac{m_1\boldsymbol{v}_1 + m_2\boldsymbol{v}_2}{m_1 + m_2}. \tag{2.30}$$

因此得

$$\boldsymbol{v}_1' = \frac{m_2}{m_1 + m_2}\boldsymbol{v}, \tag{2.31}$$

$$\boldsymbol{v}_2' = -\frac{m_1}{m_1 + m_2}\boldsymbol{v}, \tag{2.32}$$

其中, 我们记

$$\boldsymbol{v} = \boldsymbol{v}_1 - \boldsymbol{v}_2 = \boldsymbol{v}_1' - \boldsymbol{v}_2', \tag{2.33}$$

表示两质点间的相对速度. 将式(2.31)和(2.32)代入式 (2.25) 并整理可得式 (2.26). 该结果表明, 对于两体系统, 其总动能等于质量 M 的质心动能加上质量为 μ 的相对动能.

2.2　两体相互作用

我们现在研究两个存在相互作用的弹簧振子. 考虑两个全同弹簧振子, 其质量为 m, 弹性系数为 k. 同时, 两弹簧振子由一个弹性系数为 $\alpha > 0$ 的弹簧连接. 这里不考虑阻尼效应.

体系的势能等于各子系统的势能部分加上其由相互作用引起的势能, 即

$$\begin{aligned} V &= \frac{1}{2}k\,x_1^2 + \frac{1}{2}k\,x_2^2 + \frac{1}{2}\alpha(x_1 - x_2)^2 \\ &= \frac{1}{2}\chi x_1^2 + \frac{1}{2}\chi x_2^2 - \alpha x_1 x_2, \end{aligned} \tag{2.34}$$

其中, x_i 是第 $i\,(i = 1, 2)$ 个弹簧振子偏离平衡位置的位移; $\chi = k + \alpha$. 显然, 上式的最后一项是由于相互作用导致的. 描述系统的牛顿方程组是

$$\begin{aligned} m\ddot{x}_1 &= -\frac{\partial V}{\partial x_1} = -\chi x_1 + \alpha x_2, \\ m\ddot{x}_2 &= -\frac{\partial V}{\partial x_2} = -\chi x_2 + \alpha x_1. \end{aligned} \tag{2.35}$$

为了求解上面的方程组, 我们引入新的坐标, 即质心坐标和相对坐标:

$$\begin{aligned} q_1 &= x_1 + x_2, \\ q_2 &= x_1 - x_2. \end{aligned} \tag{2.36}$$

由方程组 (2.35)可得

$$m\ddot{q}_1 = -\chi q_1 + \alpha q_1 = -kq_1,$$
$$m\ddot{q}_2 = -\chi q_2 - \alpha q_2 = -(k + 2\alpha)q_2. \tag{2.37}$$

整理得

$$\ddot{q}_1 + \omega_1^2 q_1 = 0,$$
$$\ddot{q}_2 + \omega_2^2 q_2 = 0. \tag{2.38}$$

这里

$$\omega_1 = \sqrt{\frac{k}{m}},$$
$$\omega_2 = \sqrt{\frac{k + 2\alpha}{m}}. \tag{2.39}$$

可见，质心坐标的振荡频率不变，相对坐标的振荡频率由于相互作用而增强.

上面两方程的通解是

$$q_1 = A_1 \cos(\omega_1 t + \phi_1),$$
$$q_2 = A_2 \cos(\omega_2 t + \phi_2). \tag{2.40}$$

反解式 (2.36) 得

$$x_1 = \frac{q_1 + q_2}{2},$$
$$x_2 = \frac{q_1 - q_2}{2}. \tag{2.41}$$

结合上面公式和式 (2.40)，即可给出弹簧振子位移随时间变化形式，即是两个频率振荡的线性叠加. 在引入新坐标之后，该体系可以写成两个相互独立的简谐振子. 我们称 ω_1 和 ω_2 为**简正频率**，q_1 和 q_2 为**简正坐标**.

2.3 多 体 系 统

下面考虑一个由 N 个粒子组成的质点系 (第 i 个粒子质量为 m_i)，该体系的势能可以表述成如下形式：

$$V = \frac{1}{2} \sum_{ij} K_{ij} x_i x_j = \frac{1}{2} \boldsymbol{x}^{\mathrm{T}} K \boldsymbol{x}, \tag{2.42}$$

其中，x_i 表示第 i 粒子偏离平衡位置的位移；K_{ij} 是第 $i, j(i \neq j)$ 两粒子间的相互作用系数.

接下来，我们先来求解该系统的简正频率和简正坐标. 这是一个解耦过程，需要利用到对称矩阵对角化的方法 [1].

我们先看方程 (2.42) 中的势能项，首先将其对称化，

$$K_{ij}x_ix_j + K_{ji}x_jx_i = \frac{K_{ij} + K_{ji}}{2}x_ix_j + \frac{K_{ij} + K_{ji}}{2}x_jx_i. \tag{2.43}$$

我们令系数矩阵 $\boldsymbol{K} = \{K_{ij}\}$，那么它总可以写成实对称矩阵. 根据牛顿方程，我们有

$$m_i\ddot{x}_i = -\frac{\partial}{\partial x_i}\left(\frac{1}{2}\sum_{kl}K_{kl}x_kx_l\right) \tag{2.44}$$

$$= -\frac{1}{2}\sum_l K_{il}x_l - \frac{1}{2}\sum_k K_{ki}x_k \tag{2.45}$$

$$= -\sum_l K_{il}x_l. \tag{2.46}$$

这里利用了 $\partial x_i/\partial x_j = \delta_{ij}$ 和 $\boldsymbol{K}$ 是对称矩阵，即 $K_{ij} = K_{ji}$. 上式写成矩阵形式为

$$\boldsymbol{M}\ddot{\boldsymbol{x}} = -\boldsymbol{K}\boldsymbol{x}. \tag{2.47}$$

其中，$\boldsymbol{M} = \mathrm{diag}(m_1, m_2, \cdots, m_N)$. 上面方程由两个矩阵决定.

上式左乘 $\boldsymbol{M}^{-1/2}$ 得

$$\boldsymbol{M}^{1/2}\ddot{\boldsymbol{x}} = -\boldsymbol{M}^{-1/2}\boldsymbol{K}\boldsymbol{M}^{-1/2}\boldsymbol{M}^{1/2}\boldsymbol{x}, \tag{2.48}$$

最后得

$$\ddot{\boldsymbol{z}} = -\widetilde{\boldsymbol{K}}\boldsymbol{z}. \tag{2.49}$$

这里

$$\boldsymbol{z} = \boldsymbol{M}^{1/2}\boldsymbol{x}, \quad z_i = \sqrt{m_i}x_i \tag{2.50}$$

$$\widetilde{\boldsymbol{K}} = \boldsymbol{M}^{-1/2}\boldsymbol{K}\boldsymbol{M}^{-1/2}, \quad \widetilde{K}_{il} = K_{ij}/\sqrt{m_im_j}. \tag{2.51}$$

我们注意到矩阵 $\widetilde{\boldsymbol{K}}$ 仍然是实对称矩阵.

---

① 有关实对称矩阵对角化的相关知识请见本书附录.

根据附录 8.1，可以对它进行谱分解如下：

$$\widetilde{\boldsymbol{K}} = \sum_{k=1}^{N} \lambda_k \boldsymbol{\lambda}_k \boldsymbol{\lambda}_k^{\mathrm{T}}, \tag{2.52}$$

代入方程(2.49)得

$$\ddot{\boldsymbol{z}} = -\sum_{k=1}^{N} \lambda_k \boldsymbol{\lambda}_k \boldsymbol{\lambda}_k^{\mathrm{T}} \boldsymbol{z}$$

$$= -\sum_{k=1}^{N} \lambda_k q_k \boldsymbol{\lambda}_k, \tag{2.53}$$

其中

$$q_k = \boldsymbol{\lambda}_k^{\mathrm{T}} \boldsymbol{z} = \boldsymbol{z}^{\mathrm{T}} \boldsymbol{\lambda}_k. \tag{2.54}$$

$\boldsymbol{\lambda}_k$ 张成了整个 N 维空间，q_k 是这个基矢上的坐标表示.

用矢量 $\boldsymbol{\lambda}_k^{\mathrm{T}}$(不含时间) 左乘方程(2.53)得

$$\ddot{q}_k = -\lambda_k q_k \equiv -\omega_k^2 q_k. \tag{2.55}$$

这里，q_k 为**简正坐标**，$\omega_k = \sqrt{\lambda_k}$ 为**简正频率**. 由式 (2.55) 可以看出，采用简正坐标表示，质点系的运动方程分解成 n 个互相独立的方程组，各简正坐标以各自的简正频率做简谐振动.

方程(2.54)的矩阵形式为

$$\boldsymbol{q} = \begin{pmatrix} \boldsymbol{\lambda}_1^{\mathrm{T}} \\ \vdots \\ \boldsymbol{\lambda}_N^{\mathrm{T}} \end{pmatrix} \boldsymbol{z} = \boldsymbol{C} \boldsymbol{z}. \tag{2.56}$$

于是有

$$\boldsymbol{z} = \boldsymbol{C}^{\mathrm{T}} \boldsymbol{q} = \begin{pmatrix} \boldsymbol{\lambda}_1, & \cdots, & \boldsymbol{\lambda}_N \end{pmatrix} \boldsymbol{q}. \tag{2.57}$$

现在看一下体系总能量，可以表示为

$$E = \frac{1}{2} \sum_i m_i \dot{x}_i^2 + \frac{1}{2} \sum_{kl} K_{kl} x_k x_l = \frac{1}{2} \dot{\boldsymbol{z}}^{\mathrm{T}} \dot{\boldsymbol{z}} + \frac{1}{2} \boldsymbol{z}^{\mathrm{T}} \widetilde{\boldsymbol{K}} \boldsymbol{z}. \tag{2.58}$$

这里利用了方程 (2.50). 根据式 (2.54)，我们有

$$T = \sum_k \dot{q}_k^2 = \sum_k \dot{\boldsymbol{z}}^{\mathrm{T}} \boldsymbol{\lambda}_k \boldsymbol{\lambda}_k^{\mathrm{T}} \dot{\boldsymbol{z}} = \dot{\boldsymbol{z}}^{\mathrm{T}} \dot{\boldsymbol{z}}. \tag{2.59}$$

最后一步利用了完备性关系 (见附录 8.1). 对于动能项, 我们再次利用矩阵谱分解得

$$\frac{1}{2} \boldsymbol{z}^{\mathrm{T}} \widetilde{\boldsymbol{K}} \boldsymbol{z} = \frac{1}{2} \boldsymbol{z}^{\mathrm{T}} \left(\sum_{k=1}^{N} \lambda_k \boldsymbol{\lambda}_k \boldsymbol{\lambda}_k^{\mathrm{T}} \right) \boldsymbol{z} = \frac{1}{2} \sum_{k=1}^{N} \lambda_k q_k^2. \tag{2.60}$$

于是, 体系的总能量可以写为

$$E = \frac{1}{2} \sum_k \dot{q}_k^2 + \frac{1}{2} \sum_k \omega_k^2 q_k^2. \tag{2.61}$$

显然, 此时质点系的总能量恰好是 n 个独立的单位质量的谐振子能量之和.

上一节中, 我们给出了一个简单的两体相互作用的实例. 下面我们运用本节的方法来求解该体系的简正坐标. 体系的势能为

$$\begin{aligned}
V &= \frac{1}{2} \chi x_1^2 + \frac{1}{2} \chi x_2^2 - \alpha x_1 x_2 \\
&= \frac{1}{2} \left(\chi x_1^2 + \chi x_2^2 - \alpha x_1 x_2 - \alpha x_2 x_1 \right).
\end{aligned} \tag{2.62}$$

这里我们已经对势能项作对称化处理, 即系数矩阵 $\widetilde{\boldsymbol{K}}$ 式 (2.51) 为

$$\widetilde{\boldsymbol{K}} = \frac{1}{m} \begin{pmatrix} \chi & -\alpha \\ -\alpha & \chi \end{pmatrix} = \frac{1}{m} \left(\chi \boldsymbol{E}_{2\times 2} - \alpha \boldsymbol{\sigma}_x \right). \tag{2.63}$$

其中, 泡利矩阵 $\boldsymbol{\sigma}_x$ 的定义见附录 8.1, $\boldsymbol{E}_{2\times 2}$ 为 2×2 单位矩阵. 因为 $\boldsymbol{\sigma}_x$ 的本征值为 ± 1, 且 $\chi = k + \alpha$, 所以 $\widetilde{\boldsymbol{K}}$ 的两个本征值为

$$\frac{\chi - \alpha}{m} = \frac{k}{m}, \tag{2.64}$$

$$\frac{\chi + \alpha}{m} = \frac{k + 2\alpha}{m}. \tag{2.65}$$

那么由方程 (2.55) 可知两个简正频率为 $\sqrt{k/m}, \sqrt{(k+2\alpha)/m}$, 和上一个小节的结果一致.

矩阵 $\widetilde{\boldsymbol{K}}$ 的本征矢和 $\boldsymbol{\sigma}_x$ 的本征矢是一致的, 计算可得

$$\boldsymbol{\lambda}_1 = \frac{1}{\sqrt{2}} \begin{pmatrix} 1 \\ 1 \end{pmatrix}, \tag{2.66}$$

$$\boldsymbol{\lambda}_2 = \frac{1}{\sqrt{2}} \begin{pmatrix} 1 \\ -1 \end{pmatrix}. \tag{2.67}$$

由方程(2.57)可知,

$$\boldsymbol{C}^{\mathrm{T}} = \frac{1}{\sqrt{2}} \begin{pmatrix} 1 & 1 \\ 1 & -1 \end{pmatrix}. \tag{2.68}$$

由方程 (2.56)，可得简正坐标为

$$q_1 = \sqrt{\frac{m}{2}} \left(x_1 + x_2 \right), \tag{2.69}$$

$$q_2 = \sqrt{\frac{m}{2}} \left(x_1 - x_2 \right). \tag{2.70}$$

除一个相乘的常数系数外，这和上小节求出的简正坐标一致. 由方程 $\ddot{q}_k + \lambda_k q_k = 0$ 可知: q_k 是解，$a q_k$ 也是解 (a 是常数).

2.4 刚体的运动学

本节中，我们着重研究刚体这一特殊的质点系的运动规律. **刚体**是指任意两点间的距离保持不变的质点系，即

$$|\boldsymbol{r}_i - \boldsymbol{r}_j| = 常数, \quad \forall i, j. \tag{2.71}$$

其除了可以做平动外，还可以转动. 首先，我们将介绍一套新的描述转动的语言，引入欧拉角、角速度、转动惯量张量等概念.

2.4.1 刚体运动分类

在研究刚体的运动状态时，我们首先需要选取合适的坐标系. 一般来说，坐标系可以概括为如下两大类: 一种是固定在空间中的坐标系，称为**固定坐标系**，记为 $O\text{-}x_0 y_0 z_0$，其基矢是 $\{e_i^{(0)}\}$，其中 $e_i^{(0)}$ 是不随时间改变的; 另一种是固定在刚体上的坐标系，称为**本体坐标系**，记为 $O\text{-}xyz$，其坐标基矢是 $\{e_i\}$，其中 e_i 是随时间改变的.

根据运动形式的不同，我们可以将刚体的运动分为以下五大类.

(1) **平面平行运动**: 刚体中任一点始终在平行于某一固定平面的平面内运动，此时自由度为 2.

(2) **一般平动**: 可取质心的三个坐标为广义坐标，其自由度为 3.

(3) **定轴转动**: 至少有两点保持不动，连接两点的直线叫转轴. 其自由度为 1，即为转动自由度.

(4) **定点转动**: 某一点固定不动，刚体绕过此点的随时间变化的瞬时轴转动. 此时自由度为 3，即描述转轴的两个自由度和一个绕轴转动的自由度.

(5) **一般运动**: 可以分解成质心的运动和绕质心的定点转动. 分别需要 3 个自由度，其自由度是 6. 从质心系来看，质心始终是定点.

2.4.2 欧拉角

我们主要讨论刚体的定点转动问题. 已知刚体在做定点转动时的自由度为 3, 因此要想确定其运动状态, 我们至少需要找到 3 个参量. 通常, 我们选取欧拉角作为参量. 当然, 我们还可以有其他的选择, 但是, 选取欧拉角将对于刚体转动的分析和讨论带来极大的方便.

欧拉角是由进动角、章动角和自转角构成的一组广义坐标. 分别定义如下 (如图 2.1、图 2.2 和图 2.3 所示):

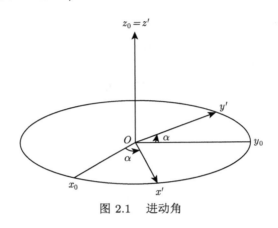

图 2.1   进动角

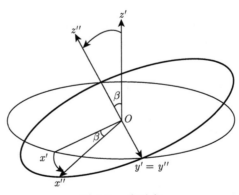

图 2.2   章动角

(1) 图 2.1 中, $x_0 y_0$ 面绕 z_0 轴逆时针旋转 α 角, 称为**进动角**, 满足 $0 \leqslant \alpha < 2\pi$; 该转动变换记为 $R_{z_0}(\alpha): O\text{-}x_0 y_0 z_0 \longmapsto O\text{-}x'y'z'$, 且有 $z_0 = z'$. 这个进动把 y_0 轴转到了 y' 轴.

(2) 图 2.2 中, $z'x'$ 面绕 y' 轴逆时针旋转 β 角, 称为**章动角**, 满足 $0 \leqslant \beta \leqslant \pi$; 该转动变换记为 $R_{y'}(\beta): O\text{-}x'y'z' \longmapsto O\text{-}x''y''z''$, 且有 $y' = y''$, 其中 Oy' 称为

节线. 它既在 $x_0 y_0$ 平面，也在 xy 平面，是两个平面的交线. 可以取交线的两个相反方向之一. 在这两个坐标系中，它起到了桥梁作用. 这里 Oz 和 Oz' 的夹角为 β.

(3) 图 2.3 中, $x'' y''$ 面绕 z'' 轴逆时针旋转 γ 角，称为**自转角**，满足 $0 \leqslant \gamma < 2\pi$; 该转动变换记为 $R_{z''}(\gamma) : O\text{-}x'' y'' z'' \longmapsto O\text{-}xyz$，且有 $z'' = z$.

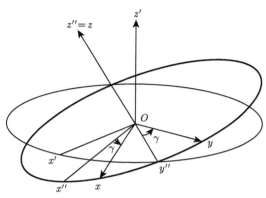

图 2.3 自转角

通过上述一系列的转动操作，我们将一个坐标系变换到了另一个坐标系. 换句话说，我们可以将任一定点转动分解成为三个连续的绕不同轴线的定轴转动. 从空间基矢的角度看，这三个连续的转动可以表示成

$$\{e_i^{(0)}\} \overset{R_{z_0}(\alpha)}{\longrightarrow} \{e_i'\} \overset{R_{y'}(\beta)}{\longrightarrow} \{e_i''\} \overset{R_{z''}(\gamma)}{\longrightarrow} \{e_i\}, \tag{2.72}$$

因此，任意一转动可以表示成如下形式

$$R = R(\alpha, \beta, \gamma) = R_{z''}(\gamma)\, R_{y'}(\beta)\, R_{z_0}(\alpha). \tag{2.73}$$

这里的三个定轴转动，是定义在不同坐标空间的定轴转动. 为了研究的方便，我们一般在同一个空间坐标系下进行讨论. 注意存在如下关系式:

$$R_{z'}(\gamma) = R_{z_0}(\alpha)R_{z_0}(\gamma)R_{z_0}(-\alpha) = R_{z_0}(\gamma), \tag{2.74}$$

$$R_{y'}(\beta) = R_{z_0}(\alpha)R_{y_0}(\beta)R_{z_0}(-\alpha), \tag{2.75}$$

$$R_{z''}(\gamma) = R_{y'}(\beta)R_{z'}(\gamma)R_{y'}(-\beta). \tag{2.76}$$

其中，$R(-\alpha)$ 表示转动 $R(\alpha)$ 的逆，即绕某定轴顺时针转动 α 角.

上面的式子可以证明如下: 任意转动矩阵可以表示为

$$\boldsymbol{R} = \sum_{ij} R_{ij} \boldsymbol{e}_i \boldsymbol{e}_j^{\mathrm{T}}, \tag{2.77}$$

设 V 是实正交矩阵, 则

$$R' = VRV^{\mathrm{T}} = \sum_{ij} R_{ij} Ve_i(Ve_j)^{\mathrm{T}}. \tag{2.78}$$

这里基矢 e_i 代表第 i 个位置是 1, 其他位置为 0 的列矢量. 矩阵 R 和 R' 的表示矩阵一样, 但是基矢不同. 矩阵 V 把基矢 e_i 变换到 $Ve_i(i = 1, 2, 3)$. 如果 R 代表绕 n 轴的转动, 则 R' 是代表绕 Vn 轴的转动.

当转动和其逆转动相乘时, 必然相互抵消, 即 $R(-\alpha)R(\alpha) = R(\alpha)R(-\alpha) = E$, 其中 E 为单位矩阵. 由方程 (2.73), (2.75) 和 (2.76) 可得

$$\begin{aligned} R &= R_{y'}(\beta)R_{z'}(\gamma)R_{y'}(-\beta)R_{y'}(\beta)R_{z_0}(\alpha) &\text{(式(2.76))} \\ &= R_{y'}(\beta)R_{z'}(\gamma)R_{z_0}(\alpha) \\ &= R_{z_0}(\alpha)R_{y_0}(\beta)R_{z_0}(-\alpha)R_{z_0}(\gamma)R_{z_0}(\alpha) &\text{(式(2.75))} \\ &= R_{z_0}(\alpha)R_{y_0}(\beta)R_{z_0}(\gamma). \end{aligned} \tag{2.79}$$

从上式可以看出, 任意一个定点转动可以完全由一组欧拉角确定下来, 并且转动矩阵都在固定坐标系里. 此外, $R(\alpha, \beta, \gamma)$ 表示的是从固定坐标系到本体坐标系的变换矩阵. 所有的转动变换 $R(\alpha, \beta, \gamma)$ 的行列式为 1, 构成了群论中的 $SO(3)$ 群, 详细内容请见附录 8.3.

2.4.3 转动角速度

下面, 我们介绍刚体转动中的一个非常重要的概念: 转动角速度. 在引入角速度之前, 我们首先定义无穷小转动. 已知两个不共轴的有限转动是不对易, 即 $[R_1, R_2] = R_1 R_2 - R_2 R_1 \neq 0$. 例如 $R_x(\theta) = \exp(-\mathrm{i}\theta T_1), R_y(\phi) = \exp(-\mathrm{i}\phi T_2)$ (见附录 8.3), 因为 $[T_1, T_2] \neq 0$, 故 $[R_x, R_y] \neq 0$. 但是, 对于小的角度是可交换的, $R_x(\theta)R_y(\phi) = 1 - \mathrm{i}\theta T_1 - \mathrm{i}\phi T_2 = R_y(\phi)R_x(\theta)$.

现在考虑一般情况, 两个任意的无穷小转动, 其形式为

$$R_1 = E + \epsilon_1, \tag{2.80}$$
$$R_2 = E + \epsilon_2. \tag{2.81}$$

其中, ϵ_1 和 ϵ_2 分别表示无穷小转动的矩阵. 显然, 当我们忽略掉二阶及以上高阶小量时, 我们有

$$\begin{aligned} R_1 R_2 &= (E + \epsilon_1)(E + \epsilon_2) \\ &= E + \epsilon_1 + \epsilon_2 \\ &= (E + \epsilon_2)(E + \epsilon_1) \\ &= R_2 R_1. \end{aligned} \tag{2.82}$$

由此可以看出，两个无穷小转动互相对易.

现在考虑无穷小转动的另一种表示 $\Delta \boldsymbol{n}$，即在转动轴上截取一个有向线段为转动角 $|\Delta \boldsymbol{n}| = \Delta \phi$，方向沿转轴方向 $\boldsymbol{n}$. 如图 2.4 所示，任意一质点在无穷小转动下的位移大小为

$$|\Delta \boldsymbol{r}| = r \sin \theta \Delta \phi. \tag{2.83}$$

$\Delta \boldsymbol{r}$ 的方向满足右手螺旋法则，即

$$\Delta \boldsymbol{r} = (\Delta \boldsymbol{n}) \times \boldsymbol{r}. \tag{2.84}$$

考虑两个连续的无穷小转动 (先 1 后 2)，即

$$\boldsymbol{r} + (\Delta \boldsymbol{n}_1) \times \boldsymbol{r} + (\Delta \boldsymbol{n}_2) \times (\boldsymbol{r} + (\Delta \boldsymbol{n}_1) \times \boldsymbol{r})$$
$$= \boldsymbol{r} + (\Delta \boldsymbol{n}_1 + \Delta \boldsymbol{n}_2) \times \boldsymbol{r}. \tag{2.85}$$

如果先 2 后 1 则得

$$\boldsymbol{r} + (\Delta \boldsymbol{n}_2 + \Delta \boldsymbol{n}_1) \times \boldsymbol{r}. \tag{2.86}$$

利用无穷小转动对易的性质，我们有

$$\Delta \boldsymbol{n}_1 + \Delta \boldsymbol{n}_2 = \Delta \boldsymbol{n}_2 + \Delta \boldsymbol{n}_1. \tag{2.87}$$

故 $\Delta \boldsymbol{n}$ 是矢量，因为有大小和方向，且满足对易律，称其为**角位移矢量**.

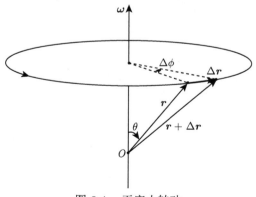

图 2.4 无穷小转动

由角位移矢量可以定义**角速度**为

$$\boldsymbol{\omega} = \lim_{\Delta t \to 0} \frac{\Delta \boldsymbol{n}}{\Delta t} = \dot{\phi} \boldsymbol{n}. \tag{2.88}$$

根据式 (2.84)，可得

$$\dot{\boldsymbol{r}} = \boldsymbol{v} = \boldsymbol{\omega} \times \boldsymbol{r}. \tag{2.89}$$

上式表示的是一质点 $\boldsymbol{r}$ 做定点转动的速度与角速度之间的关系式.

2.4.4　欧拉运动学方程

最后，我们介绍欧拉运动学方程. 这里通常采用如下的欧拉角定义 (如图 2.5 所示).

(1) **进动角** ϕ：x_0y_0 面绕 z_0 轴逆时针转 ϕ 角 $(0 \leqslant \phi < 2\pi)$，$x_0y_0z_0 \to x'y'z'$，$z_0 = z'$；

(2) **章动角** θ：$y'z'$ 面绕节线 x' 轴转 θ 角 $(0 \leqslant \theta \leqslant \pi)$，$x'y'z' \to x''y''z''$，$x' = x''$；

(3) **自转角** ψ：$x''y''$ 面绕 z'' 轴转 ψ 角 $(0 \leqslant \psi < 2\pi)$，$x''y''z'' \to xyz$，$z'' = z$. 可见，此定义与之前定义的唯一不同在于章动部分. 类似于式 (2.72)，相应的空间基矢在转动操作下可以表示为

$$\{e_i^{(0)}\} \xrightarrow{R_{z_0}(\phi)} \{e_i'\} \xrightarrow{R_{x'}(\theta)} \{e_i''\} \xrightarrow{R_{z''}(\psi)} \{e_i\}. \tag{2.90}$$

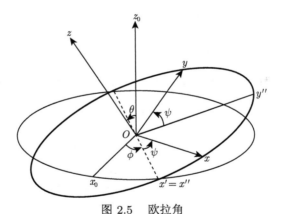

图 2.5　欧拉角

考虑做任意一无穷小转动 $\Delta \boldsymbol{n}$，相应的角位移的变化量可表示成三个欧拉角的变化量的矢量和的形式 (在非正交坐标系展开)，即三个无穷小转动的矢量和

$$\Delta \boldsymbol{n} = \Delta\phi\, e_3^{(0)} + \Delta\theta\, e_1' + \Delta\psi\, e_3. \tag{2.91}$$

其中，$\Delta\phi$, $\Delta\theta$, $\Delta\psi$ 表示角位移的三个分量，它们的基矢方向依次沿欧拉角的三个转轴方向；$e_3^{(0)}$ 表示沿空间坐标系的 z_0 轴方向的单位向量；e_1' 表示沿 x' 轴方向的单位向量，即节线方向；e_3 表示沿本体坐标系的 z 轴方向的单位向量. 根据

角速度的定义式 (2.88) 和式 (2.91)，我们进一步得到

$$\boldsymbol{\omega} = \dot{\phi}\,\boldsymbol{e}_3^{(0)} + \dot{\theta}\,\boldsymbol{e}_1' + \dot{\psi}\,\boldsymbol{e}_3, \tag{2.92}$$

其中，$\dot{\phi}, \dot{\theta}, \dot{\psi}$ 代表的是该定点转动角速度的三个分量，即为相应的欧拉角角速度的大小. 显然，这里的角速度的三个分量是定义在不同坐标空间中的.

接下来，我们要在同一坐标空间中写出定点转动的角速度的三个分量. 选取本体坐标系 $O\text{-}xyz$，如图 2.5 所示. $\boldsymbol{e}_3$ 已在此坐标系中，故不考虑.

由于 x' 轴是在 $O\text{-}xy$ 平面内，则相应的基矢 $\boldsymbol{e}_1'$ (节线) 的极角为 $\pi/2$，方位角为 $-\psi$，因此有

$$\boldsymbol{e}_1' = \cos\psi\,\boldsymbol{e}_1 - \sin\psi\,\boldsymbol{e}_2. \tag{2.93}$$

现在看矢量 $\boldsymbol{e}_3^{(0)}$. 考虑到轴线 z，z_0，y'，y'' 同在 x' 所垂直的平面内，且 y'' 既在 z_0z 平面上，又在 xy 平面上. 故 z_0 轴在 xy 平面上的投影刚好在 y'' 轴上. 即 z_0z 所确定的平面与 xy 平面的交线. 所以，在本体坐标系 $O\text{-}xyz$ 中，基矢 $\boldsymbol{e}_3^{(0)}$ 的极角为 θ，方位角为轴 y'' 和 x 的夹角 $\pi/2 - \psi$，所以有

$$\boldsymbol{e}_3^{(0)} = \sin\theta\sin\psi\boldsymbol{e}_1 + \sin\theta\cos\psi\boldsymbol{e}_2 + \cos\theta\boldsymbol{e}_3. \tag{2.94}$$

将式 (2.93) 和 (2.94) 代入式 (2.92) 中，得

$$\boldsymbol{\omega} = \omega_1\,\boldsymbol{e}_1 + \omega_2\,\boldsymbol{e}_2 + \omega_3\,\boldsymbol{e}_3. \tag{2.95}$$

其中

$$\omega_1 = \dot{\phi}\sin\theta\sin\psi + \dot{\theta}\cos\psi, \tag{2.96}$$

$$\omega_2 = \dot{\phi}\sin\theta\cos\psi - \dot{\theta}\sin\psi, \tag{2.97}$$

$$\omega_3 = \dot{\phi}\cos\theta + \dot{\psi}. \tag{2.98}$$

这就是**欧拉运动学方程**. 显然，当选取固定坐标系时，我们将会得到另一种形式的欧拉运动学方程 (见习题).

2.5　刚体的动力学

2.5.1　张量

在研究刚体定点转动时，会遇到转动惯量张量的概念. 物理定律原则上是不依赖于坐标系的选择的，也就是说，要求所给的物理方程在坐标变换下形式保持不变. 这就要求我们弄清楚各物理量随坐标变化的性质. 这就是张量研究的核心内容.

考虑坐标变换 $Q(q): q \longmapsto Q$，其中 q 表示变换前的旧坐标系，Q 表示变换后的新坐标系. 对分量 Q^m 微分，有

$$\mathrm{d}Q^m = \frac{\partial Q^m}{\partial q^j} \mathrm{d}q^j, \tag{2.99}$$

这里我们采用了爱因斯坦求和约定. 现在引入

$$A^m_j \equiv A_{mj} = \frac{\partial Q^m}{\partial q^j}. \tag{2.100}$$

可以得到方程(2.99)的矩阵形式

$$\mathrm{d}\boldsymbol{Q} = \boldsymbol{A}\mathrm{d}\boldsymbol{q}. \tag{2.101}$$

可见，微分是按照矩阵 $\boldsymbol{A}$ 变化的.

对一标量 $F(q(Q))$ 求偏导，利用偏导数的链式法则，得到

$$\frac{\partial F}{\partial Q^m} = \frac{\partial q^j}{\partial Q^m} \frac{\partial F}{\partial q^j}. \tag{2.102}$$

这里我们引入

$$B^j_m \equiv B_{mj} = \frac{\partial q^j}{\partial Q^m}. \tag{2.103}$$

可以得到方程(2.102)的矩阵形式

$$\frac{\partial}{\partial \boldsymbol{Q}} = \boldsymbol{B} \frac{\partial}{\partial \boldsymbol{q}}. \tag{2.104}$$

偏导数是按照矩阵 $\boldsymbol{B}$ 变化的.

注意：这里 $\mathrm{d}\boldsymbol{Q}$ 和 $\dfrac{\partial}{\partial \boldsymbol{Q}}$ 的变化矩阵不同. 两者的关系为

$$\boldsymbol{B}^{\mathrm{T}} \boldsymbol{A} = \boldsymbol{E}, \quad \boldsymbol{B} = (\boldsymbol{A}^{-1})^{\mathrm{T}}. \tag{2.105}$$

证明如下：

$$(\boldsymbol{B}^{\mathrm{T}} \boldsymbol{A})_{ij} = (\boldsymbol{B}^{\mathrm{T}})_{im} \boldsymbol{A}_{mj} = \boldsymbol{B}_{mi} \boldsymbol{A}_{mj} = \frac{\partial q^i}{\partial Q^m} \frac{\partial Q^m}{\partial q^j} = \delta^i_j \equiv \delta_{ij}. \tag{2.106}$$

这里利用了方程 (2.100) 和 (2.103).

再看一下函数 δ^i_j. 考虑在坐标变换 $q \longmapsto Q$，因为 $Q^m = Q^m(q(Q))$，我们有

$$\delta^m_n = \frac{\partial Q^m}{\partial Q^n} = \frac{\partial Q^m}{\partial q^j} \frac{\partial q^j}{\partial Q^n} = \frac{\partial Q^m}{\partial q^i} \frac{\partial q^j}{\partial Q^n} \delta^i_j. \tag{2.107}$$

它由矩阵 $\boldsymbol{A}$ 和 $\boldsymbol{B}$ 的矩阵元决定. 指标 i 是按矩阵 $\boldsymbol{A}$ 变化的, 指标 j 是按矩阵 $\boldsymbol{B}$ 变化的.

我们下面介绍度规的概念. 度规是一个典型的张量. 考虑一个由 n 个质点组成的多体系统, 假设其同时受到 k 个约束条件的约束, 则该系统的总自由度为 $s = 3n - k$ 个. 我们需要找到 s 个广义坐标 $q_1, \cdots, q_s$ 来描写该系统的运动状态, 则称这 s 个广义坐标所构成的空间叫作**位形空间** [①].

我们选取最简单的笛卡儿坐标系, 此时组成系统的质点在空间中的坐标为 $\xi_1,$ $\cdots, \xi_{3n}$, 写成矢量形式, 即 $\boldsymbol{\xi} = (\xi_1, \cdots, \xi_{3n})^{\mathrm{T}}$. 我们定义**线元** $\mathrm{d}s$ 为位形空间中邻近两点之间的距离, 则

$$\mathrm{d}^2 s = \sum_{i=1}^{3n} \mathrm{d}^2 \xi_i. \tag{2.108}$$

考虑到函数关系 $\xi_i = \xi_i\,(q_1, \cdots, q_s)$, 我们得到

$$\begin{aligned}
\mathrm{d}^2 s &= \sum_{i=1}^{3n} \sum_{\alpha, \beta=1}^{s} \frac{\partial \xi_i}{\partial q^\alpha} \frac{\partial \xi_i}{\partial q^\beta} \mathrm{d}q^\alpha \mathrm{d}q^\beta \\
&= \sum_{\alpha, \beta=1}^{s} \left(\sum_{i=1}^{3n} \frac{\partial \xi_i}{\partial q^\alpha} \frac{\partial \xi_i}{\partial q^\beta} \right) \mathrm{d}q^\alpha \mathrm{d}q^\beta \\
&= \sum_{\alpha, \beta=1}^{s} g_{\alpha\beta} \mathrm{d}q^\alpha \mathrm{d}q^\beta \\
&= (\mathrm{d}\boldsymbol{q})^{\mathrm{T}}\, g\, \mathrm{d}\boldsymbol{q},
\end{aligned} \tag{2.109}$$

其中

$$g_{\alpha\beta} = \sum_{i=1}^{3n} \frac{\partial \xi_i}{\partial q_\alpha} \frac{\partial \xi_i}{\partial q_\beta}, \tag{2.110}$$

即所谓位形空间中的**度规张量**. 由式 (2.109) 可以看出, 位形空间中的距离可以完全由度规张量描述.

下面我们来看一下在球坐标系和柱坐标系中的度规张量的具体形式.

(1) 球坐标系中的度规张量: 球坐标系下速度的平方为

$$v^2 = \left(\frac{\mathrm{d}s}{\mathrm{d}t} \right)^2 = \dot{r}^2 + r^2 \dot{\theta}^2 + r^2 \sin^2 \theta \dot{\phi}^2. \tag{2.111}$$

则线元为

$$\mathrm{d}^2 s = \mathrm{d}^2 r + r^2 \mathrm{d}^2 \theta + r^2 \sin^2 \theta \mathrm{d}^2 \phi. \tag{2.112}$$

---

① 主要参考: 张启仁. 经典力学. 北京: 科学出版社, 2002.

对比式 (2.109) 和 (2.112)，可以看出球坐标系下的度规张量为

$$
\boldsymbol{g} = \begin{pmatrix} 1 & & \\ & r^2 & \\ & & r^2 \sin^2 \theta \end{pmatrix}. \tag{2.113}
$$

考虑单位球面时 $(r = 1)$，则式 (2.112) 约化为

$$
\mathrm{d}^2 s = \mathrm{d}^2 \theta + \sin^2 \theta \mathrm{d}^2 \phi. \tag{2.114}
$$

相应的度规张量为

$$
\boldsymbol{g} = \begin{pmatrix} 1 & \\ & \sin^2 \theta \end{pmatrix}. \tag{2.115}
$$

(2) 柱坐标系中的度规张量: 柱坐标系下速度的平方为

$$
v^2 = \dot{r}^2 + r^2 \dot{\theta}^2 + \dot{z}^2. \tag{2.116}
$$

则线元的平方为

$$
\mathrm{d}^2 s = \mathrm{d}^2 r + r^2 \mathrm{d}^2 \theta + \mathrm{d}^2 z. \tag{2.117}
$$

对比式 (2.109) 和 (2.117)，柱坐标系中的度规张量表达式为

$$
\boldsymbol{g} = \begin{pmatrix} 1 & & \\ & r^2 & \\ & & 1 \end{pmatrix}. \tag{2.118}
$$

下面我们研究度规张量 $g_{\alpha\beta}$ 在坐标变换下是如何变化的. 由方程(2.109)及逆变换 $q^j = q^j(\boldsymbol{Q})$ 得

$$
\begin{aligned}
\mathrm{d}^2 s &= g_{ij} \mathrm{d} q^i \mathrm{d} q^j \\
&= g_{ij} \frac{\partial q^i}{\partial Q^m} \mathrm{d} Q^m \frac{\partial q^j}{\partial Q^n} \mathrm{d} Q^n \\
&= G_{mn} \mathrm{d} Q^m \mathrm{d} Q^n,
\end{aligned} \tag{2.119}
$$

其中

$$
G_{mn} = g_{ij} \frac{\partial q^i}{\partial Q^m} \frac{\partial q^j}{\partial Q^n}. \tag{2.120}
$$

度规张量是按上面形式变化的，它由 $\boldsymbol{B}$ 的矩阵元决定. 指标 i, j 都是按矩阵 $\boldsymbol{B}$ 变化的.

以此类推, 我们可以定义一个 $m+n$ 阶混合张量, 即 m **阶协变**, n **阶逆变张量**满足如下变换关系:

$$\boldsymbol{T}_{j_1,\cdots,j_m}^{i_1,\cdots,i_n} = \frac{\partial Q^{i_1}}{\partial q^{k_1}} \cdots \frac{\partial Q^{i_n}}{\partial q^{k_n}} t_{l_1,\cdots,l_m}^{k_1,\cdots,k_n} \frac{\partial q^{l_1}}{\partial Q^{j_1}} \cdots \frac{\partial q^{l_m}}{\partial Q^{j_m}}. \tag{2.121}$$

下面我们证明度规张量的一个重要性质. 前面已经看到了 $\mathrm{d}q^j$ 是一阶逆变张量. 现考虑一个新的量 $\sum_j g_{ij}\mathrm{d}q^j$, 讨论其在坐标变换下的变化情况. 由方程(2.99)和(2.120), 我们有

$$\begin{aligned} G_{mn}\mathrm{d}Q^n &= g_{ij}\frac{\partial q^i}{\partial Q^m}\frac{\partial q^j}{\partial Q^n}\frac{\partial Q^n}{\partial q^k}\mathrm{d}q^k \\ &= g_{ij}\frac{\partial q^i}{\partial Q^m}\frac{\partial q^j}{\partial q^k}\mathrm{d}q^k \\ &= g_{ij}\frac{\partial q^i}{\partial Q^m}\delta_k^j\mathrm{d}q^k \\ &= g_{ij}\mathrm{d}q^j\frac{\partial q^i}{\partial Q^m}. \end{aligned} \tag{2.122}$$

上式说明 $g_{ij}\mathrm{d}q^j$ 是一个协变张量. 以上证明显示度规张量可以用来降低指标: 将一个一阶逆变张量变为一阶协变张量. 那么能不能定义一个量将一阶协变张量变为一阶逆变张量? 答案是肯定的. 我们需要定义一个相应的**逆变度规张量** $\boldsymbol{g}^{ij}$, 满足

$$\sum_j \boldsymbol{g}^{ij} g_{jk} = \delta_k^i. \tag{2.123}$$

$\boldsymbol{g}^{ij}$ 是二阶逆变度规张量的证明留作习题.

2.5.2 转动惯量张量

本节我们将给出刚体转动角动量和转动动能的具体表达式. 首先, 我们引入一个非常重要的物理量——**转动惯量**.

一质量为 m 的质点绕某固定轴转动的转动惯量定义为

$$I = m\rho^2, \tag{2.124}$$

其中, ρ 为回转半径, 表示质点离轴线的垂直距离. 一刚体绕任意轴转动的转动惯量定义为

$$I = \int \mathrm{d}m\,\rho^2. \tag{2.125}$$

其中, ρ 是质量元 $\mathrm{d}m$ 到转轴的距离. 下面介绍与转动惯量相关的一个定理.

平行轴定理　刚体对任意轴 z 的转动惯量，等于刚体对通过质心，且与 z 轴平行的 z' 轴的转动惯量，加上刚体的总质量 M 乘以两轴间距离 d 的平方，即

$$I_z = I_c + Md^2. \tag{2.126}$$

Md^2 相当于质量全部集中在质心对 z 轴的转动惯量.

证明　如图 2.6 所示. 刚体的质心坐标为 (x_c, y_c, z_c)，其任一质点 (x, y, z) 到 z 轴的距离为 ρ，　即

$$\rho^2 = x^2 + y^2. \tag{2.127}$$

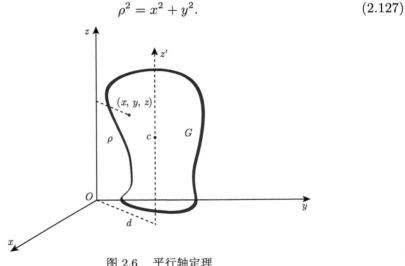

图 2.6　平行轴定理

到 z' 轴的距离为 ρ_c，　即

$$\rho_c^2 = (x - x_c)^2 + (y - y_c)^2. \tag{2.128}$$

两轴之间的距离是质心到 z 轴的距离

$$d^2 = x_c^2 + y_c^2. \tag{2.129}$$

根据刚体转动惯量的定义式 (2.125)，我们可以求得刚体绕经过质心转轴的转动惯量是

$$
\begin{aligned}
I_c &= \int \mathrm{d}m\, \rho_c^2 \\
&= \int \mathrm{d}m \left[(x - x_c)^2 + (y - y_c)^2 \right] \\
&= \int \mathrm{d}m\, (x^2 + y^2) - 2 \int \mathrm{d}m\, x \cdot x_c - 2 \int \mathrm{d}m\, y \cdot y_c + Md^2
\end{aligned}
$$

$$= I_z + Md^2 - 2M(x_c^2 + y_c^2)$$

$$= I_z - Md^2. \tag{2.130}$$

其中，在第四个等号处我们利用了质心的定义式 (2.2)，第五个等号处我们利用了式 (2.129). 证毕.

接下来，我们讨论刚体转动角动量和转动动能的表达式. 假设一刚体以角速度 $\boldsymbol{\omega}$ 绕经过定点 O 的某瞬时定轴转动，由式 (2.89) 可得，刚体的第 k 个质点的运动速度为

$$\boldsymbol{v}_k = \boldsymbol{\omega} \times \boldsymbol{r}_k. \tag{2.131}$$

根据角动量的定义式 (2.12)，则刚体相对于点 O 的总角动量为

$$\begin{aligned}
\boldsymbol{J} &= \sum_{k=1}^{n} \boldsymbol{r}_k \times \boldsymbol{p}_k \\
&= \sum_{k=1}^{n} m_k \boldsymbol{r}_k \times \boldsymbol{v}_k \\
&= \sum_{k=1}^{n} m_k \boldsymbol{r}_k \times (\boldsymbol{\omega} \times \boldsymbol{r}_k) \\
&= \sum_{k=1}^{n} m_k \left[(\boldsymbol{r}_k \cdot \boldsymbol{r}_k) \boldsymbol{\omega} - (\boldsymbol{\omega} \cdot \boldsymbol{r}_k) \boldsymbol{r}_k \right] \\
&= \left(\sum_{k=1}^{n} m_k r_k^2 \right) \boldsymbol{\omega} - \sum_{k=1}^{n} (\boldsymbol{\omega} \cdot \boldsymbol{r}_k) m_k \boldsymbol{r}_k.
\end{aligned} \tag{2.132}$$

其中，第三个等号处我们利用了式 (2.131). 可以看出，角动量和角速度一般来讲非同向. 考虑角动量的 x 分量，根据式 (2.132)，我们有

$$J_x = \sum_{k=1}^{n} m_k \left(x_k^2 + y_k^2 + z_k^2 \right) \omega_x - \sum_{k=1}^{n} m_k x_k \left(\omega_x x_k + \omega_y y_k + \omega_z z_k \right) \tag{2.133}$$

$$= \sum_{k=1}^{n} m_k \left(y_k^2 + z_k^2 \right) \cdot \omega_x - \sum_{k=1}^{n} m_k x_k y_k \cdot \omega_y - \sum_{k=1}^{n} m_k x_k z_k \cdot \omega_z. \tag{2.134}$$

同理，将另外两分量可以依次展开. 最后我们可以将它们分别写成如下的形式:

$$J_x = I_{xx} \omega_x + I_{xy} \omega_y + I_{xz} \omega_z, \tag{2.135}$$

$$J_y = I_{yx} \omega_x + I_{yy} \omega_y + I_{yz} \omega_z, \tag{2.136}$$

$$J_z = I_{zx} \omega_x + I_{zy} \omega_y + I_{zz} \omega_z. \tag{2.137}$$

其中

$$I_{xx} = \sum_{k=1}^{n} m_k(y_k^2 + z_k^2), \qquad (2.138)$$

$$I_{yy} = \sum_{k=1}^{n} m_k(x_k^2 + z_k^2), \qquad (2.139)$$

$$I_{zz} = \sum_{k=1}^{n} m_k(x_k^2 + y_k^2), \qquad (2.140)$$

$$I_{xy} = I_{yx} = -\sum_{k=1}^{n} m_k x_k y_k, \qquad (2.141)$$

$$I_{xz} = I_{zx} = -\sum_{k=1}^{n} m_k x_k z_k, \qquad (2.142)$$

$$I_{yz} = I_{zy} = -\sum_{k=1}^{n} m_k y_k z_k. \qquad (2.143)$$

将式 (2.136) 写成矩阵形式, 则有

$$\begin{pmatrix} J_x \\ J_y \\ J_z \end{pmatrix} = \begin{pmatrix} I_{xx} & I_{xy} & I_{xz} \\ I_{yx} & I_{yy} & I_{yz} \\ I_{zx} & I_{zy} & I_{zz} \end{pmatrix} \begin{pmatrix} \omega_x \\ \omega_y \\ \omega_z \end{pmatrix}. \qquad (2.144)$$

进一步可以表示成

$$\boldsymbol{J} = \boldsymbol{I}\boldsymbol{\omega}. \qquad (2.145)$$

这里, $\boldsymbol{I}$ 即**转动惯量张量** (量纲为 $[\mathrm{E}][\mathrm{T}^2]$). 其中矩阵元 $I_{\alpha\alpha}$ $(\alpha = x, y, z)$ 表示对 α 轴的转动惯量 ($\rho_k^2 = y_k^2 + z_k^2$ 是第 k 个质点对 x 轴的距离平方), 非对角元 $I_{\alpha\beta}$ $(\alpha \neq \beta)$ 称为**惯量积**.

方程 (2.145) 也可以通过以下计算得到. 角动量和角速度的关系可以写成

$$\boldsymbol{J} = -\sum_{k=1}^{n} m_k \boldsymbol{r}_k \times (\boldsymbol{r}_k \times \boldsymbol{\omega}). \qquad (2.146)$$

又因为

$$\boldsymbol{r}_k \times (\boldsymbol{r}_k \times \boldsymbol{\omega}) = \begin{pmatrix} 0 & -z_k & y_k \\ z_k & 0 & -x_k \\ -y_k & x_k & 0 \end{pmatrix}^2 \boldsymbol{\omega}$$

$$= \begin{pmatrix} -(y_k^2 + z_k^2) & x_k y_k & x_k z_k \\ y_k x_k & -(z_k^2 + x_k^2) & y_k z_k \\ z_k x_k & z_k y_k & -(x_k^2 + y_k^2) \end{pmatrix} \boldsymbol{\omega}. \qquad (2.147)$$

将上面公式代入式(2.146)即得式(2.145).

从式 (2.145) 的形式上看，刚体的转动角动量的表达式和平动动量的表达式 $\boldsymbol{p} = m\boldsymbol{v}$ 相类似. 类比描述平动和转动的物理量，两者之间存在如下对应的关系：

$$\begin{array}{ccc} 平动 & & 转动 \\ \boldsymbol{v} & \longleftrightarrow & \boldsymbol{\omega} \\ \boldsymbol{p} & \longleftrightarrow & \boldsymbol{J} \\ M & \longleftrightarrow & \boldsymbol{I} \end{array}$$

但现在 $\boldsymbol{I}$ 是一个张量，不是标量. 下面举一个例子.

例 1 质量为 m，边长为 a 的均匀立方体. 今以立方体一顶点为坐标原点，让其位于第一象限，求转动惯量.

转动惯量 I_{11} 可以积分求出如下：

$$\begin{aligned} I_{11} &= \int_0^a \int_0^a \int_0^a (y^2 + z^2) \mathrm{d}m \\ &= \frac{m}{a^3} \int_0^a \int_0^a \int_0^a (y^2 + z^2) \mathrm{d}x \mathrm{d}y \mathrm{d}z \\ &= \frac{2}{3} m a^2, \end{aligned} \qquad (2.148)$$

其中，m/a^3 为密度. 惯量积 I_{12} 为

$$\begin{aligned} I_{12} &= -\frac{m}{a^3} \int_0^a \int_0^a \int_0^a xy \mathrm{d}x \mathrm{d}y \mathrm{d}z \\ &= -\frac{1}{4} m a^2. \end{aligned} \qquad (2.149)$$

按照对称性 $I_{11} = I_{22} = I_{33}, I_{12} = I_{23} = I_{31}$. 于是，转动惯量张量为

$$\boldsymbol{I} = m a^2 \left(\frac{11}{12} \boldsymbol{E_{3 \times 3}} - \frac{1}{4} A \right), \qquad (2.150)$$

其中，$\boldsymbol{A} = \sum_{i,j} |i\rangle \langle j|$ 是所有矩阵元是 1 的矩阵.

上面我们直接定义 $\boldsymbol{I}$ 为转动惯量张量，并没有说明为何是张量，是何种张量. 下面我们来证明转动惯量张量是二阶对称张量. 对称性显而易见，即 $\boldsymbol{I}_{ij} = \boldsymbol{I}_{ji}$.

证明 考虑转动线性变换 $\boldsymbol{R}$

$$\boldsymbol{Q} = \boldsymbol{R}\boldsymbol{q}, \quad Q^m = R_j^m q^j. \qquad (2.151)$$

比较式 (2.99) 和 (2.151)，得到逆变矩阵

$$A = R. \tag{2.152}$$

由式 (2.105)，得到协变矩阵

$$B = (R^{-1})^{\mathrm{T}}. \tag{2.153}$$

对于实正交变换 $R^{-1} = R^{\mathrm{T}}$，固有 $B = R = A$.

根据式 (2.145)，在旧坐标系下，刚体的角动量可以写成

$$J = I\omega. \tag{2.154}$$

新坐标系下，

$$J' = I'\omega'. \tag{2.155}$$

由上面两个式子和矢量变换关系，我们有

$$RJ = RI\omega = I'R\omega. \tag{2.156}$$

于是有

$$RI = I'R. \tag{2.157}$$

R 是正交矩阵，由上面公式得

$$I' = RIR^{\mathrm{T}}. \tag{2.158}$$

根据式 (2.158)，最终得到转动惯量在坐标转动变化下有

$$I'_{i'j'} = R_{i'i}I_{ij}R^{\mathrm{T}}_{jj'} = R_{i'i}R_{j'j}I_{ij}. \tag{2.159}$$

由上式的变换形式可以看出，转动惯量为二阶逆变张量.

我们现在作进一步的分析. 方程(2.151)的逆变换为

$$q = R^{\mathrm{T}}Q. \tag{2.160}$$

由此可得

$$\frac{\partial q_i}{\partial Q_{i'}} = (R^{\mathrm{T}})_{ii'} = R_{i'i} = \frac{\partial Q_{i'}}{\partial q_i}. \tag{2.161}$$

因此，协变和逆变在这里是不区分的. 因为我们研究的是平直空间，转动惯量张量又叫作二阶对称笛卡儿张量.

2.5.3 惯量椭球和主转动惯量张量

接下来，我们介绍惯量椭球和主转动惯量张量. 首先给出刚体以角速度 $\boldsymbol{\omega}$ 定点转动的转动动能表达式. 根据动能的定义，我们有

$$
\begin{aligned}
T &= \frac{1}{2}\sum_{k=1}^{n} m_k \boldsymbol{v}_k^2 \\
&= \frac{1}{2}\sum_{k=1}^{n} m_k(\boldsymbol{\omega}\times\boldsymbol{r}_k)\cdot\boldsymbol{v}_k \quad\quad (2.162) \\
&= \frac{1}{2}\sum_{k=1}^{n} m_k\boldsymbol{\omega}\cdot(\boldsymbol{r}_k\times\boldsymbol{v}_k) \\
&= \frac{1}{2}\boldsymbol{\omega}\cdot\boldsymbol{J} \\
&= \frac{1}{2}\boldsymbol{\omega}\cdot\boldsymbol{I}\boldsymbol{\omega} \\
&= \frac{1}{2}\boldsymbol{\omega}^{\mathrm{T}}\boldsymbol{I}\boldsymbol{\omega}. \quad\quad (2.163)
\end{aligned}
$$

其中，第二个等号利用了式 (2.131)，第五个等号利用了式 (2.145). 对于平动时，动能可以写成 $T = \frac{1}{2}\boldsymbol{v}^{\mathrm{T}} m\boldsymbol{v}$，形式类似.

进一步，我们可以对式 (2.163) 作分量展开

$$
\begin{aligned}
T &= \frac{1}{2}\boldsymbol{\omega}^{\mathrm{T}}\boldsymbol{I}\boldsymbol{\omega} \\
&= \frac{1}{2}(\omega_x, \omega_y, \omega_z)
\begin{pmatrix}
I_{xx} & I_{xy} & I_{xz} \\
I_{yx} & I_{yy} & I_{yz} \\
I_{zx} & I_{zy} & I_{zz}
\end{pmatrix}
\begin{pmatrix}
\omega_x \\
\omega_y \\
\omega_z
\end{pmatrix} \\
&= \frac{1}{2}\left(I_{xx}\omega_x^2 + I_{yy}\omega_y^2 + I_{zz}\omega_z^2 + 2\omega_x\omega_y I_{xy} + 2\omega_y\omega_z I_{yz} + 2\omega_x\omega_z I_{xz}\right).
\end{aligned}
$$

利用方程 (2.162)，我们给出另一种形式的刚体的动能表达式.

$$
\begin{aligned}
T &= \frac{1}{2}\sum_{k=1}^{n} m_k(\boldsymbol{\omega}\times\boldsymbol{r}_k)\cdot(\boldsymbol{\omega}\times\boldsymbol{r}_k) \\
&= \frac{1}{2}\sum_{k=1}^{n} m_k\left(\omega r_k\sin\theta_k\right)^2 \\
&= \frac{1}{2}\omega^2\sum_{k=1}^{n} m_k\rho_k^2(\rho_k = r_k\sin\theta_k) \\
&= \frac{1}{2}I'\omega^2. \quad\quad (2.164)
\end{aligned}
$$

记

$$I' = \sum_{k=1}^{n} m_k \rho_k^2, \tag{2.165}$$

其中, θ_k 表示质点 k 的位移与角速度之间的夹角; ρ_k 是质点 k 到转动瞬轴的垂直距离. I' 即是刚体绕转动瞬轴的转动惯量.

由式 (2.163) 和 (2.164) 得

$$T = \frac{1}{2} \boldsymbol{\omega}^{\mathrm{T}} \boldsymbol{I} \boldsymbol{\omega} = \frac{1}{2} I' \omega^2. \tag{2.166}$$

令

$$\boldsymbol{\omega} = \omega \boldsymbol{n}, \tag{2.167}$$

其中, ω 表示角速度的模, 单位向量 $\boldsymbol{n}$ 表示角速度的方向. 由等式 (2.166) 可得

$$\boldsymbol{n}^{\mathrm{T}} \boldsymbol{I} \boldsymbol{n} = I'. \tag{2.168}$$

进一步得

$$\boldsymbol{\rho}^{\mathrm{T}} I \boldsymbol{\rho} = 1. \tag{2.169}$$

其中, 我们记

$$\boldsymbol{\rho} = \frac{\boldsymbol{n}}{\sqrt{I'}}. \tag{2.170}$$

即矢量 $\boldsymbol{\rho}$ 的模为 $1/\sqrt{I'}$, 其方向为角速度方向. 将式 (2.169) 写成分量展开的形式得

$$I_{xx}\rho_x^2 + I_{yy}\rho_y^2 + I_{zz}\rho_z^2 + 2I_{xy}\rho_x\rho_y + 2I_{xz}\rho_x\rho_z + 2I_{yz}\rho_y\rho_z - 1 = 0. \tag{2.171}$$

其表示以 ρ_x, ρ_y, ρ_z 为坐标的椭球面, 称为**惯量椭球**. 如果给定 $\boldsymbol{\rho}$ 的方向, 由椭球方程可以得到 $\boldsymbol{\rho}$ 的模. 一个刚体对应一个惯量椭球. 当惯量积为零时, 有

$$I_{xx}\rho_x^2 + I_{yy}\rho_y^2 + I_{zz}\rho_z^2 = 1. \tag{2.172}$$

我们可以利用惯量椭球来求绕任意轴的转动惯量. 椭球中心为点 O, 在椭球面上取一点 N, ON 表示 $\boldsymbol{\rho}$ 的方向, 即是角速度的方向

$$\boldsymbol{\rho}_{ON} = \frac{\boldsymbol{n}}{\sqrt{I'}}, \tag{2.173}$$

求出 $\boldsymbol{\rho}_{ON}$ 的量值, 我们立即得到

$$I' = \frac{1}{|\boldsymbol{\rho}_{ON}|^2}, \tag{2.174}$$

为绕 ON 方向转动的转动惯量.

最后，我们介绍主转动惯量和主轴的定义，根据式 (2.145)，角动量 $\boldsymbol{J}$ 和角速度 $\boldsymbol{\omega}$ 的关系是

$$\boldsymbol{J} = \boldsymbol{I}\boldsymbol{\omega}. \tag{2.175}$$

$\boldsymbol{I}$ 的谱分解 $\boldsymbol{I} = \sum\limits_{i=1}^{3} I_i \boldsymbol{v}_i \boldsymbol{v}_i^{\mathrm{T}}$，相应的单位分解为 $\boldsymbol{E} = \sum\limits_{i=1}^{3} \boldsymbol{v}_i \boldsymbol{v}_i^{\mathrm{T}}$. 利用这两种分解，方程(2.175) 可以写成

$$\sum_{i=1}^{3} \boldsymbol{v}_i \boldsymbol{v}_i^{\mathrm{T}} \boldsymbol{J} = \sum_{i=1}^{3} I_i \boldsymbol{v}_i \boldsymbol{v}_i^{\mathrm{T}} \boldsymbol{\omega}.$$

进一步得

$$\sum_{i=1}^{3} \boldsymbol{v}_i J_i' = \sum_{i=1}^{3} I_i \boldsymbol{v}_i \omega_i'. \tag{2.176}$$

J_i', ω_i' 分别是角动量和角速度在单位矢量 $\boldsymbol{v}_i$ 上的投影. 于是，我们有

$$J_i' = I_i \omega_i', \tag{2.177}$$

其矩阵形式为

$$\boldsymbol{J}' = \boldsymbol{I}'\boldsymbol{\omega}'. \tag{2.178}$$

所以，在 $\boldsymbol{v}_i$ 所张成的坐标系下，转动惯量张量是对角矩阵，惯量积为零. I_i 称为**主转动惯量**，是绕着轴 $\boldsymbol{v}_i$ 的转动惯量. 相应的本征矢量是 $\boldsymbol{v}_1, \boldsymbol{v}_2, \boldsymbol{v}_3$，所对应的三个方向称为**惯量主轴**.

下面看动能的表达式，再次利用惯量张量的谱分解，得

$$\begin{aligned} T &= \frac{1}{2}\boldsymbol{\omega}^{\mathrm{T}} \boldsymbol{I} \boldsymbol{\omega} = \frac{1}{2}\boldsymbol{\omega}^{\mathrm{T}} \sum_{i=1}^{3} I_i \boldsymbol{v}_i \boldsymbol{v}_i^{\mathrm{T}} \boldsymbol{\omega} \\ &= \frac{1}{2}(I_1 \omega_1'^2 + I_2 \omega_2'^2 + I_3 \omega_3'^2). \end{aligned} \tag{2.179}$$

由上述表达式可以看出，当我们选取惯量主轴为坐标系时，将会极大地简化了动能的计算.

例 2   在上一个例子中求主转动惯量和主轴方向. 求 $\boldsymbol{A}$ 的本征值即可知道 $\boldsymbol{I}$ 的本征值. 其中 $\boldsymbol{A} = \sum\limits_{i,j} |i\rangle\langle j|$ 是所有矩阵元是 1 的矩阵. 容易证明

$$\boldsymbol{A}^2 = 3\boldsymbol{A}. \tag{2.180}$$

故 $\boldsymbol{A}$ 的本征值只能取

$$\lambda = 0, 3. \tag{2.181}$$

又因为 $\boldsymbol{A}$ 的秩是 1(三个列向量相等，都线性相关)，本征值只有一个非零，故本征值 $\lambda = 0, 0, 3$.

结合方程(2.150)可知，主转动惯量为

$$I_1 = \frac{11}{12}ma^2, \quad I_2 = \frac{11}{12}ma^2, \quad I_3 = \frac{1}{6}ma^2. \tag{2.182}$$

现在求本征矢量，即主轴方向. $\boldsymbol{I}$ 和 $\boldsymbol{A}$ 有共同的本征矢量，求解方程

$$\boldsymbol{A}(a, b, c)^{\mathrm{T}} = \lambda(a, b, c)^{\mathrm{T}}. \tag{2.183}$$

将 $\lambda = 3$ 代入得 $a = b = c$. 故第一个本征矢量为

$$|\lambda = 3\rangle = \frac{1}{\sqrt{3}}(1, 1, 1)^{\mathrm{T}}. \tag{2.184}$$

将 $\lambda = 0$ 代入得 $a + b + c = 0$. 故可以选择两个本征矢量为

$$|\lambda = 0\rangle_1 = \frac{1}{\sqrt{2}}(-1, 1, 0)^{\mathrm{T}}, \quad |\lambda = 0\rangle_2 = \frac{1}{\sqrt{6}}(1, 1, -2)^{\mathrm{T}}. \tag{2.185}$$

属于二重简并，即一个本征值对应两个正交本征矢量.

2.5.4　欧拉动力学方程

在转动情况下，刚体的瞬时角速度为 $\boldsymbol{\omega}$. 我们令式 (2.89) 中的 $\boldsymbol{r} = \boldsymbol{e}_i$，则有本体坐标系的基矢对时间的导数为

$$\frac{\mathrm{d}\boldsymbol{e}_i}{\mathrm{d}t} = \boldsymbol{\omega} \times \boldsymbol{e}_i. \tag{2.186}$$

已知外力矩等于角动量对时间的导数，即

$$\boldsymbol{M} = \frac{\mathrm{d}\boldsymbol{J}}{\mathrm{d}t}. \tag{2.187}$$

这是转动时的动力学方程.

在本体坐标系下，刚体的角动量可以展开成

$$\boldsymbol{J} = \sum_i J_i \boldsymbol{e}_i. \tag{2.188}$$

将上式代入式 (2.187) 得

$$\boldsymbol{M} = \sum_i \frac{\mathrm{d}J_i}{\mathrm{d}t}\boldsymbol{e}_i + \sum_i J_i \frac{\mathrm{d}\boldsymbol{e}_i}{\mathrm{d}t}$$

$$= \sum_i \frac{\mathrm{d}J_i}{\mathrm{d}t} e_i + \sum_i J_i \boldsymbol{\omega} \times e_i$$

$$= \sum_i \frac{\mathrm{d}J_i}{\mathrm{d}t} e_i + \boldsymbol{\omega} \times \boldsymbol{J}. \tag{2.189}$$

其中, 第二个等号利用了式 (2.186); 第三个等号利用了式 (2.188). 将式 (2.189) 写成分量的形式, 我们有

$$M_i = \frac{\mathrm{d}J_i}{\mathrm{d}t} + \sum_{jk} \epsilon_{ijk} \omega_j J_k. \tag{2.190}$$

其中, ϵ_{ijk} 为 Levi-Civita 符号.

我们知道当选取惯量主轴坐标系时, 由方程(2.177), 刚体的角动量的分量可以直接写成主转动惯量分量与角速度分量的乘积 $J_i = I_i \omega_i$. 于是有

$$M_i = I_i \dot{\omega}_i + \sum_{j,k} \epsilon_{ijk} I_k \omega_j \omega_k. \tag{2.191}$$

显然这里的刚体转动惯量是不随时间改变的. 我们得到

$$I_1 \dot{\omega}_1 - (I_2 - I_3) \omega_2 \omega_3 = M_1,$$
$$I_2 \dot{\omega}_2 - (I_3 - I_1) \omega_3 \omega_1 = M_2, \tag{2.192}$$
$$I_3 \dot{\omega}_3 - (I_1 - I_2) \omega_1 \omega_2 = M_3.$$

这就是刚体绕定点转动的动力学方程, 即**欧拉动力学方程**. 可以解出角速度, 给出大小和方向.

例 3　求对称陀螺的自由转动 ($\boldsymbol{M} = 0$).

对于对称陀螺, 主转动惯量 $I_1 = I_2$, 故方程(2.192)化为

$$I_1 \dot{\omega}_1 - (I_1 - I_3) \omega_2 \omega_3 = 0,$$
$$I_1 \dot{\omega}_2 - (I_3 - I_1) \omega_3 \omega_1 = 0, \tag{2.193}$$
$$I_3 \dot{\omega}_3 = 0.$$

第三个方程马上解得

$$\omega_3 = \omega_{30}. \tag{2.194}$$

其中, ω_{30} 是常数. 角速度在 z 轴上的投影不变. 这样方程(2.192)中的前两个方程进一步退化为

$$\dot{\omega}_1 - \Omega \omega_2 = 0,$$
$$\dot{\omega}_2 + \Omega \omega_1 = 0, \tag{2.195}$$

其中，$\Omega = (I_1 - I_3)\omega_{30}/I_1$ (不失一般性，令 $I_1 > I_3$)，那么 ω_1 和 ω_2 都满足简谐振动方程. 其解为

$$\omega_1 = A\sin(\Omega t + \phi),$$
$$\omega_2 = A\cos(\Omega t + \phi). \tag{2.196}$$

可见进动的角速度为 Ω.

方程组(2.196)可以写成以下形式

$$\mathrm{i}\boldsymbol{\omega} = -\Omega\sigma_y\boldsymbol{\omega}, \tag{2.197}$$

其中，$\boldsymbol{\omega} = (\omega_1, \omega_2)^{\mathrm{T}}$. 相应的演化矩阵为

$$U(t) = \mathrm{e}^{\mathrm{i}\Omega t\sigma_y} = \cos(\Omega t) + \mathrm{i}\sin(\Omega t)\sigma_y. \tag{2.198}$$

于是结果为

$$\boldsymbol{\omega}(t) = U(t)\boldsymbol{\omega}(0) = \begin{pmatrix} \omega_1(0)\cos(\Omega t) + \omega_2(0)\sin(\Omega t) \\ \omega_2(0)\cos(\Omega t) - \omega_1(0)\sin(\Omega t) \end{pmatrix}. \tag{2.199}$$

这个形式对初始条件的依赖关系更加清楚.

参 考 文 献

[1] 周衍柏. 理论力学教程. 北京：高等教育出版社, 1979.

[2] 肖士珣. 理论力学简明教程. 北京：高等教育出版社, 1983.

[3] 张启仁. 经典力学. 北京：科学出版社, 2002.

[4] 曾谨言. 量子力学卷 I. 北京：科学出版社, 2002.

[5] 朗道 Л Д, 栗弗席兹 E M. 理论物理学教程. 第一卷, 力学. 李俊峰, 译. 北京：高等教育出版社, 2007.

[6] Goldstein H, Poole C, Safko J. Classical Mechanics. Beijing: Higher Education Press, 2005.

习　　题

1. 将 2.1 节中的推论推广到三个质点的情况.

2. 求均匀扇形薄片的质心. 扇形半径为 a，对应的圆心角为 2θ. 进一步求半圆片的质心离圆心的距离.

3. 对于单位质量的三个质点，它们的瞬时位置和速度为: (1) $\boldsymbol{r}_1 = \boldsymbol{i} + \boldsymbol{j} + \boldsymbol{k}$ $\boldsymbol{v}_1 = -\boldsymbol{i}$; (2) $\boldsymbol{r}_2 = \boldsymbol{i} + \boldsymbol{k}$ $\boldsymbol{v}_2 = 2\boldsymbol{j}$; (3) $\boldsymbol{r}_3 = \boldsymbol{k}$ $\boldsymbol{v}_3 = \boldsymbol{i} + \boldsymbol{j} + \boldsymbol{k}$. 求: 质心的瞬时位置和速度，质心系的动量，对坐标原点的角动量和动能.

4. 证明: 两个质点构成的质点系的角动量为 $r_C \times m V_C + R \times \mu V$. 其中, $m = m_1 + m_2$; μ 为折合质量; R 为相对位矢; C 代表质心.

5. 求泡利矩阵矢量和单位矢量点乘 $(\boldsymbol{\sigma} \cdot \boldsymbol{n})$ 的本征值和对应的本征态, 并证明: $(\boldsymbol{\sigma} \cdot \boldsymbol{n})^2 = E_{2\times 2}$.

6. 设两个质量为 m 的原子, 对称地位于质量为 M 的原子的两侧, 三者皆处于一直线上, 其间的相互作用可近似地认为是准弹性的, 即相当于用弹性系数为 k 的两个弹簧把它们连接起来. 若平衡时, M 与每个 m 间的距离均等于 b, 求三者沿连线振动时的简正频率与简正坐标.

7. 求 $\boldsymbol{\omega} = \dot{\boldsymbol{\varphi}} + \dot{\boldsymbol{\theta}} + \dot{\boldsymbol{\psi}}$ 在空间坐标系下的分量, 即另一种形式的欧拉运动学方程.

8. 证明: g^{nm} 是二阶逆变张量; 转动变换下 ϵ_{ijk} 是张量.

9. 立方体绕其对角线转动时的回转半径为 $k = d/(3\sqrt{2})$, 试证明之. 其中, d 为对角线的长度.

10. 半径为 R 的非均匀圆球, 距离中心 r 处的密度为 $\rho = \rho_0(1 - \alpha r^2/R^2)$, 其中, ρ_0 和 α 为常数. 求圆球绕直径转动时的回转半径.

11. 证明垂直轴定理: 厚度可以忽略的薄板绕垂直于板面的 z 轴的转动惯量, 等于绕位于板面内 x, y 轴的转动惯量之和.

12. 一矩形板 $ABCD$ 在平行于自身的平面内运动, 其角速度为定值 $\boldsymbol{\omega}$. 在某一瞬时, 点 A 的速度为 $\boldsymbol{v}$, 其方向则沿对角线 AC. 试求此瞬时点 B 的速度, 以 $\boldsymbol{v}$, $\boldsymbol{\omega}$ 及矩形的边长等表示之. 假定 $AB = a$, $BC = b$.

13. 把分子看作相互间距离不变的质点组, 试决定以下两种情况下分子的中心主转动惯量: (1) 二原子分子. 它们的质量是 m_1, m_2, 距离是 l. (2) 如图 2.7 所示, 形状为等腰三角形的三原子分子, 三角形的高是 h, 底边的长度为 a. 底边上两个原子的质量为 m_1, 定点上的原子质量为 m_2.

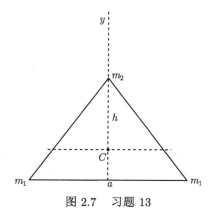

图 2.7　习题 13

14. 试求: 在椭球中心上的转动惯量. 椭球方程为

$$\frac{x^2}{a^2} + \frac{y^2}{b^2} + \frac{z^2}{c^2} = 1. \tag{2.200}$$

第 3 章　拉格朗日力学

从本章开始我们介绍分析力学的基本概念和基本内容: 虚功原理, 达朗贝尔原理和拉格朗日方程.

3.1　约束、虚功原理和达朗贝尔原理

3.1.1　约束

对于很多力学问题, 存在各种约束. 下面我们来介绍约束的定义和分类.

约束: 限制质点运动的条件称为约束.

按照约束与时间的关系, 约束可以分为稳定约束和不稳定约束, 定义如下:

稳定 (定常) 约束: 不含时的约束称为稳定约束.

不稳定约束: 含时的约束称为不稳定约束.

按照质点可否脱离约束, 约束可以分为可解约束和不可解约束, 定义如下:

可解约束: 质点可以脱离的约束称为可解约束, 例如 $f(x, y, z) \geqslant 0$ (地面及以上的运动).

不可解约束: 质点始终不能脱离的约束称为不可解约束, 例如 $f(x, y, z) = 0$.

按照约束是否与速度有关, 约束可以分为几何约束和运动约束, 定义如下:

几何约束: 只限制质点时空坐标的约束, 例如 $f(x, y, z, t) = 0$.

运动约束 (微分约束): 除了限制坐标之外, 还限制速度的约束称为运动约束, 例如 $f(x, y, z, \dot{x}, \dot{y}, \dot{z}, t) = 0$.

约束还可以分为完整约束和不完整约束, 定义如下:

完整约束: 约束条件只与体系的坐标和时间有关, 通常用等式表示. 反过来, 我们可以定义不完整约束如下.

不完整约束: 不能用等式表示的可解约束; 微分约束积分后不能变为几何约束的约束. 例如, 对于几何约束 $f(x, y, z) = 0$, 对其求全导数得 $\dfrac{\mathrm{d}f}{\mathrm{d}t} = \dfrac{\partial f}{\partial x}\dot{x} + \dfrac{\partial f}{\partial y}\dot{y} + \dfrac{\partial f}{\partial z}\dot{z} = 0$, 尽管该约束形式上含有微分, 但由于其可以通过积分退回到 $f(x, y, z) = 0$, 故该约束不是不完整约束, 而是一个完整约束.

根据约束完整与否, 我们可以将系统划分为完整体系和不完整体系, 定义如下:

完整体系: 只受完整约束的力学体系.

不完整体系: 受不完整约束，或同时受不完整和完整约束的力学体系.

3.1.2 虚功原理

在介绍虚功原理之前，我们首先介绍虚位移的概念.

实位移: 由时间变化引起的，质点由于运动实际发生的位移.

虚位移: 在某一个固定时刻 t，质点在约束允许的情况下，想象发生的一个无穷小位移，即变分 $\delta\boldsymbol{r}$. 虚位移是由 t 时刻的位置和约束决定的，非自变量 t 的变化引起的. 它是一个纯粹的几何概念，并不像实位移那样牵扯到力学原理.

我们可以类比最速落径问题中的变分来理解虚位移. 在那里我们想象了无穷多有限的路径，这里是无穷小的位移. 那里的路径也可以叫作虚路径，实际上发生的路径只有一个.

在上面虚位移的定义中，我们使用到 δ 算符，这个算符作用在坐标上，与 d 算符一样，并且满足 $\delta t = 0$ (等时变分)，即不是时间变化引起的. 在最速落径问题的讨论中，我们有 $\delta x = 0$，即不是坐标 x 变化引起的. 虚位移是与约束条件相符的所有可能的位移，不止一个，而实位移只有一个. 对于稳定约束而言，实位移是虚位移中的一个.

力在虚位移下所做的功称为**虚功**，用公式表示为

$$\delta W = \boldsymbol{F} \cdot \delta\boldsymbol{r}. \tag{3.1}$$

对于保守系统而言，主动力 $\boldsymbol{F}_i$ 由系统的势能 $V(\boldsymbol{r}_1, \cdots, \boldsymbol{r}_N)$ 决定，即 $\boldsymbol{F}_i = -\partial V / \partial\boldsymbol{r}_i$，其虚功为

$$\sum_i \boldsymbol{F}_i \cdot \delta\boldsymbol{r}_i = -\sum_i \frac{\partial V}{\partial\boldsymbol{r}_i} \cdot \delta\boldsymbol{r}_i = -\delta V. \tag{3.2}$$

可见，虚功在这里即是负的势能的变分. 功和能是紧密相互联系在一起的.

在力学中，质点受到的力通常可以划分为主动力和约束反力两种，其定义如下:

主动力: 有独立的大小和方向，不受质点所受其他力影响的力叫作主动力. 例如，重力、弹簧弹性力、静电场力和洛伦兹力等.

约束反力: 约束对物体的阻碍作用力，称为约束反力 (也称为约束力或被动力). 例如，绳内张力、接触面上的支撑力等.

接下来，我们介绍理想约束这一概念:

理想约束: 对于任意虚位移，所有约束反力 $\boldsymbol{R}_i$ 满足 $\sum\limits_i \boldsymbol{R}_i \cdot \delta\boldsymbol{r}_i = 0$ 的约束称为理想约束. 对于理想约束，约束反力所做的虚功之和为零. 我们熟知的光滑表面、刚性杆等就是理想约束的例子.

虚功原理

在上面这些概念的基础上，我们介绍虚功原理. 虚功原理是理论力学的奠基性理论，后面我们要介绍的达朗贝尔原理以及拉格朗日方程等，均由该原理引出. 虚功原理的具体表述如下：

虚功原理：受稳定理想约束的力学体系平衡的充要条件是各主动力在**任意一组虚位移**中所做的元功之和为零. 用公式表示即为 $\sum_i \boldsymbol{F}_i \cdot \delta \boldsymbol{r}_i = 0$. 如果不平衡，则各主动力在某一组虚位移所做的元功之和不为零.

下面我们给出该原理的一个证明.

证明   首先我们证明必要性：在平衡情况下，主动力与约束反力之和为零，即

$$\boldsymbol{F}_i + \boldsymbol{R}_i = 0. \tag{3.3}$$

于是，对于任意一组虚位移，我们有 $\sum_i (\boldsymbol{F}_i + \boldsymbol{R}_i) \cdot \delta \boldsymbol{r}_i = 0$. 根据理想约束的条件 $\sum_i \boldsymbol{R}_i \cdot \delta \boldsymbol{r}_i = 0$，我们可以得到

$$\sum_i \boldsymbol{F}_i \cdot \delta \boldsymbol{r}_i = 0. \tag{3.4}$$

接下来，我们证明充分性：主动力在**任意虚位移**中所做的元功之和为零，即

$$\sum_i \boldsymbol{F}_i \cdot \delta \boldsymbol{r}_i = \sum_i F_{ix}\delta x_i + F_{iy}\delta y_i + F_{iz}\delta z_i = 0. \tag{3.5}$$

注意：由于受到约束，δx_i，δy_i，δz_i 是不独立的，所以**不能**得到 $\boldsymbol{F}_i = 0$.

下面我们采用反证法证明. 如果体系偏离了平衡态，体系中的某些质点所受的主动力和约束反力的合力不为零，取这样的一个质点 i，它的受力情况满足

$$\boldsymbol{F}_i + \boldsymbol{R}_i \neq 0. \tag{3.6}$$

质点在合力作用下会在很短的时间产生一个动力学过程实位移 $\mathrm{d}\boldsymbol{r}_i$. 对于稳定 (定常) 约束，实位移是虚位移中的一个，故可用 $\delta \boldsymbol{r}_i$ 代替 $\mathrm{d}\boldsymbol{r}_i$. 于是，合力所做的元功可写为

$$\mathrm{d}W_i = (\boldsymbol{F}_i + \boldsymbol{R}_i) \cdot \mathrm{d}\boldsymbol{r}_i = (\boldsymbol{F}_i + \boldsymbol{R}_i) \cdot \delta \boldsymbol{r}_i = \delta W_i. \tag{3.7}$$

由于体系不处于平衡态，元功 $\delta W_i > 0$. 之所以大于零，是因为促使体系运动的作用力的功为正功 (设所有质点初速度为零). 于是，对于这样一组虚位移，必定有

$$\sum_{i=1}^{N} (\boldsymbol{F}_i + \boldsymbol{R}_i) \cdot \delta \boldsymbol{r}_i > 0. \tag{3.8}$$

在理想约束 $\sum\limits_{i=1}^{N} \boldsymbol{R}_i \cdot \delta\boldsymbol{r}_i = 0$ 的情况下，必有

$$\sum_{i=1}^{N} \boldsymbol{F}_i \cdot \delta\boldsymbol{r}_i > 0. \tag{3.9}$$

这与方程(3.5)对任意虚位移都成立相互矛盾，故假设不成立，体系处于平衡态. 证毕. 在证明中可见，系统的约束是理想且稳定的.

对于保守系统而言，由方程(3.2)，虚功原理可表述为 $\delta V = 0$. 这一原理告诉我们在保守体系中可以从功和能的角度来描述静力学问题.

3.1.3 广义力

下面我们利用虚功引出广义力的定义. 首先定义广义坐标. **广义坐标**: 设 n 个质点受 k 个几何约束 $f_\alpha(\boldsymbol{r_1}, \cdots, \boldsymbol{r}_n, t) = 0 \, (\alpha = 1, \cdots, k)$，自由度为 $s = 3n - k$，则描述系统需要 s 个坐标 $q_1, \cdots, q_s$，这 s 个坐标变量称为广义坐标. 第 i 个质点的坐标 $\boldsymbol{r}_i$ 可以写成广义坐标的函数

$$\boldsymbol{r}_i = \boldsymbol{r}_i(q_1, \cdots, q_s, t) = \boldsymbol{r}_i(\boldsymbol{q}, t), \quad i = 1, \cdots, n. \tag{3.10}$$

在体系有约束的时候，$\delta\boldsymbol{r}_i$ 不相互独立，对 $\boldsymbol{r}_i(\boldsymbol{q}, t)$ 取变分，结合 $\delta t = 0$ 可得虚位移为

$$\delta\boldsymbol{r}_i = \sum_{\alpha=1}^{s} \frac{\partial \boldsymbol{r}_i}{\partial q_\alpha} \delta q_\alpha, \tag{3.11}$$

于是，主动力所做的虚功可以表示为

$$\begin{aligned} \delta W &= \sum_{\alpha=1}^{s} \left(\sum_i \boldsymbol{F}_i \cdot \frac{\partial \boldsymbol{r}_i}{\partial q_\alpha} \right) \delta q_\alpha \\ &= \sum_{\alpha=1}^{s} Q_\alpha \delta q_\alpha, \end{aligned} \tag{3.12}$$

其中，Q_α 即为所谓的**广义力**，其定义为

$$Q_\alpha = \sum_i \boldsymbol{F}_i \cdot \frac{\partial \boldsymbol{r}_i}{\partial q_\alpha}. \tag{3.13}$$

由于虚功具有能量的量纲，所以，当广义坐标 q_α 为长度时，广义力 Q_α 为力的量纲；当 q_α 为角度时，Q_α 为力矩的量纲. 根据虚功原理以及方程(3.12)可知，受稳定理想完整约束的力学体系的平衡条件为广义力

$$Q_\alpha = 0. \tag{3.14}$$

下面给出广义力的两个例子.

例 1   现在考虑一个保守的力学体系. 该体系势能

$$V = V(\boldsymbol{r}_1, \cdots, \boldsymbol{r}_n) \tag{3.15}$$

是 $3n$ 个坐标的函数. 第 i 个粒子所受的力为

$$\boldsymbol{F}_i = -\nabla_i V = -\left(\frac{\partial V}{\partial x_i}, \frac{\partial V}{\partial y_i}, \frac{\partial V}{\partial z_i}\right) = -\frac{\partial V}{\partial \boldsymbol{r}_i}, \tag{3.16}$$

其中, $i = 1, 2, \cdots, n$. 于是, 广义力

$$\begin{aligned}
Q_\alpha &= \sum_{i=1}^{n} \boldsymbol{F}_i \cdot \frac{\partial \boldsymbol{r}_i}{\partial q_\alpha} \\
&= -\sum_{i=1}^{N} \left(\frac{\partial V}{\partial x_i}\frac{\partial x_i}{\partial q_\alpha} + \frac{\partial V}{\partial y_i}\frac{\partial y_i}{\partial q_\alpha} + \frac{\partial V}{\partial z_i}\frac{\partial z_i}{\partial q_\alpha}\right) \\
&= -\frac{\partial V}{\partial q_\alpha}.
\end{aligned} \tag{3.17}$$

这个结果和 $F_{ix} = -\partial V/\partial x_i$ 类似.

例 2   由第 1 章可知, 对于球坐标, 有

$$\boldsymbol{r} = r\boldsymbol{e}_r = r(\sin\theta\cos\phi\boldsymbol{e}_1 + \sin\theta\sin\phi\boldsymbol{e}_2 + \cos\theta\boldsymbol{e}_3), \tag{3.18}$$

其中, $\boldsymbol{e}_1$, $\boldsymbol{e}_2$, $\boldsymbol{e}_3$ 是直角坐标系下的单位矢量. 由此可得如下方程

$$\frac{\partial \boldsymbol{r}}{\partial r} = \boldsymbol{e}_r, \quad \frac{\partial \boldsymbol{r}}{\partial \theta} = r\boldsymbol{e}_\theta, \quad \frac{\partial \boldsymbol{r}}{\partial \phi} = r\sin\theta\boldsymbol{e}_\phi, \tag{3.19}$$

其中

$$\boldsymbol{e}_r = \sin\theta\cos\phi\boldsymbol{e}_1 + \sin\theta\sin\phi\boldsymbol{e}_2 + \cos\theta\boldsymbol{e}_3, \tag{3.20}$$

$$\boldsymbol{e}_\theta = \cos\theta\cos\phi\boldsymbol{e}_1 + \cos\theta\sin\phi\boldsymbol{e}_2 - \sin\theta\boldsymbol{e}_3, \tag{3.21}$$

$$\boldsymbol{e}_\phi = -\sin\phi\boldsymbol{e}_1 + \cos\phi\boldsymbol{e}_2, \tag{3.22}$$

是球坐标的三个单位矢量. 根据广义力的定义式(3.13), 可以得到

$$Q_r = F_r, \quad Q_\theta = rF_\theta, \quad Q_\phi = r\sin\theta F_\phi. \tag{3.23}$$

和角度对应的广义力都是力矩.

3.1.4 平衡位置和约束反力

下面我们举例说明应用虚功原理来求平衡位置和约束反力. 求平衡位置的问题就是求极值问题. 假设我们有一个力学体系, 其中包含 n 个质点. 该体系有 k 个约束

$$f_\mu(\boldsymbol{r}_1, \boldsymbol{r}_2, \cdots, \boldsymbol{r}_n) = 0, \tag{3.24}$$

其中, $\mu = 1, 2, \cdots, k$. 根据虚功原理, 该力学体系的平衡条件为

$$\sum_{i=1}^n \boldsymbol{F}_i \cdot \delta \boldsymbol{r}_i = 0, \tag{3.25}$$

其中, $\boldsymbol{F}_i$ 为系统受到的主动力. 同时, 将约束式(3.24)写成微分形式, 可得

$$\delta f_\mu = \sum_{i=1}^n \frac{\partial f_\mu}{\partial \boldsymbol{r}_i} \cdot \delta \boldsymbol{r}_i = 0. \tag{3.26}$$

可见, 不同位移的变分是线性相关的.

接下来, 我们使用**拉格朗日未定乘子法** (见附录 8.5) 将上面公式乘以 λ_μ 后相加, 结合为平衡条件式 (3.25), 得

$$\sum_{i=1}^n \left(\boldsymbol{F}_i + \sum_{\mu=1}^k \lambda_\mu \frac{\partial f_\mu}{\partial \boldsymbol{r}_i} \right) \cdot \delta \boldsymbol{r}_i = 0, \tag{3.27}$$

其中, λ_μ 为拉格朗日未定乘数. 选择合适的 λ_μ, 使得 k 个不独立虚位移前的乘数等于零. 再将 λ_μ 的值代入剩余的方程, 剩下的 $3n - k$ 个坐标可以看成是广义坐标, 因此剩余的独立虚位移前的乘数也随之等于零, 于是有

$$\boldsymbol{F}_i + \sum_{\mu=1}^k \lambda_\mu \frac{\partial f_\mu}{\partial \boldsymbol{r}_i} = 0, \tag{3.28}$$

其中, $i = 1, 2, \cdots, n$. 上面公式中的 $\sum_{\mu=1}^k \lambda_\mu \frac{\partial f_\mu}{\partial \boldsymbol{r}_i}$ 即是约束反力.

把它们和约束方程(3.24)联合求解 ($3n + k$ 个未知数, $3n + k$ 个方程), 可得体系的平衡位置 $\{\boldsymbol{r}_i^{(0)}\}$. 上式中 $\lambda_\mu \frac{\partial f_\mu}{\partial \boldsymbol{r}_i}$ 表示第 μ 个约束所对应的约束反力在坐标 $\boldsymbol{r}_i$ 方向上的分量.

另外, 如果 λ_μ 不依赖于坐标, 式 (3.28) 可改写为

$$\boldsymbol{F}_i - \frac{\partial}{\partial \boldsymbol{r}_i} \left(-\sum_{\mu=1}^k \lambda_\mu f_\mu \right) = 0, \tag{3.29}$$

其中，$-\sum\limits_{\mu=1}^{k}\lambda_{\mu}f_{\mu}$ 可看成是势能函数，是 $r_1,\cdots,r_n$ 的函数. 利用上面公式可以

求得约束反力 $\sum\limits_{\mu=1}^{k}\lambda_{\mu}\dfrac{\partial f_{\mu}}{\partial r_i}$. 注意：对 r_i 求偏导时，其他坐标保持不变.

下面我们利用一个例子来说明如何使用拉格朗日未定乘子法求解约束反力.

例 3　一个长度为 $2l$，质量为 m 的均匀棒 AB 的两端置于两光滑斜面上，两斜面与水平面的夹角分别为 α 和 β，如图 3.1 所示. 求平衡时棒与水平线的夹角 θ 及斜面对 A 端的约束反力 $\boldsymbol{R}$.

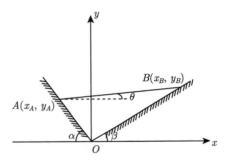

图 3.1　均匀棒处在两个斜面上并保持平衡

坐标轴的选取如图 3.1 所示，点 A 的坐标为 $(x,y)=(x_A,y_A)$. 没有约束时，点 A 的坐标和角度 θ 即可确定棒的位置，需要三个自由度. 现在有两个约束，故只有一个自由度，可以选择角度 θ. 注意 $x_B=x_A+2l\cos\theta, y_B=y_A+2l\sin\theta$，故该体系满足如下两个约束方程

$$f_1 = x_A\tan\alpha + y_A = x\tan\alpha + y = 0, \tag{3.30}$$

$$f_2 = x_B\tan\beta - y_B = (x+2l\cos\theta)\tan\beta - y - 2l\sin\theta = 0. \tag{3.31}$$

对这两个约束方程取变分，可得

$$\tan\alpha\,\delta x + \delta y = 0, \tag{3.32}$$

$$\tan\beta\,\delta x - \delta y - 2l(\cos\theta + \tan\beta\sin\theta)\delta\theta = 0. \tag{3.33}$$

由计算可知，该棒的质心位置

$$\boldsymbol{r}_C = (x+l\cos\theta)\boldsymbol{e}_x + (y+l\sin\theta)\boldsymbol{e}_y. \tag{3.34}$$

重力

$$\boldsymbol{G} = -mg\boldsymbol{e}_y \tag{3.35}$$

作用在质心上, 故虚功可表示为

$$\begin{aligned} \delta W &= \boldsymbol{G} \cdot \delta \boldsymbol{r}_C \\ &= -mg\delta(y + l\sin\theta) \\ &= -mg(\delta y + l\cos\theta\delta\theta) \\ &= 0. \end{aligned} \tag{3.36}$$

引入系数 λ_1, λ_2, 结合方程(3.32)和(3.33), 有

$$(\lambda_1 \tan\alpha + \lambda_2 \tan\beta)\delta x + (\lambda_1 - \lambda_2 - mg)\delta y$$
$$-[2\lambda_2 l(\cos\theta + \tan\beta\sin\theta) + mgl\cos\theta]\delta\theta = 0. \tag{3.37}$$

令 δx, δy 前的系数为零, 得方程组

$$\begin{cases} \lambda_1 \tan\alpha + \lambda_2 \tan\beta = 0, \\ \lambda_1 - \lambda_2 - mg = 0. \end{cases} \tag{3.38}$$

由此方程组可解得

$$\lambda_1 = \frac{\tan\beta}{\tan\alpha + \tan\beta}mg, \tag{3.39}$$

$$\lambda_2 = -\frac{\tan\alpha}{\tan\alpha + \tan\beta}mg. \tag{3.40}$$

方程(3.37)中 $\delta\theta$ 的系数自然是零, 得

$$2\lambda_2(\cos\theta + \tan\beta\sin\theta) + mg\cos\theta = 0. \tag{3.41}$$

容易看出, 上面方程可以变换成

$$1 + \tan\beta\tan\theta = -\frac{mg}{2\lambda_2}. \tag{3.42}$$

将方程(3.40)代入式(3.42)得

$$1 + \tan\beta\tan\theta = \frac{\tan\alpha + \tan\beta}{2\tan\alpha}. \tag{3.43}$$

于是有

$$\tan\theta = \frac{1}{2}(\cot\alpha - \cot\beta). \tag{3.44}$$

这样平衡位置已经确定.

由方程(3.29)，A 端的约束反力 $\boldsymbol{R}$ 为 (注意：f_2 是 x_B, y_B 的函数，在此无贡献)

$$
\begin{aligned}
\boldsymbol{R} &= \lambda_1 \frac{\partial f_1}{\partial \boldsymbol{r}_A} + \lambda_2 \frac{\partial f_2}{\partial \boldsymbol{r}_A} \\
&= \lambda_1 \frac{\partial f_1}{\partial x} \boldsymbol{e}_x + \lambda_1 \frac{\partial f_1}{\partial y} \boldsymbol{e}_y \\
&= \frac{\sin \beta}{\sin(\alpha + \beta)} mg(\sin \alpha \boldsymbol{e}_x + \cos \alpha \boldsymbol{e}_y).
\end{aligned}
\tag{3.45}
$$

这就是约束反力 $\boldsymbol{R}$ 的表达式. 这里利用了方程(3.40)以及公式

$$
\frac{\tan \alpha \tan \beta}{\tan \alpha + \tan \beta} = \frac{\sin \alpha \sin \beta}{\sin(\alpha + \beta)}.
\tag{3.46}
$$

可见，约束力的方向垂直于左斜面.

达朗贝尔原理

在了解了虚功原理之后，接下来我们介绍达朗贝尔原理. 将牛顿第二定律中的加速度项移项后可得

$$
\boldsymbol{F}_i + \boldsymbol{R}_i - \dot{\boldsymbol{P}}_i = 0.
\tag{3.47}
$$

如果把上式中的 $-\dot{\boldsymbol{P}}_i$ 看成是力的作用，那么我们就可以将动力学问题转化为静力学问题处理. $-\dot{\boldsymbol{P}}_i$ 通常被称为**惯性力**，是主动力.

达朗贝尔原理: 在稳定理想约束下，采用惯性力的表述，虚功可写为

$$
\delta W = \sum_{i=1}^{n} \left(\boldsymbol{F}_i + \boldsymbol{R}_i - \dot{\boldsymbol{P}}_i \right) \cdot \delta \boldsymbol{r}_i.
\tag{3.48}
$$

由牛顿第二定律可知，$\boldsymbol{F}_i + \boldsymbol{R}_i - \dot{\boldsymbol{P}}_i = 0$，于是有 $\delta W = 0$. 由于体系所受约束为理想约束，约束反力满足 $\sum_i \boldsymbol{R}_i \cdot \boldsymbol{r}_i = 0$，最终我们得到

$$
\sum_{i=1}^{n} \left(\boldsymbol{F}_i - \dot{\boldsymbol{P}}_i \right) \cdot \delta \boldsymbol{r}_i = 0.
\tag{3.49}
$$

这就是达朗贝尔原理. 上式也称为达朗贝尔方程，和方程 (3.47) 等价. 达朗贝尔原理表明，在采用惯性力表述时，作用于质点系上主动力和惯性力之和在任意虚位移上的元功为零. 这是整个分析力学的出发点.

拉格朗日小传: 约瑟夫 · 拉格朗日 (Joseph Lagrange)，法国数学家、物理学家. 拉格朗日 1736 年 1 月 25 日生于意大利西北部的都灵，1813 年 4 月

10 日逝于巴黎. 1755 年, 拉格朗日用纯分析的方法发展了欧拉所开创的变分法, 为变分法奠定了理论基础. 1766 年, 应邀去柏林, 居住 20 年, 完成了巨著《分析力学》, 建立起完整和谐的力学体系. 这些工作, 在日后物理学的发展中, 发挥了极其重要的作用. 1786 年, 定居巴黎, 直至去世. 近百余年来, 数学和物理领域的许多新成就都可以直接或间接地溯源于拉格朗日的工作. 作为 20 世纪最伟大的理论之一的量子力学, 就广泛应用了分析力学中的诸多方法和技术.

3.2 拉格朗日方程

这一节我们推导拉格朗日方程. 考虑一个完整体系有 n 个质点, 且受 k 个几何约束 $f_\mu(\boldsymbol{r}_1, \cdots, \boldsymbol{r}_n, t) = 0\,(\mu = 1, \cdots, k)$, 其自由度数为 $s = 3n - k$. 体系中每个质点的坐标 $\boldsymbol{r}_i$ 都是广义坐标 $\boldsymbol{q} = (q_1, \cdots, q_s)$ 和时间 t 的函数, 即 $\boldsymbol{r}_i = \boldsymbol{r}_i(\boldsymbol{q}, t)$. 我们先介绍两个相关数学结果. 对于坐标 $\boldsymbol{r}_i$ 的一个分量 $x_i = x_i(\boldsymbol{q}, t)$, 有

(1) $\dot{x}_i$ 对 $\dot{q}_\alpha$ 的偏微分与 x_i 对 q_α 的偏微分相等, 即

$$\frac{\partial \dot{x}_i}{\partial \dot{q}_\alpha} = \frac{\partial x_i}{\partial q_\alpha}, \quad \alpha = 1, \cdots, s. \tag{3.50}$$

证明如下: 位置坐标 x_i 的时间全导数为

$$\dot{x}_i = \sum_{\alpha=1}^{s} \frac{\partial x_i}{\partial q_\alpha} \dot{q}_\alpha + \frac{\partial x_i}{\partial t}. \tag{3.51}$$

由于 $\dfrac{\partial x_i}{\partial t} = \dfrac{\partial x_i}{\partial t}(\boldsymbol{q}, t)$ 和 $\dfrac{\partial x_i}{\partial q_\alpha} = \dfrac{\partial x_i}{\partial q_\alpha}(\boldsymbol{q}, t)$ 都不是 $\dot{q}_\alpha$ 的函数, 且 $\dot{q}_\alpha$ 是相互独立的, $\dot{x}_i$ 可以看成是 q_α, $\dot{q}_\alpha$ 和 t 的函数, 即 $\dot{x}_i = \dot{x}_i(\boldsymbol{q}, \dot{\boldsymbol{q}}, t)$, 从而可以得到证明.

(2) 对时间的全导数和对广义坐标的偏导数可对易, 即

$$\frac{\partial}{\partial q_\alpha} \frac{\mathrm{d}}{\mathrm{d}t} = \frac{\mathrm{d}}{\mathrm{d}t} \frac{\partial}{\partial q_\alpha}, \quad \left[\frac{\partial}{\partial q_\alpha}, \frac{\mathrm{d}}{\mathrm{d}t}\right] = 0. \tag{3.52}$$

证明如下: 假设 f 是广义坐标和时间的任意函数, 即 $f = f(\boldsymbol{q}, t)$, 那么 f 对于广义坐标 q_α 的偏导数也是广义坐标和时间的函数, 即 $\dfrac{\partial f}{\partial q_\alpha} = \dfrac{\partial f}{\partial q_\alpha}(\boldsymbol{q}, t)$. 同时, 根据偏导数的交换对称性, 即

$$\frac{\partial^2 f}{\partial q_\alpha \partial q_\beta} = \frac{\partial^2 f}{\partial q_\beta \partial q_\alpha}, \tag{3.53}$$

可以得到

$$\frac{\partial}{\partial q_\alpha} \frac{\mathrm{d}}{\mathrm{d}t} f(\boldsymbol{q}, t) = \frac{\partial}{\partial q_\alpha} \left(\sum_{\beta=1}^{s} \frac{\partial f}{\partial q_\beta} \dot{q}_\beta + \frac{\partial f}{\partial t} \right)$$

$$= \sum_{\beta=1}^{s} \frac{\partial}{\partial q_\beta} \left(\frac{\partial f}{\partial q_\alpha} \right) \dot{q}_\beta + \frac{\partial}{\partial t} \frac{\partial f}{\partial q_\alpha}$$

$$= \frac{\mathrm{d}}{\mathrm{d}t} \frac{\partial}{\partial q_\alpha} f(\boldsymbol{q}, t). \tag{3.54}$$

证毕. 这里需要注意的是: $\dfrac{\mathrm{d}f}{\mathrm{d}t}$ 是 $\boldsymbol{q}$, $\dot{\boldsymbol{q}}$ 和 t 的函数, 即 $\dfrac{\mathrm{d}f}{\mathrm{d}t} = \dfrac{\mathrm{d}f}{\mathrm{d}t}(\boldsymbol{q}, \dot{\boldsymbol{q}}, t)$, 而 $\dfrac{\partial f}{\partial t} = \dfrac{\partial f}{\partial t}(\boldsymbol{q}, t)$ 只是 $\boldsymbol{q}$ 和 t 的函数.

3.2.1　基本形式的拉格朗日方程

现在我们给出基本形式的拉格朗日方程的推导. 在主动力 $\boldsymbol{F}_i\, (i = 1, 2, \cdots, n)$ 作用下的牛顿动力学方程可以写为

$$\boldsymbol{F}_i + \boldsymbol{R}_i = m_i \ddot{\boldsymbol{r}}_i. \tag{3.55}$$

对于理想稳定的完整体系, 根据达朗贝尔原理

$$\sum_{i=1}^{n} (\boldsymbol{F}_i - m_i \ddot{\boldsymbol{r}}_i) \cdot \delta \boldsymbol{r}_i = 0. \tag{3.56}$$

又由于 $\delta \boldsymbol{r}_i = \sum_\alpha \dfrac{\partial \boldsymbol{r}_i}{\partial q_\alpha} \delta q_\alpha$, 代入上式得

$$\sum_\alpha \sum_{i=1}^{n} \left(\boldsymbol{F}_i \cdot \frac{\partial \boldsymbol{r}_i}{\partial q_\alpha} - m_i \ddot{\boldsymbol{r}}_i \cdot \frac{\partial \boldsymbol{r}_i}{\partial q_\alpha} \right) \delta q_\alpha = 0. \tag{3.57}$$

根据上面公式和广义力的定义式(3.13), 而且 q_α 相互独立, 我们可以得到

$$Q_\alpha = \sum_{i=1}^{n} m_i \ddot{\boldsymbol{r}}_i \cdot \frac{\partial \boldsymbol{r}_i}{\partial q_\alpha}. \tag{3.58}$$

接下来, 我们具体计算上式. 不难得知

$$\ddot{\boldsymbol{r}}_i \cdot \frac{\partial \boldsymbol{r}_i}{\partial q_\alpha} = \left(\frac{\mathrm{d}}{\mathrm{d}t} \dot{\boldsymbol{r}}_i \right) \cdot \frac{\partial \boldsymbol{r}_i}{\partial q_\alpha}$$

$$= \frac{\mathrm{d}}{\mathrm{d}t} \left(\dot{\boldsymbol{r}}_i \cdot \frac{\partial \boldsymbol{r}_i}{\partial q_\alpha} \right) - \dot{\boldsymbol{r}}_i \cdot \frac{\mathrm{d}}{\mathrm{d}t} \left(\frac{\partial \boldsymbol{r}_i}{\partial q_\alpha} \right)$$

$$= \frac{\mathrm{d}}{\mathrm{d}t} \left(\dot{\boldsymbol{r}}_i \cdot \frac{\partial \dot{\boldsymbol{r}}_i}{\partial \dot{q}_\alpha} \right) - \dot{\boldsymbol{r}}_i \cdot \frac{\partial}{\partial q_\alpha} \frac{\mathrm{d}\boldsymbol{r}_i}{\mathrm{d}t}$$

$$= \frac{\mathrm{d}}{\mathrm{d}t} \left(\dot{\boldsymbol{r}}_i \cdot \frac{\partial \dot{\boldsymbol{r}}_i}{\partial \dot{q}_\alpha} \right) - \dot{\boldsymbol{r}}_i \cdot \frac{\partial \dot{\boldsymbol{r}}_i}{\partial q_\alpha}$$

$$= \frac{\mathrm{d}}{\mathrm{d}t}\frac{\partial}{\partial \dot{q}_\alpha}\left(\frac{1}{2}\dot{r}_i^2\right) - \frac{\partial}{\partial q_\alpha}\left(\frac{1}{2}\dot{r}_i^2\right)$$

$$= \left(\frac{\mathrm{d}}{\mathrm{d}t}\frac{\partial}{\partial \dot{q}_\alpha} - \frac{\partial}{\partial q_\alpha}\right)\left(\frac{1}{2}\dot{r}_i^2\right), \tag{3.59}$$

其中，第三个等号用到了式(3.50)和(3.52). 利用上面的式子，广义力式(3.58)可以写为

$$Q_\alpha = \sum_{i=1}^n \left(\frac{\mathrm{d}}{\mathrm{d}t}\frac{\partial}{\partial \dot{q}_\alpha} - \frac{\partial}{\partial q_\alpha}\right)\left(\frac{1}{2}m_i\dot{r}_i^2\right)$$

$$= \left(\frac{\mathrm{d}}{\mathrm{d}t}\frac{\partial}{\partial \dot{q}_\alpha} - \frac{\partial}{\partial q_\alpha}\right)T, \tag{3.60}$$

其中，T 为体系的总动能. 最终，我们得到广义力的形式为

$$Q_\alpha = \left(\frac{\mathrm{d}}{\mathrm{d}t}\frac{\partial}{\partial \dot{q}_\alpha} - \frac{\partial}{\partial q_\alpha}\right)T, \quad \alpha = 1, \cdots, s. \tag{3.61}$$

这就是**稳定理想完整体系**基本形式的**拉格朗日方程**. 它们是以广义坐标 q_α 和时间 t 作为自变量的 s 个二阶常微分方程. 这里 $p_\alpha = \partial T/\partial \dot{q}_\alpha$ 可视为一个广义的动量，$\dot{q}_\alpha$ 可视为一个广义的速度. 于是，拉格朗日方程可以写成

$$Q_\alpha = \dot{p}_\alpha - \frac{\partial T}{\partial q_\alpha}. \tag{3.62}$$

和牛顿方程相比，这里多出一项动能对广义坐标的导数.

下面给出拉格朗日方程的三个例子.

例 4 本例中我们计算球坐标系下的拉格朗日方程. 由第 1 章可知，球坐标系下的动能可以写为

$$T = \frac{m}{2}\left(\dot{r}^2 + r^2\dot{\theta}^2 + r^2\sin^2\theta\dot{\phi}^2\right). \tag{3.63}$$

将动能 T 对 r, θ, ϕ, $\dot{r}$, $\dot{\theta}$, $\dot{\phi}$ 求偏导可得

$$\frac{\partial T}{\partial r} = mr\dot{\theta}^2 + mr\sin^2\theta\dot{\phi}^2, \quad \frac{\partial T}{\partial \dot{r}} = m\dot{r},$$

$$\frac{\partial T}{\partial \theta} = mr^2\sin\theta\cos\theta\dot{\phi}^2, \quad \frac{\partial T}{\partial \dot{\theta}} = mr^2\dot{\theta},$$

$$\frac{\partial T}{\partial \phi} = 0, \quad \frac{\partial T}{\partial \dot{\phi}} = mr^2\sin^2\theta\dot{\phi} = m(r\sin\theta)^2\dot{\phi}. \tag{3.64}$$

于是，我们可得一组拉格朗日方程

$$Q_r = m\left(\ddot{r} - r\dot{\theta}^2 - r\sin^2\theta\dot{\phi}^2\right), \tag{3.65}$$

$$Q_\theta = m\left(2r\dot{r}\dot{\theta} + r^2\ddot{\theta} - r^2\sin\theta\cos\theta\dot{\phi}^2\right), \tag{3.66}$$

$$Q_\phi = m(2r\dot{r}\sin^2\theta\dot{\phi} + 2r^2\sin\theta\cos\theta\dot{\theta}\dot{\phi} + r^2\sin^2\theta\ddot{\phi}). \tag{3.67}$$

量纲分析可知广义力 Q_θ，Q_ϕ 为力矩. 将方程(3.23)代入上式可得

$$F_r = m\left(\ddot{r} - r\dot{\theta}^2 - r\sin^2\theta\dot{\phi}^2\right), \tag{3.68}$$

$$F_\theta = m\left(2\dot{r}\dot{\theta} + r\ddot{\theta} - r\sin\theta\cos\theta\dot{\phi}^2\right), \tag{3.69}$$

$$F_\phi = m(2\dot{r}\sin\theta\dot{\phi} + 2r\cos\theta\dot{\theta}\dot{\phi} + r\sin\theta\ddot{\phi}). \tag{3.70}$$

这就是我们在第 1 章中得到的球坐标系下的牛顿方程.

例 5　电磁场中的拉格朗日量. 由电磁学理论可知, 带电粒子 (电荷 q) 受到的电磁力为

$$m\frac{\mathrm{d}\boldsymbol{v}}{\mathrm{d}t} = q\left(\boldsymbol{E} + \boldsymbol{v}\times\boldsymbol{B}\right). \tag{3.71}$$

场量 $(\boldsymbol{E}, \boldsymbol{B})$ 可用势 $(\varphi, \boldsymbol{A})$ 表示出来

$$\boldsymbol{E} = -\nabla\varphi - \frac{\partial\boldsymbol{A}}{\partial t}, \tag{3.72}$$

$$\boldsymbol{B} = \nabla\times\boldsymbol{A}. \tag{3.73}$$

其中, φ 是标量势; $\boldsymbol{A} = \boldsymbol{A}(\boldsymbol{r}, t)$ 是矢量势. 这里的广义坐标即是 x, y, z.

将 $(\varphi, \boldsymbol{A})$ 代入方程(3.71)得到

$$m\frac{\mathrm{d}\boldsymbol{v}}{\mathrm{d}t} = q\left[-\nabla\varphi - \frac{\partial\boldsymbol{A}}{\partial t} + \boldsymbol{v}\times(\nabla\times\boldsymbol{A})\right]. \tag{3.74}$$

下面考虑 x 分量的运动方程

$$m\dot{v}_x = q\left[-\partial_x\varphi \underline{-\partial_t A_x + v_y\left(\partial_x A_y - \partial_y A_x\right) - v_z\left(\partial_z A_x - \partial_x A_z\right)}\right], \tag{3.75}$$

下划线部分可继续整理如下

$$\begin{aligned}
&-\partial_t A_x + v_y\left(\partial_x A_y - \partial_y A_x\right) - v_z\left(\partial_z A_x - \partial_x A_z\right) \\
=&-\partial_t A_x + (v_y\partial_x A_y - v_y\partial_y A_x - v_z\partial_z A_x + v_z\partial_x A_z) \\
=&-(\partial_t A_x + v_x\partial_x A_x + v_y\partial_y A_x + v_z\partial_z A_x) + (v_x\partial_x A_x + v_y\partial_x A_y + v_z\partial_x A_z) \\
=&-\frac{\mathrm{d}A_x}{\mathrm{d}t} + \boldsymbol{v}\cdot\partial_x\boldsymbol{A}. \tag{3.76}
\end{aligned}$$

最后一个等号利用了函数关系 $A_x = A_x(\boldsymbol{r}, t)$. 将方程(3.76)代入式(3.75)得

$$\frac{\mathrm{d}}{\mathrm{d}t}(mv_x + qA_x) = -q\partial_x\varphi + q\boldsymbol{v}\cdot\partial_x\boldsymbol{A}. \tag{3.77}$$

从上面方程(3.77)出发，我们可以构造出满足带电粒子在电磁场中运动公式的拉格朗日量

$$L = \frac{m\boldsymbol{v}^2}{2} - q(\varphi - \boldsymbol{v} \cdot \boldsymbol{A}). \tag{3.78}$$

接下来，将 L 代入拉格朗日方程验证是否正确，我们依然选择 x 分量进行验证

$$\frac{\mathrm{d}}{\mathrm{d}t}\frac{\partial L}{\partial v_x} = \frac{\mathrm{d}}{\mathrm{d}t}\left(mv_x + qA_x\right), \tag{3.79a}$$

$$\frac{\partial L}{\partial x} = -q\partial_x\varphi + q\partial_x\left(\boldsymbol{v} \cdot \boldsymbol{A}\right) = -q\partial_x\varphi + q\boldsymbol{v} \cdot \partial_x\boldsymbol{A}. \tag{3.79b}$$

方程(3.79b)的第二个等号是因为在拉格朗日量中广义坐标 $\boldsymbol{r}$ 和广义坐标 $\boldsymbol{v}$ 是独立变量. 于是，我们就证明了之前猜出的拉格朗日量的确可以导出带电粒子的运动方程，即表达式(3.78)是正确的.

例 6 计算转动参考系下的拉格朗日方程. 假设固定坐标系为 $S'(x', y', z')$，转动坐标系为 $S(x, y, z)$，两坐标系的原点重合. 一个运动的质点的位矢和导数在转动坐标系 S 中表示为

$$\boldsymbol{r} = x\boldsymbol{e}_1 + y\boldsymbol{e}_2 + z\boldsymbol{e}_3, \tag{3.80}$$

$$\dot{\boldsymbol{r}} = \dot{x}\boldsymbol{e}_1 + \dot{y}\boldsymbol{e}_2 + \dot{z}\boldsymbol{e}_3 + x\frac{\mathrm{d}\boldsymbol{e}_1}{\mathrm{d}t} + y\frac{\mathrm{d}\boldsymbol{e}_2}{\mathrm{d}t} + z\frac{\mathrm{d}\boldsymbol{e}_3}{\mathrm{d}t}. \tag{3.81}$$

单位矢量 $\boldsymbol{e}_i$ 的时间导数满足

$$\frac{\mathrm{d}\boldsymbol{e}_1}{\mathrm{d}t} = \boldsymbol{\omega} \times \boldsymbol{e}_1, \quad \frac{\mathrm{d}\boldsymbol{e}_2}{\mathrm{d}t} = \boldsymbol{\omega} \times \boldsymbol{e}_2, \quad \frac{\mathrm{d}\boldsymbol{e}_3}{\mathrm{d}t} = \boldsymbol{\omega} \times \boldsymbol{e}_3, \tag{3.82}$$

其中，$\boldsymbol{\omega}$ 为瞬时角速度. 由式(3.81)和(3.82)可得

$$\dot{\boldsymbol{r}} = \boldsymbol{v} + \boldsymbol{\omega} \times \boldsymbol{r}, \tag{3.83}$$

其中，$\boldsymbol{v}$ 为运动质点相对于转动坐标系 S 的速度. 所以这里的速度是相对于转动坐标系的速度和转动所牵连的速度的合成. 将上式代入质点的总动能 $T = m\dot{\boldsymbol{r}}^2/2$ 中，可得

$$\begin{aligned}
T &= \frac{m}{2}(\boldsymbol{v} + \boldsymbol{\omega} \times \boldsymbol{r})^2 = \frac{m}{2}\left[\boldsymbol{v}^2 + 2\boldsymbol{v} \cdot (\boldsymbol{\omega} \times \boldsymbol{r}) + (\boldsymbol{\omega} \times \boldsymbol{r})^2\right] \\
&= \frac{m}{2}[\dot{x}^2 + \dot{y}^2 + \dot{z}^2 + 2\dot{x}(\omega_y z - \omega_z y) + 2\dot{y}(\omega_z x - \omega_x z) + 2\dot{z}(\omega_x y - \omega_y x) \\
&\quad + (\omega_y z - \omega_z y)^2 + (\omega_z x - \omega_x z)^2 + (\omega_x y - \omega_y x)^2].
\end{aligned} \tag{3.84}$$

由广义力定义，可得 $Q_\alpha = F_\alpha \, (\alpha = x, y, z)$ ，拉格朗日方程可写为

$$\frac{\mathrm{d}}{\mathrm{d}t}\left(\frac{\partial T}{\partial \dot{\alpha}}\right) - \frac{\partial T}{\partial \alpha} = F_\alpha. \tag{3.85}$$

将动能 T 的表达式代入上式中可得牛顿运动定律. 以 x 方向为例, 即为

$$\frac{F_x}{m} = \ddot{x} + 2\left(\omega_y \dot{z} - \omega_z \dot{y}\right) + \dot{\omega}_y z - \dot{\omega}_z y - x(\omega_y^2 + \omega_z^2) + \omega_x(\omega_y y + \omega_z z). \quad (3.86)$$

利用公式

$$\boldsymbol{\omega} \times (\boldsymbol{\omega} \times \boldsymbol{r}) = -\boldsymbol{\omega}^2 \boldsymbol{r} + \boldsymbol{\omega}(\boldsymbol{\omega} \cdot \boldsymbol{r}), \quad (3.87)$$

可得其 x 方向分量为

$$\begin{aligned}
[\boldsymbol{\omega} \times (\boldsymbol{\omega} \times \boldsymbol{r})]_x &= -x(\omega_x^2 + \omega_y^2 + \omega_z^2) + \omega_x(\omega_x x + \omega_y y + \omega_z z) \\
&= -x(\omega_y^2 + \omega_z^2) + \omega_x(\omega_y y + \omega_z z).
\end{aligned} \quad (3.88)$$

于是, 方程(3.86)可改写为

$$\frac{F_x}{m} = \ddot{x} + 2\left[\boldsymbol{\omega} \times \boldsymbol{v}\right]_x + \left[\dot{\boldsymbol{\omega}} \times \boldsymbol{r}\right]_x + \left[\boldsymbol{\omega} \times (\boldsymbol{\omega} \times \boldsymbol{r})\right]_x. \quad (3.89)$$

于是, 我们可以得到

$$\frac{\boldsymbol{F}}{m} = \boldsymbol{a}_r + \boldsymbol{a}_t + 2\left(\boldsymbol{\omega} \times \boldsymbol{v}\right), \quad (3.90)$$

其中, $\boldsymbol{a}_r$ 为相对加速度; $\boldsymbol{a}_t = \dot{\boldsymbol{\omega}} \times \boldsymbol{r} + \boldsymbol{\omega} \times (\boldsymbol{\omega} \times \boldsymbol{r})$ 称为牵连加速度; $2(\boldsymbol{\omega} \times \boldsymbol{v})$ 称为科里奥利加速度. 特别地, 当 $\dot{\boldsymbol{\omega}} = 0$ 时, 牵连加速度即是向心加速度.

3.2.2 保守系的拉格朗日方程

现在考虑保守系的拉格朗日方程. 此广义力式(3.17)代入拉格朗日方程(3.61)中得

$$\left(\frac{\mathrm{d}}{\mathrm{d}t}\frac{\partial}{\partial \dot{q}_\alpha} - \frac{\partial}{\partial q_\alpha}\right) T = -\frac{\partial V}{\partial q_\alpha}, \quad (3.91)$$

即

$$\frac{\mathrm{d}}{\mathrm{d}t}\frac{\partial}{\partial \dot{q}_\alpha} T = \frac{\partial (T - V)}{\partial q_\alpha}. \quad (3.92)$$

又由于势能函数 V 中一般不显含 $\dot{q}_\alpha$, 所以上式可以写成

$$\frac{\mathrm{d}}{\mathrm{d}t}\frac{\partial (T - V)}{\partial \dot{q}_\alpha} = \frac{\partial (T - V)}{\partial q_\alpha}. \quad (3.93)$$

我们定义拉格朗日量为

$$L = T - V. \quad (3.94)$$

那么式(3.93)可写成

$$\frac{\mathrm{d}}{\mathrm{d}t}\left(\frac{\partial L}{\partial \dot{q}_\alpha}\right) = \frac{\partial L}{\partial q_\alpha}. \quad (3.95)$$

此式即为保守体系的拉格朗日方程, 和欧拉方程类似.

下面我们定义广义动量和广义力.

广义动量定义为

$$p_\alpha = \frac{\partial L}{\partial \dot{q}_\alpha}. \tag{3.96}$$

广义力定义为

$$f_\alpha = \frac{\partial L}{\partial q_\alpha}. \tag{3.97}$$

注意: 这里的广义力和之前定义的有所不同 (相差一项 $\frac{\partial T}{\partial q_\alpha}$). 故拉格朗日方程可以写为

$$\dot{p}_\alpha = f_\alpha. \tag{3.98}$$

其形式类似于牛顿方程. 如果拉格朗日量不显含某个广义坐标 q_α, 广义力 $f_\alpha = 0$. 由上面方程可知, 广义动量 p_α 守恒, 相应的广义坐标 q_α 称为**循环坐标**. 若角动量守恒, 角度即是循环坐标, 是时间的周期函数.

现在考察拉格朗日量的非唯一性. 考虑变换

$$L' = L + \frac{\mathrm{d}f(\boldsymbol{q}, t)}{\mathrm{d}t}. \tag{3.99}$$

我们有

$$\frac{\mathrm{d}}{\mathrm{d}t}\left(\frac{\partial L'}{\partial \dot{q}_\alpha}\right) = \frac{\mathrm{d}}{\mathrm{d}t}\left(\frac{\partial L}{\partial \dot{q}_\alpha}\right) + \frac{\mathrm{d}}{\mathrm{d}t}\left(\frac{\partial \dot{f}}{\partial \dot{q}_\alpha}\right). \tag{3.100}$$

又因为

$$\dot{f} = \sum_\alpha \frac{\partial f}{\partial q_\alpha}\dot{q}_\alpha + \frac{\partial f}{\partial t}, \tag{3.101}$$

将方程(3.101)代入方程(3.100)得

$$\frac{\mathrm{d}}{\mathrm{d}t}\left(\frac{\partial L'}{\partial \dot{q}_\alpha}\right) = \frac{\mathrm{d}}{\mathrm{d}t}\left(\frac{\partial L}{\partial \dot{q}_\alpha}\right) + \frac{\mathrm{d}}{\mathrm{d}t}\left(\frac{\partial f}{\partial q_\alpha}\right). \tag{3.102}$$

进一步, 我们有

$$\frac{\partial L'}{\partial q_\alpha} = \frac{\partial L}{\partial q_\alpha} + \frac{\partial}{\partial q_\alpha}\left(\frac{\mathrm{d}f(\boldsymbol{q}, t)}{\mathrm{d}t}\right). \tag{3.103}$$

由偏导数和对时间全导数的可对易性以及拉格朗日方程, 我们得

$$\frac{\mathrm{d}}{\mathrm{d}t}\left(\frac{\partial L'}{\partial \dot{q}_\alpha}\right) = \frac{\partial L'}{\partial q_\alpha}. \tag{3.104}$$

拉格朗日方程在这个变化下形式不变. 两个拉格朗日量都可以描述同样的物理过程.

现在考察不显含时间的拉格朗日量 L 对时间的全导数,

$$\frac{\mathrm{d}L}{\mathrm{d}t} = \sum_{\alpha=1}^{s} \left(\frac{\partial L}{\partial \dot{q}_\alpha} \ddot{q}_\alpha + \frac{\partial L}{\partial q_\alpha} \dot{q}_\alpha \right)$$

$$= \sum_{\alpha=1}^{s} \left(p_\alpha \ddot{q}_\alpha + \dot{p}_\alpha \dot{q}_\alpha \right)$$

$$= \frac{\mathrm{d}}{\mathrm{d}t} \sum_{\alpha=1}^{s} p_\alpha \dot{q}_\alpha. \tag{3.105}$$

于是出现一个物理量 H,

$$H = \sum_{\alpha=1}^{s} p_\alpha \dot{q}_\alpha - L. \tag{3.106}$$

H 称作**哈密顿量** (下一章将继续讨论). 从上式可以看出, 如果拉格朗日量不显含时间, 那么哈密顿量是守恒量.

下面我们举例说明一般情况下哈密顿量和能量的关系.

例 7　对于具有势能 $V(x)$ 的一维体系, 其拉格朗日量可以表示为

$$L = \frac{1}{2} m \dot{x}^2 - V(x). \tag{3.107}$$

那么系统哈密顿量式(3.106)为

$$H = p\dot{x} - L = \frac{p^2}{2m} + V(x). \tag{3.108}$$

这就是体系的总能量.

例 8　对于一个多体系统, 动能是二阶齐次函数

$$T = \sum_{\alpha=1}^{s} \sum_{\beta=1}^{s} a_{\alpha\beta} \dot{q}_\alpha \dot{q}_\beta, \tag{3.109}$$

$a_{\alpha\beta}$ 为任意系数, 势能为

$$V = V(q_1, \cdots, q_s). \tag{3.110}$$

在计算此系统哈密顿量之前, 我们先来了解一些有关齐次函数的知识.

若对于一个函数 F, 其满足

$$F(\lambda x, \lambda y, \lambda z) = \lambda^n F(x, y, z), \tag{3.111}$$

则我们称 F 为 n **阶齐次函数**. 例如, 二阶齐次函数: $x^2 + y^2 + z^2 + xy + yz + zx$; 零阶齐次函数: $(x+y+z)/x$; 负一阶齐次函数: $(x+y+z)/(x^2+y^2+z^2)$; 非齐次函数: $\sin(xy)$.

对于一个 n 阶齐次函数 $F(x, y, z)$, 有欧拉定理

$$x\frac{\partial F}{\partial x} + y\frac{\partial F}{\partial y} + z\frac{\partial F}{\partial z} = nF. \tag{3.112}$$

此定理的证明可以利用 $F(\lambda x, \lambda y, \lambda z) = \lambda^n F(x, y, z)$ 对 λ 求导以后再令 $\lambda = 1$ 得到. 对于更多变量情况, 用类似的方法同样可以证明.

应用欧拉定理就可以得到拥有 s 个变量系统的哈密顿量

$$\begin{aligned} H &= \sum_{\alpha=1}^{s} p_\alpha \dot{q}_\alpha - L \\ &= \sum_{\alpha=1}^{s} \dot{q}_\alpha \frac{\partial T}{\partial \dot{q}_\alpha} - T + V \\ &= 2T - T + V \\ &= T + V. \end{aligned} \tag{3.113}$$

可以看到 H 确实是系统的**总能量**. 上面推导中用到了动能是广义速度的二阶齐次函数. 上面的关系也可以通过对式(3.109)直接求偏导数得到.

哈密顿: 著名的爱尔兰数学家、物理学家. 生于 1805 年. 他在光学、理论力学等诸多领域都有所建树, 其中包括著名的最小作用量原理. 他的工作在日后的量子力学中占据了非常重要的地位.

3.3 小 振 动

现在考虑平衡点附近的小振动问题. 设平衡位置为 **0**, 这时广义力

$$Q_\alpha = -\frac{\partial V(\boldsymbol{q})}{\partial q_\alpha}\bigg|_{0} = 0. \tag{3.114}$$

势能 V 在 **0** 处做泰勒展开,

$$V(\boldsymbol{q}) = V(\boldsymbol{0}) + \sum_\alpha \frac{\partial V}{\partial q_\alpha}\bigg|_{0} q_\alpha + \frac{1}{2}\sum_{\alpha\beta} \frac{\partial^2 V}{\partial q_\alpha \partial q_\beta}\bigg|_{0} q_\alpha q_\beta + \cdots. \tag{3.115}$$

其中, 第一项为常数项不作考虑, 因为总可以通过选取合适的能量零点使得 $V(\boldsymbol{0}) = 0$. 考虑到平衡条件, 式 (3.114), 第二项会自然消除. 当上式保留到二阶, 忽略高阶项, 体系的势能可以写成

$$V = \frac{1}{2}\sum_{\alpha\beta} \boldsymbol{K}_{\alpha\beta} q_\alpha q_\beta, \tag{3.116}$$

这里我们记

$$K_{\alpha\beta} = \frac{\partial^2 V}{\partial q_\alpha \partial q_\beta}\bigg|_0. \tag{3.117}$$

这是一个对称矩阵.

动能的一般形式可以写成

$$T = \frac{1}{2}\sum_{\alpha\beta} m_{\alpha\beta}(\boldsymbol{q})\dot{q}_\alpha \dot{q}_\beta. \tag{3.118}$$

并且 $m_{\alpha\beta} = m_{\beta\alpha}$. 同样将 $m_{\alpha\beta}(\boldsymbol{q})$ 作泰勒展开, 保留到零阶项, 得

$$T = \frac{1}{2}\sum_{\alpha\beta} M_{\alpha\beta}\dot{q}_\alpha \dot{q}_\beta, \tag{3.119}$$

这里 $M_{\alpha\beta} = m_{\alpha\beta}(\boldsymbol{0})$. 这里已经假设广义速度也是小量. 所以这里小振动的 "小" 包括两层含义, 即小的广义坐标和广义速度.

将上面得到的动能和势能代入保守体系的拉格朗日方程得

$$\boldsymbol{M}\ddot{\boldsymbol{q}} + \boldsymbol{K}\boldsymbol{q} = 0. \tag{3.120}$$

$\boldsymbol{M}$ 是正定的、非奇异, 我们有

$$\ddot{\boldsymbol{Q}} + \tilde{\boldsymbol{K}}\boldsymbol{Q} = 0, \quad \boldsymbol{Q} = \boldsymbol{M}^{1/2}\boldsymbol{q}, \quad \tilde{\boldsymbol{K}} = \boldsymbol{M}^{-1/2}\boldsymbol{K}\boldsymbol{M}^{-1/2}. \tag{3.121}$$

假设 $\boldsymbol{K}$ 非奇异, 我们有

$$\tilde{\boldsymbol{M}}\ddot{\boldsymbol{Q}}' + \boldsymbol{Q}' = 0, \quad \boldsymbol{Q}' = \boldsymbol{K}^{1/2}\boldsymbol{q}, \quad \tilde{\boldsymbol{M}} = \boldsymbol{K}^{-1/2}\boldsymbol{M}\boldsymbol{K}^{-1/2}. \tag{3.122}$$

矩阵 $\tilde{\boldsymbol{K}}$ 和 $\tilde{\boldsymbol{M}}$ 依然是实对称矩阵, 所以可以利用矩阵谱分解解决问题, 得到小振动的简正坐标和简正频率. $\tilde{\boldsymbol{M}}$ 的谱分解为

$$\tilde{\boldsymbol{M}} = \sum_i \lambda_i \boldsymbol{\lambda}_i \boldsymbol{\lambda}_i^{\mathrm{T}}. \tag{3.123}$$

代入方程(3.122)得

$$\sum_{i=1}^3 \lambda_i \boldsymbol{\lambda}_i \boldsymbol{\lambda}_i^{\mathrm{T}}\ddot{\boldsymbol{Q}}' + \sum_{i=1}^3 \lambda_i \boldsymbol{\lambda}_i^{\mathrm{T}}\boldsymbol{Q}' = 0. \tag{3.124}$$

这里也利用了矩阵的单位分解. 于是得

$$\lambda_i \ddot{Q}'_i + Q'_i = 0, \tag{3.125}$$

其中, $Q'_i = \boldsymbol{\lambda}^{\mathrm{T}}\boldsymbol{Q}'$. 所以, 频率 $\omega_i = \sqrt{1/\lambda_i}$.

下面举例说明:

例 9 双摆 (图 3.2). 质点 M_1，其质量为 m_1，用长为 l_1 的绳子系在固定点 O 上. 在质点 M_1 上，用长为 l_2 的绳子系在另一质点 M_2，其质量为 m_2. 以绳与竖直平线所成的角度 θ_1 与 θ_2 为广义坐标，假设 $m_1 = m_2 = m, l_1 = l_2 = l$.

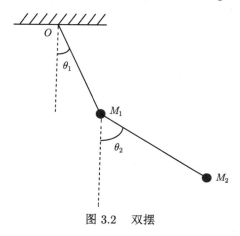

图 3.2 双摆

选取坐标系 O 为零点，向右为正 x 轴，向下为正 y 轴. 于是，质点 1 的坐标为 $(x_1, y_1) = l(\sin\theta_1, \cos\theta_1)$，质点 2 的坐标为 $(x_2, y_2) = [l(\sin\theta_1 + \sin\theta_2), l(\cos\theta_1 + \cos\theta_2)]$，故动能为

$$T = \frac{m}{2}(\dot{x}_1^2 + \dot{y}_1^2) + \frac{m}{2}(\dot{x}_2^2 + \dot{y}_2^2),$$
$$= \frac{m}{2}l^2\dot{\theta}_1^2 + \frac{m}{2}l^2(\dot{\theta}_1^2 + \dot{\theta}_2^2 + 2\dot{\theta}_1\dot{\theta}_2\cos(\theta_1 - \theta_2))$$
$$\approx \frac{ml^2}{2}(2\dot{\theta}_1^2 + \dot{\theta}_2^2 + 2\dot{\theta}_1\dot{\theta}_2). \tag{3.126}$$

对于小振动，我们已丢掉二阶小量，已经利用 $\cos(\theta_1 - \theta_2) \approx 1$. 于是方程(3.120)中的矩阵 $\boldsymbol{M}$ 为

$$\boldsymbol{M} = ml^2 \begin{pmatrix} 2 & 1 \\ 1 & 1 \end{pmatrix}. \tag{3.127}$$

势能可以写成

$$V = -mgl(2\cos\theta_1 + \cos\theta_2). \tag{3.128}$$

小振动时，忽略常数项，上式成为

$$V = \frac{1}{2}mgl(2\theta_1^2 + \theta_2^2). \tag{3.129}$$

由方程(3.117)定义的矩阵由上式可以得到

$$\boldsymbol{K} = mgl \begin{pmatrix} 2 & 0 \\ 0 & 1 \end{pmatrix}. \tag{3.130}$$

将方程(3.127)和(3.130)代入(3.120)得

$$\frac{l}{g}\begin{pmatrix} 2 & 1 \\ 1 & 1 \end{pmatrix}\begin{pmatrix} \ddot{\theta}_1 \\ \ddot{\theta}_2 \end{pmatrix} + \begin{pmatrix} 2 & 0 \\ 0 & 1 \end{pmatrix}\begin{pmatrix} \theta_1 \\ \theta_2 \end{pmatrix} = 0. \tag{3.131}$$

于是，方程(3.122)的 $\tilde{\boldsymbol{M}}$ 这里是

$$\tilde{\boldsymbol{M}} = \frac{l}{g}(E + \sigma_x/\sqrt{2}). \tag{3.132}$$

其本征值为 $\lambda_\pm = \frac{l}{g}(1 \pm 1/\sqrt{2})$. 频率

$$\omega_\pm = 1/\sqrt{\lambda_\pm} = \sqrt{\frac{(2 \mp \sqrt{2})g}{l}}. \tag{3.133}$$

这里利用了

$$\frac{1}{1 \pm \dfrac{1}{\sqrt{2}}} = \frac{\sqrt{2}}{\sqrt{2} \pm 1} = 2 \mp \sqrt{2}. \tag{3.134}$$

于是得到双摆的频率.

3.4 哈密顿原理和作用量

在力学中，可以导出全部力学定律的原理称为力学第一性原理. 显然牛顿运动定律就是这样的一种力学原理. 但它不是唯一的. 在这一章我们介绍另一类建立经典力学理论体系的方法：**哈密顿原理**. 这和光学中的费马原理类似: 光在任意介质中从一点传播到另一点时，沿所需时间最短的路径传播. 光满足的方程类似粒子，预示了其粒子性.

在第 1 章中指出，由泛函取极值的条件 $\delta J = 0$ 可导出欧拉方程. 如果把欧拉方程中的自变量 x 换成时间 t，而 y 换为广义坐标 q 并相应地把 $f(y, y', x)$ 记为 $L(q, \dot{q}, t)$，则欧拉方程即为拉格朗日方程

$$\frac{\mathrm{d}}{\mathrm{d}t}\left(\frac{\partial L}{\partial \dot{q}}\right) - \frac{\partial L}{\partial q} = 0. \tag{3.135}$$

按照第 1 章中的论述，如果我们考虑 s 个自由度的力学系统，广义坐标为 $\boldsymbol{q}(t) = (q_1, \cdots, q_s)$，我们可以定义**作用量** (拉格朗日量对时间的定积分)

$$S(C) = \int_{t_1}^{t_2} L\left(\boldsymbol{q}(t), \dot{\boldsymbol{q}}(t), t\right)\mathrm{d}t. \tag{3.136}$$

S 是路径 $q(t)$ 的泛函, 其中 C 代表路径. 每一条路径对应一个作用量. 作用量的量纲为 [E][T], 和 $\hbar$ 的量纲相同. 在量子力学中, 作用量与路径积分理论具有密切关系.

利用作用量可以将**哈密顿原理**表述为: 在 t_1 和 t_2 时间内, 即运动路径两端固定, 等时变分 $\delta t = 0$ 的情况下, 真实运动轨迹是泛函 $S(C)$ 取得极值的路径, 即

$$\delta S\left(C_{12}\right) = 0, \tag{3.137}$$

其中, C_{12} 表示真实路径; S 称为哈密顿作用量. 哈密顿原理是**最小作用量原理**的一种表述. 真实的路径使得作用量最小. 由 $\delta S = 0$ 可以得到拉格朗日方程.

拉格朗日量 L 具有**不唯一性**也可以从此原理说明. 假设两个拉格朗日量 $L(q, \dot{q}, t)$ 和 $L'(q, \dot{q}, t)$, 这两个拉格朗日量有如下关系

$$L'(q, \dot{q}, t) = L(q, \dot{q}, t) + \frac{\mathrm{d}f(q, t)}{\mathrm{d}t}. \tag{3.138}$$

对比这两个拉格朗日量所产生的作用量

$$S = \int_{t_1}^{t_2} L(q, \dot{q}, t)\mathrm{d}t \tag{3.139}$$

$$S' = \int_{t_1}^{t_2} L'(q, \dot{q}, t)\mathrm{d}t$$

$$= \int_{t_1}^{t_2} L(q, \dot{q}, t)\mathrm{d}t + f(q_2, t_2) - f(q_1, t_1). \tag{3.140}$$

在固定端点的情况下, $f(q_2, t_2)$ 和 $f(q_1, t_1)$ 的变分为零, 故将上面两式作变分后得

$$\delta S' = \delta S = 0. \tag{3.141}$$

运动方程形式不变. 由此可知, 拉格朗日量 L 具有不唯一性. 下面我们具体计算两种体系在实际路径中的作用量.

3.4.1 自由粒子的作用量

首先考虑最简单的情况, 计算实际路径下自由粒子的作用量. 自由粒子的拉格朗日量即为粒子的动能

$$L = \frac{1}{2}m\dot{x}^2, \tag{3.142}$$

将上面的式子代入拉格朗日方程

$$\frac{\mathrm{d}}{\mathrm{d}t}\left(\frac{\partial L}{\partial \dot{x}}\right) = \frac{\partial L}{\partial x} \tag{3.143}$$

中可得

$$\dot{p} = 0. \tag{3.144}$$

此方程的解为

$$p(t) = p_1, \tag{3.145}$$

其中，p_1 是个常数，表示初始 t_1 时刻的动量，于是可以得到运动方程

$$x(t) = \frac{p_1}{m}(t - t_1) + x_1. \tag{3.146}$$

这里 x_1 是 t_1 时刻的位置. 设在 t_2 $(t_2 > t_1)$ 时刻的位置为 x_2，由上面方程，常数 p_1 可以用位置和时间来表示

$$p_1 = \frac{m(x_2 - x_1)}{t_2 - t_1}. \tag{3.147}$$

结合上面方程和方程(3.142)，我们得到

$$L = \frac{m(x_2 - x_1)^2}{2(t_2 - t_1)^2}. \tag{3.148}$$

最后计算得到作用量

$$S = \int_{t_1}^{t_2} L\mathrm{d}t = \frac{m(x_2 - x_1)^2}{2(t_2 - t_1)}. \tag{3.149}$$

由此表达式可知，作用量是时间差和位移差的函数.

3.4.2   谐振子的作用量

现在考虑谐振子，其动能为 $T = m\dot{x}^2/2$，势能为 $V = m\omega^2 x^2/2$. 因此，其拉格朗日量可写为

$$L(x, \dot{x}) = \frac{1}{2}m\dot{x}^2 - \frac{1}{2}m\omega^2 x^2. \tag{3.150}$$

将此式代入拉格朗日方程中，可得

$$\ddot{x} + \omega^2 x = 0. \tag{3.151}$$

此方程即为谐振子的运动方程. 根据式(3.150)，可得作用量

$$S = \int_{t_1}^{t_2} \mathrm{d}t L(x, \dot{x})$$
$$= \frac{m}{2} \int_{t_1}^{t_2} \mathrm{d}t \left(\dot{x}^2 - \omega^2 x^2\right). \tag{3.152}$$

利用方程(3.151)，作用量可写为

$$S = \frac{m}{2} \int_{t_1}^{t_2} \mathrm{d}t \left(\dot{x}^2 + x\ddot{x} \right)$$
$$= \frac{m}{2} \int_{t_1}^{t_2} \mathrm{d} \left(x\dot{x} \right)$$
$$= \frac{m}{2} \left[x\left(t_2\right) \dot{x}\left(t_2\right) - x\left(t_1\right) \dot{x}\left(t_1\right) \right]. \tag{3.153}$$

下面我们把作用量写成 x_2, t_2, x_1, t_1 的函数. 求解运动方程(3.151)可以得到通解

$$x\left(t\right) = A\sin\left(\omega t\right) + B\cos\left(\omega t\right). \tag{3.154}$$

我们知道, 当 $t = t_1$ 时, $x = x\left(t_1\right) = x_1$, $\dot{x} = \dot{x}\left(t_1\right)$; 当 $t = t_2$ 时, $x = x\left(t_2\right) = x_2$, $\dot{x} = \dot{x}\left(t_2\right)$. 利用以上初值条件确定系数 A 和 B, 于是, 方程(3.154)可表示为

$$x\left(t\right) = \frac{\dot{x}\left(t_1\right)}{\omega} \sin\left[\omega\left(t - t_1\right)\right] + x_1 \cos\left[\omega\left(t - t_1\right)\right] \tag{3.155}$$

及

$$x\left(t\right) = \frac{\dot{x}\left(t_2\right)}{\omega} \sin\left[\omega\left(t - t_2\right)\right] + x_2 \cos\left[\omega\left(t - t_2\right)\right]. \tag{3.156}$$

在方程(3.155)和(3.156)中, 分别取 $t = t_2$ 及 $t = t_1$, 可以得到

$$\dot{x}\left(t_1\right) = \frac{\omega}{\sin\left[\omega\left(t_2 - t_1\right)\right]} \left\{ x_2 - x_1 \cos\left[\omega\left(t_2 - t_1\right)\right] \right\}, \tag{3.157}$$

$$\dot{x}\left(t_2\right) = \frac{\omega}{\sin\left[\omega\left(t_2 - t_1\right)\right]} \left\{ -x_1 + x_2 \cos\left[\omega\left(t_2 - t_1\right)\right] \right\}. \tag{3.158}$$

将上面两个式子代入作用量表达式(3.153)中, 我们就可以得到作用量的最终表示

$$S = \frac{m\omega}{2\sin\left[\omega\left(t_2 - t_1\right)\right]} \left\{ \left(x_1^2 + x_2^2\right) \cos\left[\omega\left(t_2 - t_1\right)\right] - 2x_1 x_2 \right\}. \tag{3.159}$$

从上式可知, 谐振子的作用量是时间差的函数, 而非位移差的函数.

3.5 阻尼振动、RLC 电路的拉格朗日方程

拉格朗日方程不仅可以用在力学系统, 也可以应用在其他的物理系统. 在这一节中我们讨论阻尼振动和 RLC 电路的拉格朗日方程形式. 首先考虑一个含阻尼的谐振子体系. 只考虑阻力的一阶效应时, 作用在谐振子体系上的阻力 (耗散力) f 是速度 $\dot{x}$ 的线性函数, 即

$$f = -\gamma\dot{x}, \tag{3.160}$$

其中，γ 是比例系数. 因此，对于一个简谐振动体系，其在有阻尼情况下的运动方程可以写为

$$m\ddot{x} + \gamma\dot{x} + kx = 0. \tag{3.161}$$

为了将包含阻力的体系纳入拉格朗日方程的理论框架中去，我们引入一个耗散函数 (量纲 [E]/[T])

$$G = \frac{1}{2}\gamma\dot{x}^2. \tag{3.162}$$

由方程(3.160)可知，阻力 f 与耗散函数 G 的关系为

$$f = -\frac{\partial G}{\partial \dot{x}}. \tag{3.163}$$

将基本形式的拉格朗日方程(3.61)推广，在有主动力和耗散力共同存在的系统中，拉格朗日方程形式上可表示为

$$\frac{\mathrm{d}}{\mathrm{d}t}\left(\frac{\partial T}{\partial \dot{x}}\right) = -\frac{\partial G}{\partial \dot{x}} + F, \tag{3.164}$$

其中，F 为主动力. 将动能表示为 $T = m\dot{x}^2/2$，那么有如下运动方程

$$m\ddot{x} = -\gamma\dot{x} + F. \tag{3.165}$$

如果主动力是保守力，且势能为 V，拉格朗日量为 $L = T - V$，则方程(3.164)可写为

$$\frac{\mathrm{d}}{\mathrm{d}t}\left(\frac{\partial L}{\partial \dot{x}}\right) = \frac{\partial L}{\partial x} - \frac{\partial G}{\partial \dot{x}}. \tag{3.166}$$

这就是含有**阻尼**时的**拉格朗日方程**.

一个最简单的 RLC 电路由电阻 R、电感 L、电容 C 和电源 E 串联而成. 图 3.3 为该电路的示意图. 假设整个电路所带电荷量为 Q，则电路中的电流为

$$I = \frac{\mathrm{d}Q}{\mathrm{d}t}, \tag{3.167}$$

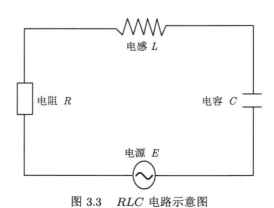

图 3.3 RLC 电路示意图

各元件两端的电位差为 u. 根据电路基本知识，我们可以得到

$$u_R = RI,$$
$$u_L = L\frac{\mathrm{d}I}{\mathrm{d}t},$$
$$u_C = \frac{Q}{C} = \frac{1}{C}\int I\mathrm{d}t. \tag{3.168}$$

由欧姆定律可知

$$u_R + u_L + u_C = E(t). \tag{3.169}$$

将方程(3.168)各分压的具体表达式代入此方程中可得

$$L\frac{\mathrm{d}I}{\mathrm{d}t} + RI + \frac{1}{C}\int I\mathrm{d}t = E(t). \tag{3.170}$$

这是一个关于电流 I 的积分微分方程，不容易求解. 我们将电流用式(3.167)表示，上式即可化为一个二阶微分方程

$$L\frac{\mathrm{d}^2Q}{\mathrm{d}t^2} + R\frac{\mathrm{d}Q}{\mathrm{d}t} + \frac{Q}{C} = E(t). \tag{3.171}$$

对于无源情况， $E(t) = 0$，上式可以写成

$$L\ddot{Q} + R\dot{Q} + \frac{1}{C}Q = 0. \tag{3.172}$$

比较方程(3.172)和(3.161)可以看到，二者的微分方程形式是完全相同的. RLC 电路中的各个电学量和一个含阻尼的线性振动的力学体系的各个力学量之间有一一对应的关系

$$x \leftrightarrow Q, \tag{3.173}$$
$$L \leftrightarrow m, \tag{3.174}$$
$$R \leftrightarrow \gamma, \tag{3.175}$$
$$k \leftrightarrow \frac{1}{C}. \tag{3.176}$$

这说明从拉格朗日力学角度而言，上面两个问题实际上是同一类问题. 类比含阻尼时的拉格朗日方程(3.166)， RLC 电路中的拉格朗日方程可以写为

$$\frac{\mathrm{d}}{\mathrm{d}t}\left(\frac{\partial\tilde{L}}{\partial\dot{Q}}\right) = \frac{\partial\tilde{L}}{\partial Q} - \frac{\partial\tilde{G}}{\partial\dot{Q}}, \tag{3.177}$$

其中, 拉格朗日量 $\tilde{L}$ 和耗散函数 G 的具体形式为

$$\tilde{L} = T - V = \frac{1}{2}L\dot{Q}^2 - \frac{Q^2}{2C}, \tag{3.178}$$

$$\tilde{G} = \frac{1}{2}RI^2 = \frac{1}{2}R\dot{Q}^2. \tag{3.179}$$

对于较复杂的 RLC 电路, 其拉格朗日方程也可以按照多自由度力学体系的拉格朗日方程进行推广, 其中的变量对应关系为

$$\text{广义坐标 } q_\alpha \leftrightarrow \text{ 电荷量 } Q_\alpha,$$

$$\text{广义速度 } \dot{q}_\alpha \leftrightarrow \text{ 电流 } I_\alpha = \mathrm{d}Q_\alpha/\mathrm{d}t.$$

该体系可以用弹簧连接的质点系来近似描述

系统的总动能 T 和总势能 V 为

$$T = \frac{1}{2}\sum_\alpha L_\alpha I_\alpha^2 + \sum_{\alpha \neq \beta} M_{\alpha\beta} I_\alpha I_\beta, \tag{3.180}$$

$$V = \sum_\alpha \frac{Q_\alpha^2}{2C_\alpha}, \tag{3.181}$$

其中, $M_{\alpha\beta}$ 是电流 I_α 和 I_β 之间的互感. 耗散函数为

$$\tilde{G} = \frac{1}{2}\sum_\alpha R_\alpha I_\alpha^2. \tag{3.182}$$

上面的方程中所有的 I_α 都是互相独立的, 它们所满足的拉格朗日方程为

$$\frac{\mathrm{d}}{\mathrm{d}t}\left(\frac{\partial \tilde{L}}{\partial I_\alpha}\right) = \frac{\partial \tilde{L}}{\partial Q_\alpha} - \frac{\partial \tilde{G}}{\partial I_\alpha}. \tag{3.183}$$

通过求解上述拉格朗日方程, 就可得到任意 RLC 电路的动力学行为.

3.6 连续体系的拉格朗日方程

在这一节中我们讨论连续体系的拉格朗日方程. 各种经典场和量子场都是连续的, 描述它们都是用拉格朗日的形式. 考虑一个一维均匀弹性棒, 它的行为可以近似用弹簧连接的质点系来描述. 将棒内部运动视为大量质点的振动之后, 我们假设粒子数为 N, 且 N 是一个很大的数. 图 3.4 为该体系的示意图. 因此, 这个一维弹性棒内部运动可以近似成大量质点的振动. 对于一个一维棒, 线密度 ρ 的定义为

$$\rho = \frac{M}{L}, \tag{3.184}$$

其中，M 为弹性棒的总质量；L 为棒的总长度. 那么有如下关系：

$$M = Nm, \quad L = (N-1)a. \tag{3.185}$$

这里每个质点的质量为 m，相邻质点间的距离为 a. 于是，当 $N \to \infty$ 时，可得线密度为

$$\rho = \frac{Nm}{(N-1)a} \approx \frac{m}{a}. \tag{3.186}$$

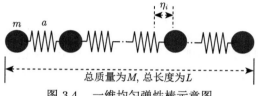

$$\text{图 3.4 \quad 一维均匀弹性棒示意图}$$

假设 η_i 为第 i 个质点偏离平衡位置的位移. 由于质点的拉格朗日量具有**可加性**，故整个系统的拉格朗日量可直接写出

$$
\begin{aligned}
L &= \frac{1}{2} \sum_{i=1}^{N} m\dot{\eta}_i^2 - \frac{1}{2} \sum_{i=1}^{N-1} k(\eta_{i+1} - \eta_i)^2 \\
&= \frac{a}{2} \sum_{i=1}^{N} \frac{m}{a} \dot{\eta}_i^2 - \frac{a}{2} \sum_{i=1}^{N-1} ka \left(\frac{\eta_{i+1} - \eta_i}{a} \right)^2.
\end{aligned}
\tag{3.187}
$$

两个质点之间的应力为

$$F_{i+1} = k(\eta_{i+1} - \eta_i) = ka \left(\frac{\eta_{i+1} - \eta_i}{a} \right). \tag{3.188}$$

对于连续体系，由胡克定律可知，应力与应变 (体系承受应力时单位长度的变形量) 成正比，即

$$F = E \frac{\partial \eta}{\partial x}, \tag{3.189}$$

其中，E 为弹性模量. 比较式(3.188)和(3.189)可得，ka 对应于 E，$(\eta_{i+1} - \eta_i)/a$ 对应于 $\frac{\partial \eta}{\partial x}$，$a$ 对应于 $\mathrm{d}x$，于是体系的总拉格朗日量式(3.187)可以写为积分形式

$$L = \frac{1}{2} \int \mathrm{d}x \left[\rho \left(\frac{\partial \eta}{\partial t} \right)^2 - E \left(\frac{\partial \eta}{\partial x} \right)^2 \right] = \int \mathcal{L} \mathrm{d}x, \tag{3.190}$$

其中

$$\mathcal{L} = \frac{1}{2} \left[\rho \left(\frac{\partial \eta}{\partial t} \right)^2 - E \left(\frac{\partial \eta}{\partial x} \right)^2 \right] \tag{3.191}$$

通常被称为**拉格朗日密度** (简称拉氏密度).

对于三维情况, 拉格朗日函数的一般表示为

$$
\begin{aligned}
L &= \int \mathcal{L} \mathrm{d}x_1 \mathrm{d}x_2 \mathrm{d}x_3 \\
&= \int \mathcal{L}\left(\frac{\partial \eta}{\partial \boldsymbol{x}} \frac{\partial \eta}{\partial t}, \eta, \boldsymbol{x}, t\right) \mathrm{d}x_1 \mathrm{d}x_2 \mathrm{d}x_3,
\end{aligned} \tag{3.192}
$$

其中, $\boldsymbol{x} = (x_1, x_2, x_3)$ 是哑指标; $\eta = \eta(\boldsymbol{x}, t)$ 是广义坐标. 由最小作用量原理

$$
\delta S = \delta \int \mathcal{L} \mathrm{d}x_1 \mathrm{d}x_2 \mathrm{d}x_3 \mathrm{d}t = 0 \tag{3.193}
$$

可得运动方程. 作用量是拉格朗日密度对时空的积分. 又已知拉格朗日密度 $\mathcal{L}$ 是由 $\partial\eta/\partial x_i$, $\partial\eta/\partial t$ 以及 η 的函数变化引起的, 非自变量变化引起的. 令 $\dot{\eta} \equiv \partial\eta/\partial t$, 那么拉格朗日密度的变分可写为 ($\delta x_i = \delta t = 0$)

$$
\delta \mathcal{L} = \frac{\partial \mathcal{L}}{\partial \eta} \delta \eta + \frac{\partial \mathcal{L}}{\partial \dot{\eta}} \delta \dot{\eta} + \sum_{i=1}^{3} \frac{\partial \mathcal{L}}{\partial \left(\dfrac{\partial \eta}{\partial x_i}\right)} \delta\left(\frac{\partial \eta}{\partial x_i}\right). \tag{3.194}
$$

将上式代入方程(3.193)中, 得

$$
\int \left[\frac{\partial \mathcal{L}}{\partial \eta} \delta \eta + \frac{\partial \mathcal{L}}{\partial \dot{\eta}} \delta \dot{\eta} + \sum_{i=1}^{3} \frac{\partial \mathcal{L}}{\partial \left(\dfrac{\partial \eta}{\partial x_i}\right)} \delta\left(\frac{\partial \eta}{\partial x_i}\right)\right] \mathrm{d}x_1 \mathrm{d}x_2 \mathrm{d}x_3 \mathrm{d}t = 0. \tag{3.195}
$$

先对时间积分, 上式中的第二项可根据 δ 与 $\mathrm{d}/\mathrm{d}t$ 的可交换性质, 再分部积分进行处理, 即

$$
\begin{aligned}
\int \frac{\partial \mathcal{L}}{\partial \dot{\eta}} \delta \dot{\eta} \mathrm{d}t &= \int \frac{\partial \mathcal{L}}{\partial \dot{\eta}} \frac{\mathrm{d}(\delta \eta)}{\mathrm{d}t} \mathrm{d}t \\
&= -\int \frac{\mathrm{d}}{\mathrm{d}t}\left(\frac{\partial \mathcal{L}}{\partial \dot{\eta}}\right) \delta \eta \mathrm{d}t \\
&= -\int \frac{\partial}{\partial t}\left(\frac{\partial \mathcal{L}}{\partial \dot{\eta}}\right) \delta \eta \mathrm{d}t.
\end{aligned} \tag{3.196}
$$

在上面的计算中, 由于只是对时间 t 进行积分, 此时 x_1, x_2, x_3 可以视为固定值, 故上式中的全导数和偏导数等价. 局部看是全导数, 整体看是偏导数. 全导数的贡献是零 (固定端点). 对于第三项, 采用同样的办法, 首先交换 δ 与 $\partial/\partial x_i$ 的顺序

$$
\int \frac{\partial \mathcal{L}}{\partial \left(\dfrac{\partial \eta}{\partial x_i}\right)} \delta\left(\frac{\partial \eta}{\partial x_i}\right) \mathrm{d}x_i = \int \frac{\partial \mathcal{L}}{\partial \left(\dfrac{\partial \eta}{\partial x_i}\right)} \frac{\partial(\delta \eta)}{\partial x_i} \mathrm{d}x_i \tag{3.197}
$$

再进行分部积分，可得

$$\int \frac{\partial \mathcal{L}}{\partial \left(\frac{\partial \eta}{\partial x_i} \right)} \delta \left(\frac{\partial \eta}{\partial x_i} \right) \mathrm{d}x_i = - \int \frac{\mathrm{d}}{\mathrm{d}x_i} \left[\frac{\partial \mathcal{L}}{\partial \left(\frac{\partial \eta}{\partial x_i} \right)} \right] \delta \eta \mathrm{d}x_i$$

$$= - \int \frac{\partial}{\partial x_i} \left[\frac{\partial \mathcal{L}}{\partial \left(\frac{\partial \eta}{\partial x_i} \right)} \right] \delta \eta \mathrm{d}x_i. \tag{3.198}$$

将方程(3.196)和(3.198)代入方程 (3.195)中，得到

$$\int \delta \eta \left[\frac{\partial \mathcal{L}}{\partial \eta} - \frac{\partial}{\partial t} \left(\frac{\partial \mathcal{L}}{\partial \dot{\eta}} \right) - \sum_{i=1}^{3} \frac{\partial}{\partial x_i} \left(\frac{\partial \mathcal{L}}{\partial \left(\frac{\partial \eta}{\partial x_i} \right)} \right) \right] \mathrm{d}x_1 \mathrm{d}x_2 \mathrm{d}x_3 \mathrm{d}t = 0. \tag{3.199}$$

由于上式中 $\delta \eta$ 是任意的，为了使等式成立，该式必须满足

$$\frac{\partial \mathcal{L}}{\partial \eta} - \frac{\partial}{\partial t} \left(\frac{\partial \mathcal{L}}{\partial \dot{\eta}} \right) - \sum_{i=1}^{3} \frac{\partial}{\partial x_i} \left[\frac{\partial \mathcal{L}}{\partial \left(\frac{\partial \eta}{\partial x_i} \right)} \right] = 0. \tag{3.200}$$

这就是连续体系的拉格朗日方程.

对于一个弹性棒，其拉格朗日密度由方程(3.191)给出. 将此拉格朗日密度代入方程(3.200)，且已知 $\dot{\eta} = \partial \eta / \partial t$，于是可得

$$\rho \frac{\partial^2 \eta}{\partial t^2} - E \frac{\partial^2 \eta}{\partial x^2} = 0. \tag{3.201}$$

这就是描述弹性棒振动的方程.

参 考 文 献

[1] 朗道 Л Д, 栗弗席兹 E M. 理论物理学教程. 第一卷, 力学. 李俊峰, 译. 北京: 高等教育出版社, 2007.

[2] 肖士珣. 理论力学简明教程. 北京: 高等教育出版社, 1983.

[3] 金尚年, 马永利. 理论力学. 北京: 高等教育出版社, 2002.

[4] 周衍柏. 理论力学教程. 2 版. 北京: 高等教育出版社, 1986.

[5] 鞠国兴. 理论力学学习指导与习题解析. 北京: 科学出版社, 2008.

[6] 沈惠川, 李书民. 经典力学. 合肥: 中国科学技术大学出版社, 2006.

[7] 李书民. 经典力学概论. 合肥：中国科学技术大学出版社，2007.

习　　题

1. 试判断下列约束是否是完整约束:

   (1) $(y^2 - x^2 - z)\mathrm{d}x + (z - y^2 - xy)\mathrm{d}y + x\mathrm{d}z = 0$;

   (2) $(x^2 + y^2 + z^2)\mathrm{d}x + 2(x\mathrm{d}x + y\mathrm{d}y + z\mathrm{d}z) = 0$.

2. 如图 3.5 所示，半径为 r 的光滑半球形碗，固定在水平面上，一均质棒静止地斜靠在碗缘，一端在碗内，一端在碗外，在碗内的长度为 c，试用虚功原理证明棒的全长为 $4(c^2 - 2r^2)/c$.

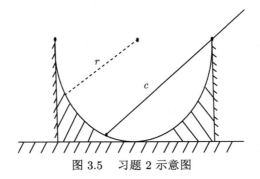

图 3.5　习题 2 示意图

3. 如图 3.6 所示，相同的两个均质光滑球悬在结于定点 O 的两根绳子上，此两球同时又支持一等重的均质球，试用虚功原理求 α 角及 β 角之间的关系.

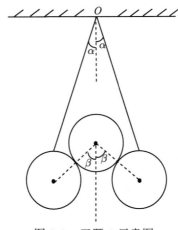

图 3.6　习题 3 示意图

4. 证明：拉格朗日方程也可以写为 Nielsen 方程

$$\frac{\partial \dot{T}}{\partial \dot{q}_k} - 2\frac{\partial T}{\partial q_k} = Q_k. \tag{3.202}$$

5. 在研究量子力学中的几何效应时，考虑磁矩为 $\boldsymbol{\mu}$ 的磁体与电荷为 q 的带电粒子之间的相互作用，其拉格朗日量为

$$L = \frac{1}{2}mv^2 + \frac{1}{2}MV^2 + q\boldsymbol{A}(\boldsymbol{r} - \boldsymbol{R}) \cdot (\boldsymbol{v} - \boldsymbol{V}) \tag{3.203}$$

其中，$\boldsymbol{r}$ 和 $\boldsymbol{v}$ 为带电粒子的位矢和速度；$\boldsymbol{R}$ 和 $\boldsymbol{V}$ 为磁体的位矢和速度；$\boldsymbol{A}(\boldsymbol{r} - \boldsymbol{R})$ 为磁体在带电粒子处产生的矢势

$$\boldsymbol{A}(\boldsymbol{r} - \boldsymbol{R}) = \frac{\mu_0}{4\pi} \frac{\boldsymbol{\mu} \times (\boldsymbol{r} - \boldsymbol{R})}{|\boldsymbol{r} - \boldsymbol{R}|^2}. \tag{3.204}$$

求系统的运动方程.

6. 如图 3.7 所示，轴为竖直且顶点在下的抛物线形金属丝，以匀速度 ω 绕轴转动. 一质量为 m 的小环，套在此金属丝上，并可沿着金属丝滑动. 试用拉格朗日方程求小环在 x 方向的运动微分方程. 已知抛物线的方程为 $x^2 = 4ay$，式中 a 为一常数.

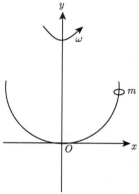

图 3.7　习题 6 示意图

7. 如图 3.8 所示，设质量为 m 的质点，受重力作用，被约束在半径角为 α 的圆锥面内运动. 试以 r，θ 为广义坐标，试用拉格朗日方程求此质点的运动微分方程.

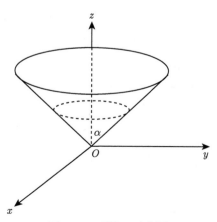

图 3.8　习题 7 示意图

8. 一个滑块质量为 $2m$，放在光滑水平面上，滑块上点 O 系一个长度为 l、质量为 m 的单摆. 假定为平面运动，求这个系统的小振动解.

9. 质点 M_1，其质量为 m_1，用长为 l_1 的绳子系在固定点 O 上. 在质点 M_1 上，用长为 l_2 的绳子系在另一质点 M_2，其质量为 m_2. 以绳与竖直平线所成的角度 θ_1 与 θ_2 为广义坐标. 若此双摆的上端不是固定的，而是系在一个套在光滑水平杆上质量为 $2m$ 的小环上，小环可以沿着水平杆滑动. 如 $m_1 = m_2 = m$，$l_1 = l_2 = l$，试求出此系统的小振动周期.

10. 均质棒 AB，质量为 m，长为 $2a$，其 A 端可在光滑水平导槽上运动. 而棒本身又可在竖直面内绕 A 端摆动. 如除重力作用外，B 端还受有一水平的力 F 的作用. 试用拉格朗日方程求其运动微分方程. 如摆动的角度很小，则又如何？

11. 质量为 m 的圆柱体 S 放在质量为 M 的圆柱体 P 上做相对纯滚动，而 P 则放在粗糙平面上，已知两圆柱的轴都是水平的，且重心在同一竖直平面内，开始时，此系统是静止的. 若以圆柱体 P 的重心的初始位置为固定坐标系的原点，则圆柱 S 重心在任意时刻的坐标为

$$\begin{cases} x = c\dfrac{m\theta + (3M + m)\sin\theta}{3(M + m)}, \\ y = c\cos\theta. \end{cases}$$

试用拉格朗日方程证明之. 式中，c 为两圆柱轴线间的距离；θ 为两圆柱连心线与竖直向上的直线间的夹角.

12. 受迫谐振子拉格朗日函数为 $L(x\dot{x}) = \dfrac{1}{2}m\dot{x}^2 - \dfrac{1}{2}m\omega^2 x^2 - kx$，求其作用量.

13. 质点在有心力作用下运动. 采用平面极坐标 r，θ 表示时，系统的拉格朗日函数为

$$L = \frac{1}{2}m\left(\dot{r}^2 + r^2\dot{\theta}^2\right) - V(r).$$

试通过哈密顿原理导出有心力场下质点的动力学方程:

$$m\left(\ddot{r} - r\dot{\theta}^2\right) = -\frac{\partial V}{\partial r}, \quad m\frac{\mathrm{d}}{\mathrm{d}t}\left(r^2\dot{\theta}\right) = 0.$$

14. 假设一个如图 3.9 所示的 RLC 并联电路. 电阻为 R，电容为 C，电感为 L. 当取电压 u 为广义坐标时，相应的动能 T，势能 V，耗散函数 G 和广义力 Q 分别为

$$T = \frac{1}{2}C\dot{u}^2, \quad V = \frac{u^2}{2L},$$

$$G = \frac{\dot{u}^2}{2R}, \quad Q = \frac{\mathrm{d}I}{\mathrm{d}t}$$

其中，I 是电流. 试利用拉格朗日方程写出电压的动力学方程并求解之.

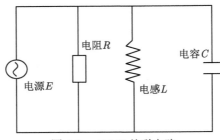

图 3.9　RLC 并联电路

第 4 章 哈密顿力学

4.1 哈密顿正则方程

在上一章中，我们推导了作为广义坐标 $\boldsymbol{q}$ 和广义速度 $\dot{\boldsymbol{q}}$ 函数的拉格朗日量及拉格朗日方程. 接下来，我们给出力学系统的另一种等价的表述. 在这个表述中，运动方程从二阶的拉格朗日方程降为一阶的哈密顿正则方程，同时方程数量增加了一倍; 同时变量从 $(\boldsymbol{q}, \dot{\boldsymbol{q}})$ 变为 $(\boldsymbol{q}, \boldsymbol{p})$，其中 $\boldsymbol{p}$ 为广义动量. 接下来，利用三种不同的方法推导哈密顿正则方程.

4.1.1 直接变量替换法

广义动量的定义为

$$p_\alpha = \left.\frac{\partial L(\boldsymbol{q}, \dot{\boldsymbol{q}}, t)}{\partial \dot{q}_\alpha}\right|_{\boldsymbol{q}}, \tag{4.1}$$

即广义动量可写为广义坐标和广义速度的函数

$$p_\alpha = p_\alpha(\boldsymbol{q}, \dot{\boldsymbol{q}}, t), \quad \alpha = 1, \cdots, s. \tag{4.2}$$

广义速度和广义动量的个数是相等的，理论上可以利用广义坐标和广义动量反解出广义速度，即

$$\dot{q}_\alpha = \dot{q}_\alpha(\boldsymbol{q}, \boldsymbol{p}, t), \quad \alpha = 1, \cdots, s. \tag{4.3}$$

有了方程(4.3)，拉格朗日量变成 $(\boldsymbol{q}, \boldsymbol{p})$ 的函数. 引入定义

$$L'(\boldsymbol{q}, \boldsymbol{p}, t) \equiv L(\boldsymbol{q}, \dot{\boldsymbol{q}}(\boldsymbol{q}, \boldsymbol{p}, t), t). \tag{4.4}$$

这个定义是后面推导的关键. 注意: L' 和 L 是两个函数. 例如, 对于自由粒子, $L' = p^2/(2m), L = m\dot{x}^2/2$，其中比例系数是不同的. 现在可以定义哈密顿量 H,

$$H(\boldsymbol{q}, \boldsymbol{p}, t) \equiv \sum_\beta p_\beta \dot{q}_\beta(\boldsymbol{q}, \boldsymbol{p}, t) - L'(\boldsymbol{q}, \boldsymbol{p}, t). \tag{4.5}$$

之前拉格朗日方程是利用函数 L,并对其求偏导数得到的. 现在考虑 $L'(\boldsymbol{q}, \boldsymbol{p}, t)$，并对 q_α 求偏导如下 ($\boldsymbol{p}, t$ 不变, 为简洁 t 不变以下忽略不写):

$$\left.\frac{\partial L'(\boldsymbol{q}, \boldsymbol{p}, t)}{\partial q_\alpha}\right|_{\boldsymbol{p}} = \left.\frac{\partial L(\boldsymbol{q}, \dot{\boldsymbol{q}}(\boldsymbol{q}, \boldsymbol{p}, t), t)}{\partial q_\alpha}\right|_{\boldsymbol{p}} \tag{4.6}$$

$$
\begin{aligned}
&= \frac{\partial L}{\partial q_\alpha}\bigg|_{\dot{q}} + \sum_\beta \frac{\partial L}{\partial \dot{q}_\beta}\bigg|_{q} \frac{\partial \dot{q}_\beta}{\partial q_\alpha}\bigg|_{p} \\
&= \dot{p}_\alpha + \sum_\beta p_\beta \frac{\partial \dot{q}_\beta}{\partial q_\alpha}\bigg|_{p} \\
&= \dot{p}_\alpha + \frac{\partial}{\partial q_\alpha}\left(\sum_\beta p_\beta \dot{q}_\beta\right)\bigg|_{p},
\end{aligned}
\tag{4.7}
$$

其中，第一行用到了复合函数的偏导数求导法则；第三行的推导用到了拉格朗日方程. 这样我们就得到

$$
\dot{p}_\alpha = -\frac{\partial H}{\partial q_\alpha}.
\tag{4.8}
$$

再求 $L'(\boldsymbol{q}, \boldsymbol{p}, t)$ 对 p_α 的偏导，得

$$
\begin{aligned}
\frac{\partial L'(\boldsymbol{q}, \boldsymbol{p}, t)}{\partial p_\alpha}\bigg|_{q} &= \frac{\partial L(\boldsymbol{q}, \dot{\boldsymbol{q}}(\boldsymbol{q}, \boldsymbol{p}, t), t)}{\partial p_\alpha}\bigg|_{q} \tag{4.9} \\
&= \sum_\beta \frac{\partial L}{\partial \dot{q}_\beta}\bigg|_{q} \frac{\partial \dot{q}_\beta}{\partial p_\alpha}\bigg|_{q} \\
&= \sum_\beta p_\beta \frac{\partial \dot{q}_\beta}{\partial p_\alpha}\bigg|_{q} \\
&= \frac{\partial}{\partial p_\alpha}\left(\sum_\beta p_\beta \dot{q}_\beta\right)\bigg|_{q} - \dot{q}_\alpha,
\tag{4.10}
\end{aligned}
$$

其中，第二行用到了广义动量的定义；第四行用到了关系 $\partial p_\beta / \partial p_\alpha = \delta_{\alpha\beta}$. 于是有

$$
\dot{q}_\alpha = \frac{\partial H}{\partial p_\alpha}.
\tag{4.11}
$$

最后得到

$$
\dot{q}_\alpha = \frac{\partial H}{\partial p_\alpha},
\tag{4.12}
$$

$$
\dot{p}_\alpha = -\frac{\partial H}{\partial q_\alpha}.
\tag{4.13}
$$

这组一阶方程称为哈密顿正则方程或正则方程，$\boldsymbol{q}$ 和 $\boldsymbol{p}$ 称为正则变量；H 为哈密顿量，是正则变量 $\boldsymbol{q}$ 和 $\boldsymbol{p}$ 及时间 t 的函数.

4.1.2 勒让德变换法

先介绍勒让德变换. 勒让德变换是一种将变量替换为它对应偏导数的技巧, 下面举一个例子.

例 1 设一个函数 $f(x, y)$ 可写为全微分式, 即

$$\mathrm{d}f = \frac{\partial f}{\partial x}\mathrm{d}x + \frac{\partial f}{\partial y}\mathrm{d}y. \tag{4.14}$$

f 的变化是由 x 和 y 引起的. 如果将 $\dfrac{\partial f}{\partial x}$ 和 $\dfrac{\partial f}{\partial y}$ 也看为独立变量, 则一共有四组独立变量可以选择, 即

$$(x, y), \ \left(x, \frac{\partial f}{\partial y}\right), \ \left(\frac{\partial f}{\partial x}, y\right), \ \left(\frac{\partial f}{\partial x}, \frac{\partial f}{\partial y}\right). \tag{4.15}$$

现在选择 $\left(x, \dfrac{\partial f}{\partial y}\right)$ 为新的独立变量. 根据微积分基本公式 $\mathrm{d}(fg) = f\mathrm{d}g + g\mathrm{d}f$, 可写出

$$\mathrm{d}\left(\frac{\partial f}{\partial y}y\right) = \mathrm{d}\left(\frac{\partial f}{\partial y}\right)y + \frac{\partial f}{\partial y}\mathrm{d}y, \tag{4.16}$$

方程(4.14)减去方程(4.16)的结果是

$$\mathrm{d}\left(f - \frac{\partial f}{\partial y}y\right) = \frac{\partial f}{\partial x}\mathrm{d}x - y\mathrm{d}\left(\frac{\partial f}{\partial y}\right). \tag{4.17}$$

因此, 我们可以定义一个新的函数为

$$g = f - y\frac{\partial f}{\partial y}, \tag{4.18}$$

这时 g 是 $\left(x, \dfrac{\partial f}{\partial y}\right)$ 的函数.

勒让德变换是非常重要的技巧, 该变换在热力学中也有重要的运用.

写出拉格朗日量的全微分

$$\begin{aligned}
\mathrm{d}L &= \sum_\alpha \left(\frac{\partial L}{\partial q_\alpha}\mathrm{d}q_\alpha + \frac{\partial L}{\partial \dot{q}_\alpha}\mathrm{d}\dot{q}_\alpha\right) + \frac{\partial L}{\partial t}\mathrm{d}t \\
&= \sum_\alpha (\dot{p}_\alpha\mathrm{d}q_\alpha + p_\alpha\mathrm{d}\dot{q}_\alpha) + \frac{\partial L}{\partial t}\mathrm{d}t.
\end{aligned} \tag{4.19}$$

观察之前定义的哈密顿量 $H = \sum_\alpha p_\alpha\dot{q}_\alpha - L$, 我们发现这正是将独立变量从 $(\boldsymbol{q}, \dot{\boldsymbol{q}})$ 变为 $(\boldsymbol{q}, \boldsymbol{p})$ 的勒让德变换. H 的全微分为

$$\mathrm{d}H = \sum_\alpha (\dot{q}_\alpha\mathrm{d}p_\alpha - \dot{p}_\alpha\mathrm{d}q_\alpha) - \frac{\partial L}{\partial t}\mathrm{d}t, \tag{4.20}$$

其中, 利用了 L 的全微分表达式. 另一方面, 经过勒让德变换后, H 是 $\boldsymbol{q}, \boldsymbol{p}, t$ 的函数, 我们有

$$\mathrm{d} H = \sum_\alpha \left(\frac{\partial H}{\partial q_\alpha} \mathrm{d} q_\alpha + \frac{\partial H}{\partial p_\alpha} \mathrm{d} p_\alpha \right) + \frac{\partial H}{\partial t} \mathrm{d} t, \tag{4.21}$$

因此可以从式 (4.20)和(4.21), 直接得出正则方程

$$\dot{q}_\alpha = \frac{\partial H}{\partial p_\alpha}, \tag{4.22}$$

$$\dot{p}_\alpha = -\frac{\partial H}{\partial q_\alpha}, \tag{4.23}$$

$$\left. \frac{\partial H}{\partial t} \right|_{\boldsymbol{q}, \boldsymbol{p}} = -\left. \frac{\partial L}{\partial t} \right|_{\boldsymbol{q}, \dot{\boldsymbol{q}}}. \tag{4.24}$$

如果哈密顿量 H 不显含 t ($\partial H / \partial t = 0$), 利用正则方程, 我们有

$$\frac{\mathrm{d} H}{\mathrm{d} t} = \sum_{\alpha=1}^{s} \left(\frac{\partial H}{\partial p_\alpha} \dot{p}_\alpha + \frac{\partial H}{\partial q_\alpha} \dot{q}_\alpha \right) = 0. \tag{4.25}$$

此即是能量守恒.

4.1.3 哈密顿原理法

接下来, 从哈密顿原理推导正则方程. 从保守系统的守恒量 H 出发, 将拉格朗日量 L' 用 H 表示

$$L' = \sum_\alpha p_\alpha \dot{q}_\alpha - H\left(\boldsymbol{q}, \boldsymbol{p}, t\right), \tag{4.26}$$

注意: 此时 $\dot{q}_\alpha$ 和 L' 都是 $\boldsymbol{q}, \boldsymbol{p}$ 的函数.

由第 3 章可知, 哈密顿原理可表述为: 经典系统的真实轨道是使得作用量取极值的轨道, 即

$$\delta \int_{t_1}^{t_2} \left(\sum_\alpha p_\alpha \dot{q}_\alpha - H \right) \mathrm{d} t = 0. \tag{4.27}$$

方程(4.27)的变分不难计算 (其中 $\delta t = 0$)

$$\sum_\alpha \int_{t_1}^{t_2} \left(p_\alpha \delta \dot{q}_\alpha + \dot{q}_\alpha \delta p_\alpha - \frac{\partial H}{\partial p_\alpha} \delta p_\alpha - \frac{\partial H}{\partial q_\alpha} \delta q_\alpha \right) \mathrm{d} t = 0. \tag{4.28}$$

利用第 1 章介绍的变分技巧, 交换 δ 和 $\dfrac{\mathrm{d}}{\mathrm{d} t}$, 将对 $\dot{q}_\alpha$ 的变分转化为对 q_α 的变分

$$p_\alpha \delta \frac{\mathrm{d} q_\alpha}{\mathrm{d} t} = p_\alpha \frac{\mathrm{d}}{\mathrm{d} t} \delta q_\alpha = \frac{\mathrm{d}}{\mathrm{d} t} \left(p_\alpha \delta q_\alpha \right) - \dot{p}_\alpha \delta q_\alpha, \tag{4.29}$$

再代入变分计算得到

$$
\left(\sum_\alpha p_\alpha \delta q_\alpha\right)\Bigg|_{t_1}^{t_2} + \sum_\alpha \int_{t_1}^{t_2}\left[\left(\dot{q}_\alpha - \frac{\partial H}{\partial p_\alpha}\right)\delta p_\alpha - \left(\dot{p}_\alpha + \frac{\partial H}{\partial q_\alpha}\right)\delta q_\alpha\right]\mathrm{d}t = 0. \quad (4.30)
$$

因为在端点的变分为 0, 故第一项为零; 又因为 δp_α 和 δq_α 是独立且任意的, 故得正则方程

$$
\dot{q}_\alpha = \frac{\partial H}{\partial p_\alpha}, \dot{p}_\alpha = -\frac{\partial H}{\partial q_\alpha}. \quad (4.31)
$$

综上所述, 我们利用三种不同的方法推导出了正则方程.

4.2   电磁场和转动参考系下的哈密顿量

4.2.1   电磁场下的哈密顿量

带电粒子在电磁场中的拉格朗日量已由上一章给出

$$
L = \frac{m\boldsymbol{v}^2}{2} - q(\varphi - \boldsymbol{v}\cdot\boldsymbol{A}). \quad (4.32)
$$

由方程(4.32)可得电磁场中运动的带电粒子的广义动量为

$$
\boldsymbol{p} = \frac{\partial L}{\partial \boldsymbol{v}} = m\boldsymbol{v} + q\boldsymbol{A}. \quad (4.33)
$$

可以看出带电粒子的正则动量并不等于机械动量 $m\boldsymbol{v}$. 带电粒子的哈密顿量为

$$
\begin{aligned}
H &= p_x v_x + p_y v_y + p_z v_z - L(\boldsymbol{qpt}) \\
&= m\boldsymbol{v}^2 + q\boldsymbol{A}\cdot\boldsymbol{v} - L \\
&= \frac{1}{2}m\boldsymbol{v}^2 + q\varphi \\
&= \frac{(\boldsymbol{p} - q\boldsymbol{A})^2}{2m} + q\varphi.
\end{aligned} \quad (4.34)
$$

这里利用了方程(4.33). 在固体物理和凝聚态物理中, 一个研究重心是带电粒子和电磁场的相互作用, 理解并掌握这部分内容对于学习固体物理将有很大帮助.

4.2.2   转动参考系下的哈密顿量

转动参考系下自由粒子的拉格朗日量已经由上一章给出, 即

$$
L = T = \frac{m}{2}(\boldsymbol{v} + \boldsymbol{\omega}\times\boldsymbol{r})^2. \quad (4.35)
$$

于是，广义动量为

$$\boldsymbol{p} = \frac{\partial T}{\partial \boldsymbol{v}} = m(\boldsymbol{v} + \boldsymbol{\omega} \times \boldsymbol{r}). \tag{4.36}$$

故有

$$\boldsymbol{v} = \frac{\boldsymbol{p}}{m} - \boldsymbol{\omega} \times \boldsymbol{r}. \tag{4.37}$$

利用方程(4.35)和(4.37)，我们可以得到哈密顿量为

$$\begin{aligned} H &= \boldsymbol{p} \cdot \boldsymbol{v} - L \\ &= \frac{\boldsymbol{p}^2}{2m} - \boldsymbol{p} \cdot (\boldsymbol{\omega} \times \boldsymbol{r}) \\ &= \frac{\boldsymbol{p}^2}{2m} - \boldsymbol{\omega} \cdot (\boldsymbol{r} \times \boldsymbol{p}). \end{aligned} \tag{4.38}$$

易把哈密顿写成如下形式

$$H = \frac{1}{2m} \left[\boldsymbol{p} - m(\boldsymbol{\omega} \times \boldsymbol{r}) \right]^2 - \frac{m}{2} (\boldsymbol{\omega} \times \boldsymbol{r})^2. \tag{4.39}$$

比较方程(4.34)和(4.39)，可以得到以下对应

$$\begin{aligned} q &\to m \\ \boldsymbol{A} &\to \boldsymbol{\omega} \times \boldsymbol{r} \\ \varphi &\to -\frac{1}{2} (\boldsymbol{\omega} \times \boldsymbol{r})^2. \end{aligned} \tag{4.40}$$

4.3　耗散谐振子的哈密顿量

之前研究耗散谐振子时利用了耗散函数的方法. 现在我们给出耗散谐振子的哈密顿量. 耗散谐振子满足的方程为

$$m\ddot{q} + b\dot{q} + kq = 0. \tag{4.41}$$

这里 b 是耗散系数. 假设拉格朗日量的形式为

$$L = \mathrm{e}^{\frac{bt}{m}} \left(\frac{m}{2} \dot{q}^2 - \frac{k}{2} q^2 \right), \tag{4.42}$$

我们有

$$p = \frac{\partial L}{\partial \dot{q}} = m\dot{q}\mathrm{e}^{\frac{bt}{m}}, \tag{4.43}$$

$$\frac{\mathrm{d}}{\mathrm{d}t} \left(\frac{\partial L}{\partial \dot{q}} \right) = b\mathrm{e}^{\frac{bt}{m}} \dot{q} + m\mathrm{e}^{\frac{bt}{m}} \ddot{q}, \tag{4.44}$$

$$\frac{\partial L}{\partial q} = -e^{\frac{bt}{m}} kq. \tag{4.45}$$

从上面第一个方程我们看到，正则动量和机械动量 $m\dot{q}$ 相比，多了一个含时因子. 利用上面第二、三个方程，假设拉格朗日方程成立，即

$$\frac{\mathrm{d}}{\mathrm{d}t}\left(\frac{\partial L}{\partial \dot{q}}\right) = \frac{\partial L}{\partial q}, \tag{4.46}$$

我们可得到耗散方程 (4.41)，这说明猜测的拉格朗日量形式是正确的.

根据方程(4.5)可求得耗散谐振子的哈密顿量为 (H 和 L 的关系是确定的)

$$\begin{aligned}
H &= p\dot{q} - L \\
&= me^{\frac{bt}{m}}\dot{q}^2 - e^{\frac{bt}{m}}\left(\frac{m}{2}\dot{q}^2 - \frac{k}{2}q^2\right) \\
&= e^{\frac{bt}{m}}\frac{m}{2}\dot{q}^2 + e^{\frac{bt}{m}}\frac{k}{2}q^2 \\
&= e^{-\frac{bt}{m}}\frac{p^2}{2m} + e^{\frac{bt}{m}}\frac{k}{2}q^2.
\end{aligned} \tag{4.47}$$

最后一个等号利用了方程(4.43). 下面考察对应的正则方程

$$\dot{q} = \frac{\partial H}{\partial p} = e^{-\frac{bt}{m}}\frac{p}{m}, \tag{4.48}$$

$$\dot{p} = -\frac{\partial H}{\partial q} = -e^{\frac{bt}{m}}kq. \tag{4.49}$$

含时方程一般不容易有精确解. 如果定义含时变换将显式的时间依赖消去，可利于求解. 定义

$$Q = qe^{\frac{bt}{2m}}, \tag{4.50}$$

$$P = pe^{-\frac{bt}{2m}}, \tag{4.51}$$

但支配 Q, P 并不是哈密顿量 H.

考察 Q 对时间的导数

$$\begin{aligned}
\dot{Q} &= \dot{q}e^{\frac{bt}{2m}} + \frac{b}{2m}Q \\
&= e^{-\frac{bt}{2m}}\frac{p}{m} + \frac{b}{2m}Q \\
&= \frac{P}{m} + \frac{b}{2m}Q.
\end{aligned} \tag{4.52}$$

第二行用到了方程(4.48)，第三行用到了含时变换.

再考察 P 对时间的导数

$$\dot{P} = \dot{p}\mathrm{e}^{-\frac{bt}{2m}} - \frac{b}{2m}P$$
$$= -\mathrm{e}^{\frac{bt}{2m}}kq - \frac{b}{2m}P$$
$$= -kQ - \frac{b}{2m}P \tag{4.53}$$

第二行用到了方程(4.49)，第三行依然用到了含时变换. 可以看到，此时无论是 Q, P 还是 $\dot{Q}, \dot{P}$ 都不显式地依赖时间.

从 $\dot{Q}, \dot{P}$ 的形式和正则方程，可以构造出其对应的哈密顿量

$$\tilde{H} = \frac{P^2}{2m} + \frac{k}{2}Q^2 + \frac{b}{2m}PQ. \tag{4.54}$$

容易验证，将 $\tilde{H}$ 代入正则方程后可以得到方程组(4.52) 和(4.53). $\tilde{H}$ 是不依赖时间的二次型的形式，利用拉普拉斯变换可精确求解. 我们所利用的变换又叫正则变换，后面会仔细讨论.

上面定义的含时变换是猜测出来的. 我们可以从耗散谐振子的矩阵形式出发，

$$\mathrm{i}\dot{\boldsymbol{x}} = \mathrm{i}\begin{pmatrix} \dot{q} \\ \dot{p} \end{pmatrix} = \mathrm{i}\begin{pmatrix} 0 & \dfrac{\mathrm{e}^{-\frac{bt}{m}}}{m} \\ -\mathrm{e}^{\frac{bt}{m}}k & 0 \end{pmatrix}\begin{pmatrix} q \\ p \end{pmatrix}, \tag{4.55}$$

其中，等效哈密顿量

$$H = \mathrm{i}\frac{1}{m}\mathrm{e}^{-\frac{bt}{m}}\sigma_+ - \mathrm{i}k\mathrm{e}^{\frac{bt}{m}}\sigma_-. \tag{4.56}$$

又因为我们知道 (见附录 8.3)

$$\mathrm{e}^{-\frac{bt}{m}\frac{\sigma_z}{2}}\sigma_+\mathrm{e}^{\frac{bt}{m}\frac{\sigma_z}{2}} = \sigma_+\mathrm{e}^{-\frac{bt}{m}}, \tag{4.57}$$

$$\mathrm{e}^{-\frac{bt}{m}\frac{\sigma_z}{2}}\sigma_-\mathrm{e}^{\frac{bt}{m}\frac{\sigma_z}{2}} = \sigma_-\mathrm{e}^{\frac{bt}{m}}, \tag{4.58}$$

则

$$H = U(t)H_0 U^{-1}(t),$$

其中

$$U(t) = \mathrm{e}^{-\frac{bt}{m}\frac{\sigma_z}{2}},$$

$$H_0 = \mathrm{i}\begin{pmatrix} 0 & \dfrac{1}{m} \\ -k & 0 \end{pmatrix}.$$

原方程变成

$$\mathrm{i}\dot{\boldsymbol{x}} = U(t)H_0 U(t)^{-1}\boldsymbol{x},\qquad(4.59)$$

令 $\boldsymbol{x} = U(t)\boldsymbol{y}$,

$$\mathrm{i}\dot{U}(t)\boldsymbol{y} + \mathrm{i}U(t)\dot{\boldsymbol{y}} = U(t)H_0\boldsymbol{y}.\qquad(4.60)$$

这样, 我们可以得到旋转表象下的方程:

$$\begin{aligned}
\mathrm{i}\dot{\boldsymbol{y}} &= (H_0 - \mathrm{i}U^{-1}\dot{U})\boldsymbol{y} \\
&= \mathrm{i}\begin{pmatrix} \dfrac{b}{2m} & \dfrac{1}{m} \\ -k & -\dfrac{b}{2m} \end{pmatrix}\boldsymbol{y}.
\end{aligned}\qquad(4.61)$$

这个矢量方程与方程组(4.52)和(4.53)是相同的.

4.4 泊 松 括 号

量子力学早期一个重要的认识上的突破是海森伯意识到 $[\hat{A}, \hat{B}]$ 不等于零 ($\hat{A}$ 和 $\hat{B}$ 是两个描述系统的算符), 即算符的乘法运算不遵守交换律. 当时在剑桥研究海森伯论文的狄拉克想起他以前在上某一门动力学课的时候, 似乎听说过一种运算, 同样不符合乘法交换律. 但他还不是十分确定, 他甚至连那种运算的定义都给忘了. 那天是星期天, 所有的图书馆都已经关门. 第二天一早, 图书馆刚刚开门, 他就冲了进去, 果然, 那正是他所要的东西: 它的名字叫作 "泊松括号".

任意一个力学量可以写为 $f(\boldsymbol{q}, \boldsymbol{p}, t)$, 其中 $\boldsymbol{q}, \boldsymbol{p}$ 分别是 s 维的广义坐标和广义动量. 对 f 求对时间全导数, 得

$$\begin{aligned}
\frac{\mathrm{d}f}{\mathrm{d}t} &= \frac{\partial f}{\partial t} + \sum_{\alpha=1}^{s}\left(\frac{\partial f}{\partial q_\alpha}\dot{q}_\alpha + \frac{\partial f}{\partial p_\alpha}\dot{p}_\alpha\right) \\
&= \frac{\partial f}{\partial t} + \sum_{\alpha=1}^{s}\left(\frac{\partial f}{\partial q_\alpha}\frac{\partial H}{\partial p_\alpha} - \frac{\partial f}{\partial p_\alpha}\frac{\partial H}{\partial q_\alpha}\right) \\
&= \frac{\partial f}{\partial t} + [f, H].
\end{aligned}\qquad(4.62)$$

第二行中由哈密顿方程我们将正则坐标的全导数表示成了对于哈密顿量的偏导数. 其中, 我们定义新的力学量

$$[f, H] \equiv \sum_{\alpha=1}^{s}\left(\frac{\partial f}{\partial q_\alpha}\frac{\partial H}{\partial p_\alpha} - \frac{\partial f}{\partial p_\alpha}\frac{\partial H}{\partial q_\alpha}\right)\qquad(4.63)$$

为关于力学量 $f(\boldsymbol{q}, \boldsymbol{p}, t)$ 和 H 的**泊松括号**. 如果

$$\frac{\partial f}{\partial t} + [f, H] = 0 \tag{4.64}$$

则称 f 为**守恒量**.

　　进一步, 如果 f 不显含时间, 即 $\partial f / \partial t = 0$, 此时只需有

$$[f, H] = 0 \tag{4.65}$$

就可以得到 f 是守恒量. 即和哈密顿量对易的不显含时间的物理量都是守恒量. 这样我们就给出了判断守恒量的新方法. 例如, 当 H 不显含时间时, 因为 $[H, H] = 0$, 所以 H 是守恒量.

　　更一般地, 定义

定义 1　关于力学量 f 和 g 的**泊松括号**为

$$\begin{aligned}
[f, g] &\equiv \sum_{\alpha=1}^{s} \left(\frac{\partial f}{\partial q_\alpha} \frac{\partial g}{\partial p_\alpha} - \frac{\partial f}{\partial p_\alpha} \frac{\partial g}{\partial q_\alpha} \right) \\
&= \left(\frac{\partial f}{\partial \boldsymbol{x}} \right)^{\mathrm{T}} J \frac{\partial g}{\partial \boldsymbol{x}}
\end{aligned} \tag{4.66}$$

其中, $\boldsymbol{x} = (q_1, p_1, \cdots, q_s, p_s)^{\mathrm{T}}$, 而 $\boldsymbol{J}$ 为标准辛矩阵,

$$\boldsymbol{J} = \boldsymbol{E}_{s \times s} \otimes \begin{pmatrix} 0 & 1 \\ -1 & 0 \end{pmatrix} = \boldsymbol{E}_{s \times s} \otimes \mathrm{i}\boldsymbol{\sigma}_y, \tag{4.67}$$

满足 $\boldsymbol{J}^2 = -1, \boldsymbol{J}^{\mathrm{T}} = -\boldsymbol{J}$. 其中, $\boldsymbol{E}_{s \times s}$ 为 $s \times s$ 单位矩阵, $\boldsymbol{\sigma}_y$ 为第二个泡利矩阵 (见附录 8.1).

　　不难验证泊松括号具有如下性质:

$$[f, g] = -[g, f] \tag{4.68a}$$

$$[f, c] = 0, \tag{4.68b}$$

$$[\alpha f_1 + \beta f_2, g] = \alpha[f_1, g] + \beta[f_2, g], \tag{4.68c}$$

$$[f_1 f_2, g] = f_1[f_2, g] + f_2[f_1, g], \tag{4.68d}$$

$$[f^2, g] = 2f[f, g], \tag{4.68e}$$

$$[f, g^2] = 2g[f, g], \tag{4.68f}$$

其中, c 为常数. 直接由泊松括号定义出发可证雅可比恒等式,

$$[f, [g, h]] + [g, [h, f]] + [h, [f, g]] = 0. \tag{4.69}$$

上面的恒等式可以写成以下形式

$$[f, [g, h]] = [[f, g], h] + [g, [f, h]] \tag{4.70}$$

和

$$[[g, h], f] = [[g, f], h] + [g, [h, f]]. \tag{4.71}$$

同时易知

$$\frac{\partial [f, g]}{\partial t} = \left[\frac{\partial f}{\partial t}, g\right] + \left[f, \frac{\partial g}{\partial t}\right], \tag{4.72}$$

进一步可以证明

$$\frac{\mathrm{d}[f, g]}{\mathrm{d}t} = \left[\frac{\mathrm{d}f}{\mathrm{d}t}, g\right] + \left[f, \frac{\mathrm{d}g}{\mathrm{d}t}\right]. \tag{4.73}$$

现在证明方程(4.73). 利用方程(4.70)和(4.72), 我们有

证明

$$\begin{aligned}
\frac{\mathrm{d}[f, g]}{\mathrm{d}t} &= \frac{\partial [f, g]}{\partial t} + [[f, g], H] \\
&= \left[\frac{\partial f}{\partial t}, g\right] + \left[f, \frac{\partial g}{\partial t}\right] + [[g, H], f] + [[H, f], g] \\
&= \left[\frac{\partial f}{\partial t}, g\right] + [[f, H], g] + \left[f, \frac{\partial g}{\partial t}\right] + [f, [g, H]] \\
&= \left[\frac{\mathrm{d}f}{\mathrm{d}t}, g\right] + \left[f, \frac{\mathrm{d}g}{\mathrm{d}t}\right].
\end{aligned} \tag{4.74}$$

于是得

定理 (泊松定理) 如果 f 和 g 都是守恒量, 则 $[f, g]$ 也是守恒量.

利用泊松括号的定义, 我们得到哈密顿方程的另一种表述. 由泊松括号的定义有

$$[q_\alpha, F] = \frac{\partial F}{\partial p_\alpha}, \tag{4.75}$$

$$[p_\alpha, F] = -\frac{\partial F}{\partial q_\alpha}. \tag{4.76}$$

类比之前得到的哈密顿方程, 这里得到的是用泊松括号表示的哈密顿方程:

$$\dot{q}_\alpha = [q_\alpha, H], \tag{4.77}$$

$$\dot{p}_\alpha = [p_\alpha, H]. \tag{4.78}$$

坐标和动量构成的泊松括号具有如下性质:

$$[q_\alpha, q_\beta] = 0, \tag{4.79}$$

$$[p_\alpha, p_\beta] = 0, \tag{4.80}$$

$$[q_\alpha, p_\beta] = \delta_{\alpha\beta}. \tag{4.81}$$

量子力学中，$[q, p]$ 被一个新的对易关系代替

$$[\hat{q}_\alpha, \hat{p}_\beta] = i\hbar\delta_{\alpha\beta}. \tag{4.82}$$

这种量子化方法叫正则量子化.

　　下面利用泊松括号讨论几个守恒量问题.

　　例 2　　有心力场中的角动量守恒：有心力场中的质点的哈密顿量的一般形式为

$$H = \frac{\boldsymbol{p}^2}{2m} + V(r). \tag{4.83}$$

下面以角动量 $\boldsymbol{J}$ 的 x 分量为例进行证明.

　　已知

$$J_x = yp_z - zp_y, \tag{4.84}$$

且

$$\begin{aligned}
[yp_z, H] &= y[p_z, H] + p_z[y, H] \\
&= y[p_z, V(r)] + p_z\left[y, \frac{p_y^2}{2m}\right].
\end{aligned} \tag{4.85}$$

根据泊松括号定义可知

$$[p_z, V(r)] = -\frac{\partial V(r)}{\partial z}, \tag{4.86}$$

$$[z, f(\boldsymbol{p})] = \frac{\partial f}{\partial p_z}. \tag{4.87}$$

因此

$$\begin{aligned}
[yp_z, H] &= -y\frac{\partial V(r)}{\partial z} + \frac{p_z p_y}{m} \\
&= -y\frac{\partial V(r)}{\partial r}\frac{z}{r} + \frac{p_z p_y}{m}.
\end{aligned} \tag{4.88}$$

将 z 和 y 互换，H 不变，故得

$$[zp_y, H] = -z\frac{\partial V(r)}{\partial r}\frac{y}{r} + \frac{p_y p_z}{m} = [yp_z, H]. \tag{4.89}$$

所以有

$$[J_x, H] = 0. \tag{4.90}$$

同理可以推出

$$[J_y, H] = 0, \quad [J_z, H] = 0. \tag{4.91}$$

例 3 平面谐振子中的角动量守恒：两个自由度的谐振子的哈密顿量一般可写为

$$H = \frac{1}{2m}(p_x^2 + p_y^2) + \frac{1}{2}m(\omega_1^2 x^2 + \omega_2^2 y^2), \tag{4.92}$$

由于是平面运动，因此角动量只在一个方向上不为零

$$\boldsymbol{J} = \boldsymbol{r} \times \boldsymbol{p} = (xp_y - yp_x)\boldsymbol{k} = J_z\boldsymbol{k}, \tag{4.93}$$

又有

$$\begin{aligned}
[xp_y, H] &= [x, H]p_y + x[p_y, H] \\
&= \frac{1}{2m}[x, p_x^2]p_y + x\frac{1}{2}m\omega_2^2[p_y, y^2] \\
&= \frac{p_x p_y}{m} - m\omega_2^2 xy.
\end{aligned} \tag{4.94}$$

x 和 y 互换，ω_1 和 ω_2 互换，H 不变，即

$$[yp_x, H] = \frac{p_x p_y}{m} - m\omega_1^2 xy, \tag{4.95}$$

综上，有

$$[J_z, H] = m\left(\omega_1^2 - \omega_2^2\right)xy \tag{4.96}$$

当频率相等时，角动量守恒. 频率相等时，势能可以写成

$$V = \frac{1}{2}m\omega_1^2(x^2 + y^2) = \frac{1}{2}m\omega_1^2 r^2. \tag{4.97}$$

可以看出，粒子在有心力场中运动，角动量守恒.

例 4 平方反比力情况下, 有心力场中的龙格-楞次矢量守恒:

$$\boldsymbol{R} = \boldsymbol{p} \times \boldsymbol{J} - m\alpha\hat{r}. \tag{4.98}$$

其 x 分量可写为

$$R_x = (p_y J_z - p_z J_y) - \frac{m\alpha x}{r}. \tag{4.99}$$

已知在平方反比力情况下的有心力场中，哈密顿量为

$$H = \frac{\boldsymbol{P}^2}{2m} - \frac{\alpha}{r}, \tag{4.100}$$

且 $[\boldsymbol{J}, H] = 0$，即角动量是守恒量. 因此有

$$
\begin{aligned}
[R_x, H] &= J_z[p_y, H] - J_y[p_z, H] + \frac{\alpha}{2}\left[\boldsymbol{P}^2, \frac{x}{r}\right] \\
&= J_z\left(-\frac{\partial H}{\partial y}\right) + J_y\left(\frac{\partial H}{\partial z}\right) + \frac{\alpha}{2}\left[\boldsymbol{P}^2, \frac{x}{r}\right] \\
&= -\alpha J_z \frac{y}{r^3} + \alpha J_y \frac{z}{r^3} + \frac{\alpha}{2}\left[\boldsymbol{P}^2, \frac{x}{r}\right] \\
&= -\alpha(xp_y - yp_x)\frac{y}{r^3} + \alpha(zp_x - xp_z)\frac{z}{r^3} + \frac{\alpha}{2}\left[\boldsymbol{P}^2, \frac{x}{r}\right].
\end{aligned}
\tag{4.101}
$$

其中，第一个等号利用了角动量守恒. 又因为

$$
\begin{aligned}
\left[\boldsymbol{P}^2, \frac{x}{r}\right] &= \left[p_x^2, \frac{x}{r}\right] + \left[p_y^2, \frac{x}{r}\right] + \left[p_y^2, \frac{x}{r}\right] \\
&= 2p_x\left[p_x, \frac{x}{r}\right] + 2p_y\left[p_y, \frac{x}{r}\right] + 2p_z\left[p_z, \frac{x}{r}\right] \\
&= -2p_x\frac{1}{r} - x\left[2p_x\frac{\partial}{\partial x}\left(\frac{1}{r}\right) + 2p_y\frac{\partial}{\partial y}\left(\frac{1}{r}\right) + 2p_z\frac{\partial}{\partial z}\left(\frac{1}{r}\right)\right] \\
&= -2p_x\frac{1}{r} + 2x\frac{1}{r^3}\left(p_x x + p_y y + p_z z\right) \\
&= -\frac{2p_x}{r^3}(y^2 + z^2) + 2xy\frac{p_y}{r^3} + 2xz\frac{p_z}{r^3}.
\end{aligned}
\tag{4.102}
$$

因此可以得到

$$
\begin{aligned}
[R_x, H] &= -\alpha(xp_y - yp_x)\frac{y}{r^3} + \alpha(zp_x - xp_z)\frac{z}{r^3} - \alpha\frac{p_x}{r^3}(y^2 + z^2) \\
&\quad + \alpha xy\frac{p_y}{r^3} + \alpha xz\frac{p_z}{r^3} \\
&= 0.
\end{aligned}
\tag{4.103}
$$

利用 x，y，z 轮换对称性，同理可得

$$
[R_y, H] = 0, \quad [R_z, H] = 0.
\tag{4.104}
$$

泊松: 法国数学家. 1809 年任巴黎理学院力学教授，1812 年当选为巴黎科学院院士. 泊松的科学生涯开始于研究微分方程及其在摆的运动和声学理论中的应用. 他工作的特色是应用数学方法研究各类物理问题，并由此得到数学上的发现.

狄拉克: 英国理论物理学家，量子力学的创始人之一. 狄拉克 1933 年度获得诺贝尔奖，1935 年访问我国清华大学. 下面列举狄拉克的一些主要贡献:

1. 1926—1927 年，提出半整数自旋粒子的费米-狄拉克统计法.

2. 1927 年提出二次量子化方法. 把量子论应用于电磁场, 并得到第一个量子化场的模型, 奠定了量子电动力学的基础.

3. 1928 年建立了相对论性电子理论, 提出描写电子运动并且满足相对论不变性的波动方程 (相对论量子力学). 在这个理论中, 把相对论、量子和自旋这些在此以前看来似乎无关的概念和谐地结合起来, 并得出一个重要结论: 电子可以有负能值.

4. 1930 年提出"空穴"理论, 预言了带正电的电子 (即正电子) 的存在.

5. 1931 年预言了反粒子的存在, 电子-正电子对的产生和湮没. 1932 年, 安德森在宇宙射线中发现了正电子.

6. 1931 年提出关于"磁单极"存在的假设. 1933 年提出反物质存在的假设.

7. 1937 年提出了引力随时间变化的假设.

4.5　正　则　变　换

如果哈密顿量 H 中没有出现某个广义坐标 q_i, 则该坐标就是**循环坐标**, 对应的动量 p_i 就是常数, 所以只要哈密顿函数中多出现一些循环坐标, 那么求解过程将大大简化. 我们试图找到更多的循环坐标.

从数学角度考虑, 总能对正则变量 q_α, p_α 进行变换得到新的变量 Q_α, P_α. 这组变换关系可形式地写为

$$Q_\alpha = Q_\alpha\left(\boldsymbol{q}, \boldsymbol{p}, t\right),$$
$$P_\alpha = P_\alpha\left(\boldsymbol{q}, \boldsymbol{p}, t\right), \tag{4.105}$$

其中, $\alpha = 1, 2, \cdots, s$, 这是 $2s$ 个互相独立的代数方程.

定义 2　如果可以找到支配 $\boldsymbol{Q}, \boldsymbol{P}$ 运动的哈密顿量 $\widetilde{H} = \widetilde{H}\left(\boldsymbol{Q}, \boldsymbol{P}, t\right)$, 使得方程正则形式不变,

$$\dot{Q}_\alpha = \frac{\partial \widetilde{H}}{\partial P_\alpha}, \quad \dot{P}_\alpha = -\frac{\partial \widetilde{H}}{\partial Q_\alpha}, \tag{4.106}$$

则此变换称为**正则变换**.

如果 $\boldsymbol{Q}, \boldsymbol{P}$ 可解, 那么可以通过反变换得到 $\boldsymbol{q}, \boldsymbol{p}$ 的运动规律.

接下来, 举几个例子:

例 5　如果 $\widetilde{H} = 0$, 则

$$Q_\alpha = c_\alpha, \quad P_\alpha = d_\alpha \tag{4.107}$$

是常数. 通过反变换, 可以得到原坐标, 动量的运动规律.

例 6　如果 $\widetilde{H} = \widetilde{H}(\boldsymbol{P})$，那么 Q_α 是循环坐标，

$$\dot{P}_\alpha = -\frac{\partial \widetilde{H}}{\partial Q_\alpha} = 0. \tag{4.108}$$

于是可得

$$P_\alpha = d_\alpha, \tag{4.109}$$

$$\dot{Q}_\alpha = \frac{\partial \widetilde{H}}{\partial P_\alpha}(\boldsymbol{P}) = \beta_\alpha.$$

其中，d_α, β_α 是常数. 于是

$$Q_\alpha = \beta_\alpha t + \gamma_\alpha. \tag{4.110}$$

从上面例子可以看出，当 $\widetilde{H}$ 取某些特别形式时，求解将会变得简单.

我们也可以从哈密顿方程的矢量形式出发，哈密顿方程为

$$\dot{\boldsymbol{z}} = J\frac{\partial H}{\partial \boldsymbol{z}}. \tag{4.111}$$

这里 $\boldsymbol{z} = (q_1, p_1, \cdots, q_s, p_s)^{\mathrm{T}}$. 坐标变换为 (不含时间)

$$\boldsymbol{Z} = \boldsymbol{Z}(\boldsymbol{z}), \tag{4.112}$$

其中，$\boldsymbol{Z} = (Q_1, P_1, \cdots, Q_s, P_s)^{\mathrm{T}}$. 那么这个变换满足什么样的条件才是正则变换呢? 对方程(4.112)求导可得

$$\dot{Z}_\alpha = \sum_{\beta=1}^{2s} \frac{\partial Z_\alpha}{\partial z_\beta} \dot{z}_\beta = \sum_{\beta=1}^{2s} M_{\alpha\beta} \dot{z}_\beta. \tag{4.113}$$

矩阵 $\boldsymbol{M}$ 就是雅可比矩阵. 写成矢量的形式，

$$\dot{\boldsymbol{Z}} = \boldsymbol{M}\dot{\boldsymbol{z}} = \boldsymbol{M}J\frac{\partial H}{\partial \boldsymbol{z}} = \boldsymbol{M}J\boldsymbol{M}^{\mathrm{T}}\frac{\partial H}{\partial \boldsymbol{Z}}. \tag{4.114}$$

上面利用了方程(4.111)和(4.176). 如果矩阵 $\boldsymbol{M}$ 满足

$$\boldsymbol{M}J\boldsymbol{M}^{\mathrm{T}} = J, \tag{4.115}$$

即雅可比矩阵是辛矩阵，则变化是正则的. 这样我们就给出了一个不含时间情况下正则变换的条件式 (4.115).

4.5.1　正则变换母函数

如果一个变换满足以下微分形式的条件

$$\sum_\alpha p_\alpha \mathrm{d}q_\alpha - H\mathrm{d}t = \sum_\alpha P_\alpha \mathrm{d}Q_\alpha - K\mathrm{d}t + \mathrm{d}F_1(\boldsymbol{q}, \boldsymbol{Q}, t), \tag{4.116}$$

那么变换为正则变换. 这里 $F_1(\boldsymbol{q}, \boldsymbol{Q}, t)$ 是任意函数, 一旦选定, 正则变换就确定了, 同时决定了新的哈密顿量 K.

因为方程(4.116)可以写成

$$L = L' + \mathrm{d}F_1/\mathrm{d}t, \tag{4.117}$$

其中, L' 是新的拉格朗日量. 根据最小作用量原理

$$\delta S' = \delta \int_{t_1}^{t_2} L' \mathrm{d}t = \delta S - (\delta F_1)\big|_{t_1}^{t_2} = 0. \tag{4.118}$$

于是, 新的坐标和动量满足正则方程, 哈密顿量为 K, 即此变换为正则变换. 下面看正则变换的具体形式.

上面公式(4.116)可以写成

$$\sum_{\alpha=1}^{s} (p_\alpha \mathrm{d}q_\alpha - P_\alpha \mathrm{d}Q_\alpha) + (K - H)\mathrm{d}t = \mathrm{d}F_1(\boldsymbol{q}, \boldsymbol{Q}, t). \tag{4.119}$$

我们还可以将 $\mathrm{d}F_1$ 写作

$$\mathrm{d}F_1 = \sum_{\alpha=1}^{s} \left(\frac{\partial F_1}{\partial q_\alpha} \mathrm{d}q_\alpha + \frac{\partial F_1}{\partial Q_\alpha} \mathrm{d}Q_\alpha \right) + \frac{\partial F_1}{\partial t} \mathrm{d}t. \tag{4.120}$$

比较两式可得

$$
\begin{aligned}
p_\alpha &= \frac{\partial F_1}{\partial q_\alpha} = \frac{\partial F_1(\boldsymbol{q}, \boldsymbol{Q}, t)}{\partial q_\alpha}, \\
P_\alpha &= -\frac{\partial F_1}{\partial Q_\alpha} = -\frac{\partial F_1(\boldsymbol{q}, \boldsymbol{Q}, t)}{\partial Q_\alpha}, \\
K &= H + \frac{\partial F_1}{\partial t}.
\end{aligned}
\tag{4.121}
$$

方程(4.121)第一行包含 s 个方程, 故可反解出 $Q_\alpha(\boldsymbol{q}, \boldsymbol{p}, t)$; 将反解出的 $\boldsymbol{Q}$ 代入第二行可得 $P_\alpha(\boldsymbol{q}, \boldsymbol{p}, t)$. 所以, 已知了函数 F_1, 就能完全确定新旧坐标之间的关系, 即得到了正则变换. 函数 F_1 称为**第一类正则变换母函数**. 因为它完全决定了正则变换. 方程(4.116)即是正则变换的条件. 有一个母函数, 对应一个正则变换.

例 7 设一第一类正则变换母函数形式为

$$F_1 = \sum_\alpha q_\alpha Q_\alpha, \tag{4.122}$$

此时新旧坐标动量间的关系如下所示:

$$p_\alpha = Q_\alpha, \tag{4.123}$$

$$P_\alpha = -q_\alpha, \tag{4.124}$$

$$K = H. \tag{4.125}$$

可以看出, 这里定义的母函数诱导的变换等价于坐标和动量之间进行互换.

如果是不含时间的情况，变换也不含时间，

$$Q_\alpha = Q_\alpha\left(\boldsymbol{q}, \boldsymbol{p}\right), \tag{4.126}$$

$$P_\alpha = P_\alpha\left(\boldsymbol{q}, \boldsymbol{p}\right), \tag{4.127}$$

其中，$\alpha = 1, 2, \cdots, s$. 那么我们可以把旧的哈密顿量直接进行变量替换得到新的哈密顿量

$$K(\boldsymbol{Q}, \boldsymbol{P}) = H(\boldsymbol{q}(\boldsymbol{Q}, \boldsymbol{P}), \boldsymbol{p}(\boldsymbol{Q}, \boldsymbol{P})). \tag{4.128}$$

这样正则变换的条件式(4.116)变为

$$\sum_\alpha p_\alpha \mathrm{d}q_\alpha - P_\alpha \mathrm{d}Q_\alpha = \mathrm{d}F_1. \tag{4.129}$$

下面给出一个例子.

例 8　证明: $P = \left(q^2 + p^2\right)/2$，$Q = \arctan\left(q/p\right)$ 是正则变换.

利用正则变换所要满足的条件式(4.129)进行检验，

$$\begin{aligned} pdq - PdQ &= pdq - \frac{1}{2}\left(q^2 + p^2\right)\frac{\mathrm{d}\left(q/p\right)}{1 + q^2/p^2} \\ &= pdq - \frac{1}{2}\left(q^2 + p^2\right)\frac{p\mathrm{d}q - q\mathrm{d}p}{p^2 + q^2} \\ &= pdq - \frac{1}{2}\left(pdq - qdp\right) \\ &= \mathrm{d}\left(\frac{1}{2}pq\right), \end{aligned} \tag{4.130}$$

其中，上式应用了公式

$$\mathrm{d}\left(\arctan x\right) = \frac{1}{1 + x^2}\mathrm{d}x, \tag{4.131}$$

这样就证明了此变换是正则变换.

根据正则变换母函数自变量的不同，我们将母函数分成四类. 有 $4s + 1$ 个变量 $(\boldsymbol{q}, \boldsymbol{Q}, \boldsymbol{p}, \boldsymbol{P}, t)$，根据变换，有 $2s$ 个限制，独立的只有 $2s + 1$ 个. 我们可以选择其他的变量作为母函数的自变量. 下面介绍其他三类变换母函数. 当选取 q_α 和 P_α 作为母函数独立变量时即得到第二类正则变换母函数: $F_2(\boldsymbol{q}, \boldsymbol{P}, t)$. 利用

$$\sum_\alpha P_\alpha \mathrm{d}Q_\alpha = \mathrm{d}\left(\sum_\alpha P_\alpha Q_\alpha\right) - \sum_\alpha Q_\alpha \mathrm{d}P_\alpha, \tag{4.132}$$

于是，可以定义

$$F_2(\boldsymbol{q}, \boldsymbol{P}, t) = F_1 + \sum_\alpha Q_\alpha P_\alpha, \tag{4.133}$$

这样可以得到

$$\mathrm{d}F_2(\boldsymbol{q}, \boldsymbol{P}, t) = \sum_\alpha (p_\alpha \mathrm{d}q_\alpha + Q_\alpha \mathrm{d}P_\alpha) + (K - H)\mathrm{d}t, \tag{4.134}$$

又有

$$\mathrm{d}F_2 = \sum_{\alpha=1}^s \left(\frac{\partial F_2}{\partial q_\alpha} \mathrm{d}q_\alpha + \frac{\partial F_2}{\partial P_\alpha} \mathrm{d}P_\alpha \right) + \frac{\partial F_2}{\partial t} \mathrm{d}t. \tag{4.135}$$

由此得到

$$p_\alpha = \frac{\partial F_2}{\partial q_\alpha}, \tag{4.136}$$

$$Q_\alpha = \frac{\partial F_2}{\partial P_\alpha}, \tag{4.137}$$

$$K = H + \frac{\partial F_2}{\partial t}. \tag{4.138}$$

$F_2(\boldsymbol{q}, \boldsymbol{P}, t)$ 称为**第二类正则变换母函数**. F_1 是任意的, F_2 也是.

例 9 设一第二类正则变换母函数形式为

$$F_2 = \sum_\alpha q_\alpha P_\alpha, \tag{4.139}$$

给出新旧坐标动量的关系:

$$p_\alpha = P_\alpha, \tag{4.140}$$

$$Q_\alpha = q_\alpha, \tag{4.141}$$

$$K = H. \tag{4.142}$$

为恒等变换.

我们还可以得到**第三类母函数** $F_3(\boldsymbol{p}, \boldsymbol{Q}, t)$:

$$F_3(\boldsymbol{p}, \boldsymbol{Q}, t) = F_1 - \sum_\alpha q_\alpha p_\alpha, \tag{4.143}$$

由此得到

$$q_\alpha = -\frac{\partial F_3}{\partial p_\alpha}, \tag{4.144}$$

$$P_\alpha = -\frac{\partial F_3}{\partial Q_\alpha}, \tag{4.145}$$

$$K = H + \frac{\partial F_3}{\partial t}, \tag{4.146}$$

和**第四类母函数** $F_4(\boldsymbol{p}, \boldsymbol{P}, t)$

$$F_4(\boldsymbol{p}, \boldsymbol{P}, t) = F_1 - \sum_\alpha q_\alpha p_\alpha + \sum_\alpha Q_\alpha P_\alpha, \tag{4.147}$$

同理可得

$$q_\alpha = -\frac{\partial F_4}{\partial p_\alpha}, \tag{4.148}$$

$$Q_\alpha = \frac{\partial F_4}{\partial P_\alpha}, \tag{4.149}$$

$$K = H + \frac{\partial F_4}{\partial t}. \tag{4.150}$$

4.5.2　用正则变换方法求解简谐振子及耗散谐振子问题

1. 简谐振子

下面以一维谐振子为例, 说明如何利用正则变换化简哈密顿函数, 从而简化正则方程的求解. 一维谐振子的哈密顿函数为

$$H = \frac{p^2}{2m} + \frac{1}{2}m\omega^2 q^2. \tag{4.151}$$

显然, 广义坐标 q 不是循环坐标. 我们希望通过正则变换将 q 变成 Q 后, 在新的哈密顿函数中不出现 Q. 这样的变换归结为寻找适当的母函数.

设已经找到了这样一个母函数:

$$F_1 = \frac{1}{2}m\omega q^2 \cot Q. \tag{4.152}$$

于是, 由方程(4.121)得

$$p = \frac{\partial F_1}{\partial q} = m\omega q \cot Q,$$

$$P = -\frac{\partial F_1}{\partial Q} = \frac{m\omega q^2}{2\sin^2 Q}. \tag{4.153}$$

上面应用了数学公式

$$\mathrm{d}(\cot x) = -\frac{1}{\sin^2 x}\mathrm{d}x. \tag{4.154}$$

这样可以得到新旧坐标动量的关系

$$q^2 = \frac{2P\sin^2 Q}{m\omega},$$
$$p^2 = m^2\omega^2 q^2 \cot^2 Q = 2Pm\omega \cos^2 Q. \tag{4.155}$$

其中，第二个公式的第二个等号处我们将 q 用 Q 代入式(4.153)中得到. 新的哈密顿函数为

$$
\begin{aligned}
\widetilde{H} &= \frac{p^2}{2m} + \frac{1}{2}m\omega^2 q^2 \\
&= \omega P \cos^2 Q + \omega P \sin^2 Q \\
&= \omega P,
\end{aligned}
\tag{4.156}
$$

于是得到正则方程为

$$
\dot{Q} = \omega,
\tag{4.157}
$$

$$
\dot{P} = [P, \widetilde{H}] = 0.
\tag{4.158}
$$

显然，Q 是循环坐标，P 是常数. 对上式积分后得到

$$
P = C,
\tag{4.159}
$$

$$
Q = \omega t + \varphi.
\tag{4.160}
$$

将此结果代入式(4.155)得

$$
q = \pm\sqrt{\frac{2C}{m\omega}} \sin(\omega t + \varphi).
\tag{4.161}
$$

2. 耗散谐振子

在这章之前的讨论中，我们直接猜出了耗散谐振子的哈密顿量，在这里我们用生成函数进行求解. 为了将式(4.47)中的 q, p 替换成方程(4.50)和 (4.51)中定义的 Q, P，构造生成函数

$$
F_2 = \mathrm{e}^{\frac{bt}{2m}} qP.
\tag{4.162}
$$

则有

$$
p = \frac{\partial F_2}{\partial q} = \mathrm{e}^{\frac{bt}{2m}} P,
\tag{4.163}
$$

$$
Q = \frac{\partial F_2}{\partial P} = \mathrm{e}^{\frac{bt}{2m}} q.
\tag{4.164}
$$

这正是方程(4.50)和(4.51)给出的变换.

应用此变换后，得到新哈密顿量形式为

$$
\begin{aligned}
H' &= H + \frac{\partial F_2}{\partial t} \\
&= \mathrm{e}^{-\frac{bt}{m}} \frac{p^2}{2m} + \mathrm{e}^{\frac{bt}{m}} \frac{k}{2}q^2 + \frac{b}{2m}\mathrm{e}^{\frac{bt}{2m}} qP
\end{aligned}
$$

$$= \frac{P^2}{2m} + \frac{k}{2}Q^2 + \frac{b}{2m}PQ. \tag{4.165}$$

这和我们之前得到的哈密顿量式(4.54)是一致的.

4.6　哈密顿方程辛对称性

哈密顿方程具有辛变换不变性. 这种内在的不变性在数值计算辛算法中具有重要应用. 下面首先介绍哈密顿方程的矢量形式. 对于一维系统，哈密顿正则方程可表示为

$$\dot{q} = \frac{\partial H}{\partial p}, \tag{4.166}$$

$$\dot{p} = -\frac{\partial H}{\partial q}. \tag{4.167}$$

写成矩阵形式则是

$$\begin{pmatrix} \dot{q} \\ \dot{p} \end{pmatrix} = \begin{pmatrix} 0 & 1 \\ -1 & 0 \end{pmatrix} \begin{pmatrix} \dfrac{\partial H}{\partial q} \\ \dfrac{\partial H}{\partial p} \end{pmatrix} = \mathrm{i}\sigma_y \begin{pmatrix} \dfrac{\partial H}{\partial q} \\ \dfrac{\partial H}{\partial p} \end{pmatrix}, \tag{4.168}$$

其中, $\sigma_y = \begin{pmatrix} 0 & -\mathrm{i} \\ \mathrm{i} & 0 \end{pmatrix}$ 是量子力学中描述自旋 $1/2$ 粒子的第二个泡利矩阵, 见附录 8.1. 当系统由两个广义坐标和两个广义动量一起描述时, 哈密顿正则方程可写为

$$\begin{pmatrix} \dot{q}_1 \\ \dot{p}_1 \\ \dot{q}_2 \\ \dot{p}_2 \end{pmatrix} = \begin{pmatrix} 0 & 1 & 0 & 0 \\ -1 & 0 & 0 & 0 \\ 0 & 0 & 0 & 1 \\ 0 & 0 & -1 & 0 \end{pmatrix} \begin{pmatrix} \dfrac{\partial H}{\partial q_1} \\ \dfrac{\partial H}{\partial p_1} \\ \dfrac{\partial H}{\partial q_2} \\ \dfrac{\partial H}{\partial p_2} \end{pmatrix}$$

$$= [\boldsymbol{E}_{2\times 2} \otimes \mathrm{i}\sigma_y] \begin{pmatrix} \dfrac{\partial H}{\partial q_1} \\ \dfrac{\partial H}{\partial p_1} \\ \dfrac{\partial H}{\partial q_2} \\ \dfrac{\partial H}{\partial p_2} \end{pmatrix}. \tag{4.169}$$

这里 $\boldsymbol{E}_{2\times 2}$ 是 2×2 单位矩阵. 对于由 s 个广义坐标和 s 个广义动量描述的系统的哈密顿方程, 用矢量形式表示即为

$$\dot{z} = J\frac{\partial H}{\partial z}, \tag{4.170}$$

其中

$$\boldsymbol{z} = (q_1, p_1, \cdots, q_s, p_s)^{\mathrm{T}}. \tag{4.171}$$

辛群的定义

定义 3 $Sp(2n, \mathbb{C}) = \{\boldsymbol{A} \mid \boldsymbol{A} \in GL(2n, \mathbb{C}), \boldsymbol{A}\boldsymbol{J}\boldsymbol{A}^{\mathrm{T}} = \boldsymbol{J}\}$. 其中 $\boldsymbol{J} = \boldsymbol{J}_{2n\times 2n} = \mathrm{diag}(\mathrm{i}\sigma_y, \mathrm{i}\sigma_y, \cdots, \mathrm{i}\sigma_y)$.

根据群定义, 不难证明辛群是群.

证明 下面证明辛群是群.

(1) 封闭性: $\boldsymbol{A}\boldsymbol{B}\boldsymbol{J}(\boldsymbol{A}\boldsymbol{B})^{\mathrm{T}} = \boldsymbol{A}\boldsymbol{B}\boldsymbol{J}\boldsymbol{B}^{\mathrm{T}}\boldsymbol{A}^{\mathrm{T}} = \boldsymbol{J}$;

(2) 结合律: 矩阵乘法满足结合律;

(3) 恒元: $\boldsymbol{E} \in Sp(2n, c)$, $\boldsymbol{E}\boldsymbol{J}\boldsymbol{E}^{\mathrm{T}} = \boldsymbol{J}$;

(4) 逆元: $(\boldsymbol{A}^{-1})\boldsymbol{J}(\boldsymbol{A}^{-1})^{\mathrm{T}} = (\boldsymbol{A}^{-1})\boldsymbol{A}\boldsymbol{J}\boldsymbol{A}^{\mathrm{T}}(\boldsymbol{A}^{-1})^{\mathrm{T}} = \boldsymbol{E}\boldsymbol{J}(\boldsymbol{A}^{-1}\boldsymbol{A})^{\mathrm{T}} = \boldsymbol{J}$, 故 $\boldsymbol{A}^{-1} \in Sp(2n, \mathbb{C})$.

下面证明**哈密顿方程具有辛变换不变性** (即正则方程的形式在辛变换下不改变).

证明 已知哈密顿方程可写成矢量形式

$$\dot{z} = J\frac{\partial H}{\partial z}. \tag{4.172}$$

对原来的矢量 $\boldsymbol{z}$ 作辛变换 $\boldsymbol{R}$ 到 $\boldsymbol{Z}$,

$$\boldsymbol{Z} = \boldsymbol{R}\boldsymbol{z}, \quad Z_d = \sum_c R_{dc} z_c. \tag{4.173}$$

求 $\boldsymbol{Z}$ 对时间的全导数, 并由方程(4.172)得

$$\dot{\boldsymbol{Z}} = \boldsymbol{R}\dot{\boldsymbol{z}} = \boldsymbol{R}\boldsymbol{J}\frac{\partial H}{\partial \boldsymbol{z}}. \tag{4.174}$$

再将 H 对 $\boldsymbol{z}$ 的偏导数写为对 $\boldsymbol{Z}$ 的偏导数

$$\frac{\partial H(\boldsymbol{Z})}{\partial z_c} = \sum_d \frac{\partial H}{\partial Z_d}\frac{\partial Z_d}{\partial z_c} = \sum_d R_{dc}\frac{\partial H}{\partial Z_d}, \tag{4.175}$$

上面公式写为矢量形式, 即

$$\frac{\partial H}{\partial \boldsymbol{z}} = \boldsymbol{R}^{\mathrm{T}}\frac{\partial H}{\partial \boldsymbol{Z}}, \tag{4.176}$$

将上面公式代入式(4.174)得到

$$
\begin{aligned}
\dot{\boldsymbol{Z}} &= \boldsymbol{R}\boldsymbol{J}\boldsymbol{R}^{\mathrm{T}}\frac{\partial H}{\partial \boldsymbol{Z}} \\
&= \boldsymbol{J}\frac{\partial H}{\partial \boldsymbol{Z}}.
\end{aligned}
\tag{4.177}
$$

最后一个等号利用了辛矩阵的定义. 故辛变换不改变 H 方程的形式.

4.7　时间反演不变性

现在考虑动力学方程对时间反演操作所具有的不变性. 即将时间 t 变号，这个过程可以视作正则变换. 令 Θ 代表时间反演算符，并以 $'$ 记号代表在这种变换下所得到的新变量，则

$$
\begin{aligned}
t' &= \Theta t = -t, \\
q'_\alpha &= \Theta q_\alpha = q_\alpha, \quad \dot{q}'_\alpha = \Theta \dot{q}_\alpha = -\dot{q}_\alpha, \\
p'_\alpha &= \Theta p_\alpha = -p_\alpha, \quad \dot{p}'_\alpha = \Theta \dot{p}_\alpha = \dot{p}_\alpha.
\end{aligned}
\tag{4.178}
$$

假设拉格朗日量 $L(\boldsymbol{q}, \dot{\boldsymbol{q}})$ 是 $\dot{q}_\alpha$ 的二次齐次函数. 在此情形下有

$$
\Theta L(\boldsymbol{q}, \dot{\boldsymbol{q}}) = L(\boldsymbol{q}, \dot{\boldsymbol{q}}).
\tag{4.179}
$$

而对于哈密顿量，在时间反演下有

$$
H' = \Theta H = \Theta \left(\sum_\alpha p_\alpha \dot{q}_\alpha - L \right) = H.
\tag{4.180}
$$

由上面式 (4.178) 和 (4.180) 可知下列正则方程:

$$
\dot{q}_\alpha = \frac{\partial H}{\partial p_\alpha},
\tag{4.181}
$$

$$
\dot{p}_\alpha = -\frac{\partial H}{\partial q_\alpha},
\tag{4.182}
$$

在时间反演变换下上面式子变成

$$
\dot{q}'_\alpha = \frac{\partial H}{\partial p'_\alpha},
$$

$$
\dot{p}'_\alpha = -\frac{\partial H}{\partial q'_\alpha}.
\tag{4.183}
$$

时间反演后形式不变，所以时间反演可以视作正则变换.

4.8 复变量下的哈密顿方程与相应的泊松括号

正则方程是实变量 $\boldsymbol{q}, \boldsymbol{p}$ 的函数

$$\dot{q}_\alpha = \frac{\partial H(\boldsymbol{q}, \boldsymbol{p}, t)}{\partial p_\alpha},$$

$$\dot{p}_\alpha = -\frac{\partial H(\boldsymbol{q}, \boldsymbol{p}, t)}{\partial q_\alpha}.$$

现在我们考虑另一种哈密顿方程的形式: 自变量为复数的情况.

定义复数 z_α 及其复共轭:

$$z_\alpha = \frac{1}{\sqrt{2}} \left(q_\alpha + \mathrm{i}p_\alpha\right), \quad z_\alpha^* = \frac{1}{\sqrt{2}} \left(q_\alpha - \mathrm{i}p_\alpha\right). \tag{4.184}$$

下面证明 z_α, z_α^* 是两个独立变量.

证明 因 $z_\alpha = z_\alpha(q_\alpha, p_\alpha)$, 故有

$$\begin{aligned}
\frac{\partial z_\alpha}{\partial z_\alpha^*} &= \frac{\partial z_\alpha}{\partial q_\alpha} \frac{\partial q_\alpha}{\partial z_\alpha^*} + \frac{\partial z_\alpha}{\partial p_\alpha} \frac{\partial p_\alpha}{\partial z_\alpha^*} \\
&= \frac{1}{\sqrt{2}} \times \frac{1}{\sqrt{2}} + \frac{\mathrm{i}}{\sqrt{2}} \times \frac{\mathrm{i}}{\sqrt{2}} \\
&= 0.
\end{aligned} \tag{4.185}$$

其中, 第二步利用了关系

$$q_\alpha = \frac{1}{\sqrt{2}} \left(z_\alpha + z_\alpha^*\right), \quad p_\alpha = \frac{1}{\mathrm{i}\sqrt{2}} \left(z_\alpha - z_\alpha^*\right). \tag{4.186}$$

同理可证 $\partial z_\alpha^* / \partial z_\alpha = 0$, 即 z_α 和 z_α^* 为独立变量.

从实变量正则方程的形式知道, 正则方程与变量对时间的全导数有关系, 因此我们取对 z_α 的全导数:

$$\begin{aligned}
\dot{z}_\alpha &= \frac{1}{\sqrt{2}} \left(\dot{q}_\alpha + \mathrm{i}\dot{p}_\alpha\right) \\
&= \frac{1}{\sqrt{2}} \left(\frac{\partial H}{\partial p_\alpha} - \mathrm{i}\frac{\partial H}{\partial q_\alpha}\right).
\end{aligned} \tag{4.187}$$

再类似地利用复合函数求导法则, 将 $\left(\dfrac{\partial}{\partial q_\alpha}, \dfrac{\partial}{\partial p_\alpha}\right)$ 转化成 $\left(\dfrac{\partial}{\partial z_\alpha}, \dfrac{\partial}{\partial z_\alpha^*}\right)$, 得

$$\frac{\partial H(z_\alpha, z_\alpha^*)}{\partial p_\alpha} = \frac{\partial H(z_\alpha, z_\alpha^*)}{\partial z_\alpha} \frac{\partial z_\alpha}{\partial p_\alpha} + \frac{\partial H(z_\alpha, z_\alpha^*)}{\partial z_\alpha^*} \frac{\partial z_\alpha^*}{\partial p_\alpha},$$

$$= \frac{\mathrm{i}}{\sqrt{2}} \left(\frac{\partial H}{\partial z_\alpha} - \frac{\partial H}{\partial z_\alpha^*} \right). \tag{4.188}$$

同理

$$\frac{\partial H(z_\alpha, z_\alpha^*)}{\partial q_\alpha} = \frac{1}{\sqrt{2}} \left(\frac{\partial H}{\partial z_\alpha} + \frac{\partial H}{\partial z_\alpha^*} \right), \tag{4.189}$$

故有

$$\frac{\partial H(z_\alpha, z_\alpha^*)}{\partial p_\alpha} - \mathrm{i} \frac{\partial H(z_\alpha, z_\alpha^*)}{\partial q_\alpha} = -\mathrm{i}\sqrt{2} \frac{\partial H}{\partial z_\alpha^*}. \tag{4.190}$$

将方程(4.190)代入方程 (4.187)得

$$\mathrm{i}\dot{z}_\alpha = \frac{\partial H}{\partial z_\alpha^*}. \tag{4.191}$$

同理可得

$$\mathrm{i}\dot{z}_\alpha^* = -\frac{\partial H}{\partial z_\alpha}. \tag{4.192}$$

容易看出，复变量的正则方程只是在一定程度上保持了实变量正则方程的形式.

依然以谐振子为例，将其哈密顿量用 z, z^* 表示，结果为 (单位质量，单位频率)

$$H = \frac{p^2}{2} + \frac{1}{2}q^2 = zz^*, \tag{4.193}$$

代入方程(4.191)和 (4.192)，得

$$\mathrm{i}\dot{z} = z, \tag{4.194}$$

$$\mathrm{i}\dot{z}^* = -z^*. \tag{4.195}$$

解 z, z^* 运动方程得

$$z = z_0 \mathrm{e}^{-\mathrm{i}t}, \tag{4.196}$$

$$z^* = z_0^* \mathrm{e}^{\mathrm{i}t}. \tag{4.197}$$

在量子力学中，动力学量诸如坐标、动量、角动量都要算符化. 这时 z 和 z^* 对应产生和湮灭算符，即产生或消失一份量子化的能量. 引入产生和湮灭算符后，量子力学中的谐振子问题不仅变得简单，而且更体现物理内涵.

除了正则方程外，我们再来看看另一个重要的关系: 泊松括号在变量代换后的表现. 首先介绍如下关系. 由方程(4.188)和 (4.189)得

$$\frac{\partial}{\partial q_\alpha} = \frac{1}{\sqrt{2}} \left(\frac{\partial}{\partial z_\alpha} + \frac{\partial}{\partial z_\alpha^*} \right), \tag{4.198}$$

$$\frac{\partial}{\partial p_\alpha} = \frac{\mathrm{i}}{\sqrt{2}} \left(\frac{\partial}{\partial z_\alpha} - \frac{\partial}{\partial z_\alpha^*} \right). \tag{4.199}$$

有了这个关系，就可以研究复变量的泊松括号的形式：

$$[f,g] = \sum_\alpha \left(\frac{\partial f}{\partial q_\alpha} \frac{\partial g}{\partial p_\alpha} - \frac{\partial f}{\partial p_\alpha} \frac{\partial g}{\partial q_\alpha} \right)$$
$$= -\mathrm{i}\{f,g\}, \tag{4.200}$$

其中

$$\{fg\} \equiv \sum_\alpha \left(\frac{\partial f}{\partial z_\alpha} \frac{\partial g}{\partial z_\alpha^*} - \frac{\partial f}{\partial z_\alpha^*} \frac{\partial g}{\partial z_\alpha} \right). \tag{4.201}$$

这个是对于复变量的泊松括号.

参 考 文 献

[1] 肖士珣. 理论力学简明教程. 北京：高等教育出版社，1983.

[2] 周衍柏. 理论力学教程. 北京：高等教育出版社，1979.

[3] 朗道 Л Д, 栗弗席兹 Е М. 理论物理学教程. 第一卷，力学. 李俊峰，译. 北京：高等教育出版社，2007.

[4] 鞠国兴. 理论力学学习指导与习题解析. 北京：科学出版社，2008.

[5] 马中骐. 物理学中的群论. 北京：科学出版社，2005.

[6] 吴大猷. 理论物理. 第四册，相对论. 北京：科学出版社，1983.

习　　题

1. 根据上一章习题中给出的受迫谐振子的拉格朗日量

$$L(x\dot{x}) = \frac{1}{2}m\dot{x}^2 - \frac{1}{2}m\omega^2 x^2 - kx,$$

   写出受迫谐振子的哈密顿量并用正则方程求解之 (给出运动的微分方程).

2. 试用正则方程推导有心力场中的单粒子的运动方程，拉格朗日量可以参考上一章习题：

$$L = \frac{1}{2}m \left(\dot{r}^2 + r^2\dot{\theta}^2 \right) - V(r).$$

3. 请分别写出柱坐标系、球坐标系下的单粒子哈密顿函数，假设势能只和坐标有关.

4. 质量为 m 的质点沿着倾角为 α 的光滑斜面下滑，利用哈密顿方程求解其运动.

5. 半径为 c 的均质圆球，从半径为 b 的固定圆球顶端无初速度滚下，利用哈密顿方程求动球球心的切向加速度.

6. 证明雅可比恒等式: $[f,[g,h]] + [g,[h,f]] + [h,[f,g]] = 0$.

7. 试求：由质点组的动量矩 $\boldsymbol{J}$ 的笛卡儿分量所组成的泊松括号.

8. 试求：由质点组的动量 $\boldsymbol{p}$ 和动量矩 $\boldsymbol{J}$ 的笛卡儿分量所组成的泊松括号.

9. 如果 φ 是坐标和动量的任意标量函数, 即 $\varphi = ar^2 + b\boldsymbol{r} \cdot \boldsymbol{p} + cp^2$, 其中 a, b, c 为常数, 试证 $[\varphi, J_z] = 0$.

10. 质量为 m 的质点在各向同性的谐振子势场 $V = \dfrac{1}{2}kr^2$ 中运动, 假定运动的轨道被限制在 xy 平面上. 设

$$S_0 = \frac{1}{2m}\boldsymbol{p}^2 + \frac{k}{2}\boldsymbol{r}^2,$$
$$S_1 = \frac{1}{2m}(p_x^2 - p_y^2) + \frac{k}{2}(x^2 - y^2),$$
$$S_2 = \frac{1}{m}p_x p_y + kxy,$$
$$S_3 = \omega(xp_y - yp_x).$$

其中, $\omega = \sqrt{k/m}$. 证明: (1) $[S_0, S_i] = 0 \ (i=1, 2, 3)$; (2) $[S_i, S_j] = 2\omega \epsilon_{ijk} S_k$.

11. 证明: 泊松括号在正则变换下保持不变.

12. 证明: 所有不含时间的正则变换构成一个群.

13. 试证: $Q = \ln[\sin(p)/q]$, $P = q\cot p$ 为一正则变换.

14. 试利用正则变换求解竖直上抛的物体的运动规律. 已知本问题的母函数 $U = mg\left(\dfrac{1}{6}gQ^3 + qQ\right)$, 式中, q 为确定物体位置的广义坐标, Q 为变化后的新的广义坐标, g 为重力加速度.

第 5 章　哈密顿-雅可比理论

5.1　哈密顿-雅可比方程

上一章我们讲了正则变换，通过正则变换可以得到一些循环坐标，便于求解. 这依赖于母函数的选取，而母函数的选取却往往没有固定的模式. 本节介绍一种特殊的正则变换，它的母函数有明确的物理意义.

5.1.1　哈密顿-雅可比方程及哈密顿主函数

考虑第二类正则变换

$$K = H(\boldsymbol{q}, \boldsymbol{p}, t) + \frac{\partial F_2(\boldsymbol{q}, \boldsymbol{P}, t)}{\partial t}, \tag{5.1}$$

正则变换由下面方程决定

$$p_\alpha = \frac{\partial F_2}{\partial q_\alpha}, \quad Q_\alpha = \frac{\partial F_2}{\partial P_\alpha}. \tag{5.2}$$

如果考虑极端情况 $K = 0$，由方程 (5.1) 和 (5.2)，F_2 必须满足下面的方程，

$$H(\boldsymbol{q}, \frac{\partial F_2}{\partial \boldsymbol{q}}, t) + \frac{\partial F_2(\boldsymbol{q}, \boldsymbol{P}, t)}{\partial t} = 0. \tag{5.3}$$

这就是**哈密顿-雅可比方程**，简称 **H-J 方程**，它是关于生成函数 F_2 的偏微分方程. 如果通过解这个方程得到母函数 $F_2(\boldsymbol{q}, \boldsymbol{P}, t)$，则我们就可以生成正则变换使得 $K = 0$. 而由哈密顿方程，我们知道新坐标与动量 Q_α 和 P_α 都是常数，再经过反变换

$$\boldsymbol{p} = \boldsymbol{p}(\boldsymbol{P}, \boldsymbol{Q}, t), \tag{5.4}$$

$$\boldsymbol{q} = \boldsymbol{q}(\boldsymbol{P}, \boldsymbol{Q}, t), \tag{5.5}$$

得到了问题的解.

一般习惯用 $S(\boldsymbol{q}, \boldsymbol{P}, t)$ 表示生成函数 F_2，改写方程 (5.3)，得到

$$H(\boldsymbol{q}, \frac{\partial S}{\partial \boldsymbol{q}}, t) + \frac{\partial S(\boldsymbol{q}, \boldsymbol{P}, t)}{\partial t} = 0, \tag{5.6}$$

$S(\boldsymbol{q}, \boldsymbol{P}, t)$ 叫作**哈密顿主函数**. H-J 方程是 $s+1$ 个变量 $(\boldsymbol{q}, t)$ 的一阶偏微分方程, 有 $s+1$ 个积分常数. 可以看出若 S 是解, 则 $S+C$ 亦是解 (C 是一个平凡的可加常数, 故可略去), 其他 s 个积分常数记为 $\boldsymbol{c}$, 从而解可以表示为

$$S(\boldsymbol{q}, t) = S(\boldsymbol{q}, \boldsymbol{c}, t) = F_2(\boldsymbol{q}, \boldsymbol{P}, t). \tag{5.7}$$

如果是三维情况, 上面的方程写成

$$H\left(\boldsymbol{r}, \frac{\partial S}{\partial \boldsymbol{r}}, t\right) + \frac{\partial S}{\partial t} = 0. \tag{5.8}$$

如果哈密顿量写成动能加上势能, 则我们有

$$\frac{|\nabla S|^2}{2m} + V(\boldsymbol{r}) + \frac{\partial S}{\partial t} = 0. \tag{5.9}$$

从上面公式(5.7)可以看出, $\boldsymbol{c}$ 可以看作是**新的广义动量**. 于是, 根据正则变换理论, 由方程(5.2)得

$$p_\alpha = \frac{\partial S}{\partial q_\alpha}, \tag{5.10}$$

$$Q_\alpha = \frac{\partial F_2}{\partial P_\alpha} = \frac{\partial S}{\partial c_\alpha} \equiv d_\alpha. \tag{5.11}$$

最后一个等式利用了新哈密顿量为零, 这里 d_α 为常数. 由

$$\frac{\partial S(\boldsymbol{q}, \boldsymbol{c}, t)}{\partial c_\alpha} = d_\alpha, \quad \alpha = 1, \cdots, s \tag{5.12}$$

给出的 s 个方程, 反解可求出 $q_\alpha(\boldsymbol{c}, \boldsymbol{d}, t)$, 即得到问题的解.

下面考虑哈密顿主函数的物理意义. 从方程(5.2)和(5.6), 主函数对时间求导数得

$$\begin{aligned}
\frac{\mathrm{d}S}{\mathrm{d}t} &= \sum_\alpha \frac{\partial S}{\partial q_\alpha} \dot{q}_\alpha + \frac{\partial S}{\partial t} \\
&= \sum_\alpha p_\alpha \dot{q}_\alpha - H \\
&= L,
\end{aligned} \tag{5.13}$$

即

$$S = \int L \mathrm{d}t. \tag{5.14}$$

我们看到哈密顿主函数是积分上下限不定的作用量.

5.1.2 哈密顿-雅可比方程与薛定谔方程

这节考察薛定谔方程和哈密顿-雅可比方程 (H-J 方程) 的关系. 如果对 H-J 方程(5.6)作如下变换:

$$S = -\mathrm{i}\hbar \ln \psi, \tag{5.15}$$

我们得

$$\mathrm{i}\hbar \frac{\partial \psi}{\partial t} = H\psi. \tag{5.16}$$

这个方程在形式上和薛定谔方程一样，但是本质上是 H-J 方程.

我们现在考虑薛定谔方程

$$\mathrm{i}\hbar \frac{\partial \psi}{\partial t} = \left(\frac{-\hbar^2 \nabla^2}{2m} + V \right) \psi. \tag{5.17}$$

这里 $\nabla^2 = \nabla \cdot \nabla = \partial_x^2 + \partial_y^2 + \partial_z^2$. 令复数 ψ 写成

$$\psi = r\mathrm{e}^{\mathrm{i}\theta/\hbar}. \tag{5.18}$$

注意：这里 θ 具有 $\hbar$ 的量纲. 将这个方程代入薛定谔方程得

$$\mathrm{i}\hbar \frac{\partial r}{\partial t} - r\frac{\partial \theta}{\partial t} = -\frac{\hbar^2}{2m} \left(\nabla^2 r + \frac{2\mathrm{i}}{\hbar}\nabla r \cdot \nabla \theta - \frac{r}{\hbar^2}|\nabla \theta|^2 + \frac{\mathrm{i}r}{\hbar}\nabla^2 \theta \right) + Vr. \tag{5.19}$$

这里利用了

$$\mathrm{e}^{-\mathrm{i}\theta/\hbar}\frac{\partial^2 \psi}{\partial x^2} = \frac{\partial^2 r}{\partial x^2} + \frac{2\mathrm{i}}{\hbar}\frac{\partial r}{\partial x}\frac{\partial \theta}{\partial x} - \frac{r}{\hbar^2}\left(\frac{\partial \theta}{\partial x} \right)^2 + \frac{\mathrm{i}r}{\hbar}\frac{\partial^2 \theta}{\partial x^2}. \tag{5.20}$$

上面方程利用了

$$\frac{\partial^2}{\partial x^2}\mathrm{e}^f = \left[\frac{\partial^2 f}{\partial x^2} + \left(\frac{\partial f}{\partial x} \right)^2 \right]\mathrm{e}^f. \tag{5.21}$$

在方程(5.19)中令 $\hbar \to 0$，得

$$-\frac{\partial \theta}{\partial t} = \frac{|\nabla \theta|^2}{2m} + V. \tag{5.22}$$

这个就是 H-J 方程. 由此可以看到，薛定谔方程在经典极限下 ($\hbar \to 0$) 趋近 H-J 方程(5.9).

5.1.3 保守系下的哈密顿主函数

对于保守系，哈密顿量不显含时间，能量为常数 (即能量守恒)，由方程 (5.3) 得

$$H(\boldsymbol{q}, \boldsymbol{p}) = E, \tag{5.23}$$

$$\frac{\partial S}{\partial t} = -E. \tag{5.24}$$

对方程 (5.24) 积分得到

$$S = -Et + W(\boldsymbol{q}), \tag{5.25}$$

即把 $s+1$ 个变量中的 t 先分离出来. 将动量用主函数的偏导数表示，即有

$$\boldsymbol{p} = \frac{\partial S}{\partial \boldsymbol{q}} = \frac{\partial W}{\partial \boldsymbol{q}}, \tag{5.26}$$

从而方程 (5.23) 变为

$$H\left(\boldsymbol{q}, \frac{\partial S}{\partial \boldsymbol{q}}\right) = H\left(\boldsymbol{q}, \frac{\partial W}{\partial \boldsymbol{q}}\right) = E. \tag{5.27}$$

$W(\boldsymbol{q})$ 是与时间无关而只与 $\boldsymbol{q}$ 有关的一般函数，称为**哈密顿-雅可比特性函数**. 解出 $W(\boldsymbol{q})$，即可给出 S.

5.2 哈密顿-雅可比方程的应用

5.2.1 简谐振子

下面以一维简谐振子作为例子来讨论 H-J 方程的应用. 一维简谐振子的哈密顿量可写为

$$H = \frac{p^2}{2m} + \frac{1}{2}m\omega^2 q^2. \tag{5.28}$$

由方程 (5.27)，哈密顿量可写成

$$H = \frac{1}{2m}\left(\frac{\partial W}{\partial q}\right)^2 + \frac{1}{2}m\omega^2 q^2 = E = c > 0, \tag{5.29}$$

$\partial W/\partial q$ 为 q 的双值函数，即

$$\frac{\partial W}{\partial q} = \frac{\mathrm{d}W}{\mathrm{d}q} = \pm\sqrt{2mc - m^2\omega^2 q^2}. \tag{5.30}$$

对上式积分得到

$$W = \pm\int \mathrm{d}q\sqrt{2mc - m^2\omega^2 q^2}, \tag{5.31}$$

由方程 (5.25) 可以求出主函数 S 为

$$S = \pm \int dq \sqrt{2mc - m^2\omega^2q^2} - ct. \tag{5.32}$$

常数 c 可以看成是新的广义动量. 进一步由方程 (5.11) 可知新的坐标为

$$Q = \frac{\partial S}{\partial c} = d, \tag{5.33}$$

其中

$$\begin{aligned}
\frac{\partial S}{\partial c} &= \pm \int dq \frac{m}{\sqrt{2mc - m^2\omega^2q^2}} - t \\
&= \pm \frac{1}{\omega} \arcsin \frac{m\omega q}{\sqrt{2mc}} - t \\
&= Q.
\end{aligned} \tag{5.34}$$

在上式的积分中，我们用到了公式

$$\int \frac{dx}{\sqrt{a^2 - x^2}} = \arcsin \frac{x}{a}. \tag{5.35}$$

于是由式 (5.34)，反解出 q，即

$$\pm \sqrt{\frac{m}{2c}} \omega q = \sin(\omega t + \omega Q), \tag{5.36}$$

则简谐振子的运动的解为

$$\begin{aligned}
q &= \sqrt{\frac{2c}{m\omega^2}} \sin(\omega t + \omega Q) \tag{5.37} \\
&= A \sin(\omega t + \phi). \tag{5.38}
\end{aligned}$$

其中，$A = \sqrt{2c/m\omega^2}$ 是振幅；$\phi = \omega Q$ 是相位；Q 是时间的量纲.

5.2.2 线性势

考虑一物体 t_0 时刻从高度为 q_0 处自由落下 (初速度为零)，设 t 时刻高度为 q，用 H-J 方程求解 $q(t)$.

哈密顿量为

$$H = \frac{p^2}{2m} + mgq. \tag{5.39}$$

这是具有线性势的保守系统，其能量守恒. 类似于简谐振子的情况，可将主函数分离变量，引入特性函数 $W(q)$ 使得

$$p = \frac{\partial W}{\partial q}, \tag{5.40}$$

代入 H-J 方程, 可得

$$\frac{1}{2m}\left(\frac{\partial W}{\partial q}\right)^2 + mgq = E, \tag{5.41}$$

整理并积分求出特性函数为

$$W = \pm \int \mathrm{d}q \sqrt{2m(E - mgq)}, \tag{5.42}$$

$E = mgq_0$ 是常数, 可以视为新的广义动量, 则由方程 (5.11) 和 (5.25) 可知

$$
\begin{aligned}
d = \frac{\partial S}{\partial E} = \frac{\partial W}{\partial E} - t \\
= \pm \int \mathrm{d}q \frac{m}{\sqrt{2m(E - mgq)}} - t \\
= \pm \int \mathrm{d}q \frac{1}{\sqrt{2(gq_0 - gq)}} - t \\
= \pm \frac{1}{\sqrt{2g}} \int \mathrm{d}q \frac{1}{\sqrt{q_0 - q}} - t \\
= \pm \sqrt{\frac{2}{g}} \sqrt{q_0 - q} - t,
\end{aligned}
\tag{5.43}
$$

对上式整理一下可得

$$q_0 - q = \frac{g}{2}(t + d)^2. \tag{5.44}$$

由初始条件 $t = t_0$ 时, $q = q_0$, 可知 $d = -t_0$, 所以有

$$q = q_0 - \frac{g}{2}(t - t_0)^2, \tag{5.45}$$

这样就得到了问题的解.

5.2.3   电子轨道运动

下面我们来研究电子在中心力场中的轨道运动. 由于中心力场角动量守恒, 电子做 2D 平面运动, 采用极坐标, 则动能、势能分别为

$$T = \frac{1}{2}m(\dot{r}^2 + r^2\dot{\theta}^2), \tag{5.46}$$

$$V = -\frac{\alpha}{r}, \tag{5.47}$$

$$L = T - V \tag{5.48}$$

广义动量为

$$p_r = \frac{\partial L}{\partial \dot{r}} = m\dot{r}, \tag{5.49}$$

$$p_\theta = \frac{\partial L}{\partial \dot\theta} = mr^2\dot\theta, \tag{5.50}$$

其中，p_θ 为角动量，是个守恒量. 哈密顿量可以写为

$$H = \frac{1}{2m}\left(p_r^2 + \frac{p_\theta^2}{r^2}\right) - \frac{\alpha}{r}. \tag{5.51}$$

系统能量守恒，动量 p_θ 守恒，即

$$\frac{\mathrm{d}H}{\mathrm{d}t} = 0, \quad \frac{\mathrm{d}p_\theta}{\mathrm{d}t} = 0. \tag{5.52}$$

现在来求解 H-J 方程. 主函数可以写为

$$S = -Et + W(r\theta), \tag{5.53}$$

由式 (5.10)，我们有

$$p_r = \frac{\partial W}{\partial r}, \tag{5.54}$$

$$p_\theta = \frac{\partial W}{\partial \theta}, \tag{5.55}$$

解方程(5.55)得

$$W(r, \theta) = p_\theta\theta + W_1(r), \tag{5.56}$$

将上面方程代入方程(5.54)得

$$p_r = \frac{\partial W_1}{\partial r} = \frac{\mathrm{d}W_1}{\mathrm{d}r}, \tag{5.57}$$

由方程(5.51)和(5.57)，我们有

$$\frac{1}{2m}\left[\left(\frac{\mathrm{d}W_1}{\mathrm{d}r}\right)^2 + \frac{p_\theta^2}{r^2}\right] - \frac{\alpha}{r} = E. \tag{5.58}$$

进一步整理上面公式有

$$-r^2\left(\frac{\mathrm{d}W_1}{\mathrm{d}r}\right)^2 + 2mEr^2 + 2m\alpha r = p_\theta^2. \tag{5.59}$$

由上式解出 W_1 代入方程 (5.56) 得

$$W = p_\theta\theta \pm \int \mathrm{d}r\sqrt{2mE + \frac{2m\alpha}{r} - \frac{p_\theta^2}{r^2}}. \tag{5.60}$$

设与新动量 p_θ 共轭的新正则坐标为 β (常数), 则根据方程 (5.11), 有

$$
\begin{aligned}
\beta &= \frac{\partial W}{\partial p_\theta} \\
&= \theta \pm \int \mathrm{d}r \frac{p_\theta}{r^2 \sqrt{2mE + \dfrac{2m\alpha}{r} - \dfrac{p_\theta^2}{r^2}}} \\
&= \theta \pm \int \mathrm{d}r \frac{p_\theta}{r\sqrt{2mEr^2 + 2m\alpha r - p_\theta^2}},
\end{aligned} \tag{5.61}
$$

即

$$
\theta - \beta = \pm \int \mathrm{d}r \frac{p_\theta}{r\sqrt{2mEr^2 + 2m\alpha r - p_\theta^2}}. \tag{5.62}
$$

可以利用下面的积分公式 (更具体的见附录 8.6)

$$
\int \mathrm{d}r \frac{1}{r\sqrt{a + br + cr^2}} = \frac{1}{\sqrt{-a}} \arcsin \frac{2a + br}{r\sqrt{b^2 - 4ac}}. \tag{5.63}
$$

令 $a = -p_\theta^2, b = 2m\alpha, c = 2mE$, 于是得

$$
\theta - \beta = \pm \arcsin \frac{r - \dfrac{p_\theta^2}{m\alpha}}{r\sqrt{1 + \dfrac{2Ep_\theta^2}{m\alpha^2}}}. \tag{5.64}
$$

再整理得

$$
r = \frac{\dfrac{p_\theta^2}{m\alpha}}{1 \pm \sqrt{1 + \dfrac{2Ep_\theta^2}{m\alpha^2}} \sin(\theta - \beta)}. \tag{5.65}
$$

即电子运动轨道为椭圆.

5.2.4   依赖时间的线性势

上面两个例子研究的都是保守系统, 现在考虑一个处于一维含时线性势 $V(qt) = -qFt$ 中的运动质点, 其中 F 是常数. 质点的哈密顿量为

$$
H = \frac{m\dot{q}^2}{2} - qFt, \tag{5.66}
$$

相应的 H-J 方程为

$$
\frac{1}{2m}\left(\frac{\partial S}{\partial q}\right)^2 - qFt + \frac{\partial S}{\partial t} = 0. \tag{5.67}
$$

假设解为如下线性形式:

$$S = f(t)q + g(t), \tag{5.68}$$

则得

$$\frac{\partial S}{\partial q} = f, \quad \frac{\partial S}{\partial t} = \dot{f}\, q + \dot{g}, \tag{5.69}$$

代入式 (5.67) 得

$$\frac{f^2}{2m} + \dot{g} + q(\dot{f} - Ft) = 0. \tag{5.70}$$

即若

$$\dot{f} = Ft, \tag{5.71}$$

$$\dot{g} = -\frac{f^2}{2m}, \tag{5.72}$$

则式 (5.67) 成立. 对应的 S 是方程的解. 积分方程 (5.71) 可得

$$f = \frac{F}{2}t^2 + \alpha, \tag{5.73}$$

从而方程 (5.72) 可写为

$$\dot{g} = -\frac{1}{2m}\left(\frac{F^2}{4}t^4 + Ft^2\alpha + \alpha^2\right). \tag{5.74}$$

于是有

$$g = -\frac{1}{40m}F^2t^5 - \frac{F}{6m}\alpha t^3 - \frac{\alpha^2}{2m}t + \text{const.}(可加常数). \tag{5.75}$$

将式(5.73)和(5.75)代回式 (5.68) 得 S

$$S(q, \alpha, t) = q\left(\frac{F}{2}t^2 + \alpha\right) - \left(\frac{1}{40m}F^2t^5 + \frac{F}{6m}\alpha t^3 + \frac{\alpha^2}{2m}t\right). \tag{5.76}$$

新动量为 α，则新坐标为

$$\beta = Q = \frac{\partial S}{\partial \alpha} = q - \frac{F}{6m}t^3 - \frac{\alpha}{m}t, \tag{5.77}$$

从而有

$$q = \frac{F}{6m}t^3 + \frac{\alpha}{m}t + \beta. \tag{5.78}$$

即得到了方程的通解. 由初始条件: $\dot{q}(0) = \alpha/m = p(0)/m$，可得 $\alpha = p(0)$；又显然 $\beta = q(0)$，所以有

$$q(t) = \frac{F}{6m}t^3 + \frac{p(0)}{m}t + q(0). \tag{5.79}$$

即得到了问题的解.

5.3   相积分和角变量

由上一节的内容可知, H-J 方程可以很好地解决周期运动的问题. 这一节的内容是作进一步研究, 引入相积分和角变量. 我们将看到, 这是一对新的正则变量.

5.3.1   相积分

首先回忆一下有关 H-J 方程的内容,

$$\frac{\partial S\left(\boldsymbol{q},\boldsymbol{c},t\right)}{\partial t}+H\left(\boldsymbol{q},\frac{\partial S\left(\boldsymbol{q},\boldsymbol{c},t\right)}{\partial \boldsymbol{q}},t\right)=0, \tag{5.80}$$

这就是 H-J 方程, 其中积分常数 $\boldsymbol{c}$ 可以看作新的广义动量. 如果 $\partial H/\partial t=0$ (保守系统, 能量守恒), 可以先将变量 t 分离, 解得

$$S\left(\boldsymbol{q},\boldsymbol{c},t\right)=-Et+W\left(\boldsymbol{q},\boldsymbol{c}\right), \tag{5.81}$$

那么旧动量为

$$\boldsymbol{p}=\frac{\partial S\left(\boldsymbol{q},\boldsymbol{c},t\right)}{\partial \boldsymbol{q}}=\frac{\partial W\left(\boldsymbol{q},\boldsymbol{c}\right)}{\partial \boldsymbol{q}}. \tag{5.82}$$

我们在中心力场的例子中遇到的是周期运动, 并且变量可以分离. 所以进一步假设: ① 所研究的系统处于周期运动; ② 变量已经分离, 即

$$\begin{aligned} W\left(\boldsymbol{q},\boldsymbol{c}\right)&=\sum_{\alpha=1}^{s}W_{\alpha}\left(q_{\alpha},\boldsymbol{c}\right)\\ &=W_{1}\left(q_{1},\boldsymbol{c}\right)+W_{2}\left(q_{2},\boldsymbol{c}\right)+\cdots+W_{s}\left(q_{s},\boldsymbol{c}\right). \end{aligned} \tag{5.83}$$

由方程(5.82)和(5.83)得

$$p_{\alpha}=\frac{\partial W_{\alpha}\left(q_{\alpha},\boldsymbol{c}\right)}{\partial q_{\alpha}}. \tag{5.84}$$

我们知道哈密顿量和拉格朗日量有如下关系:

$$L=\sum_{\alpha=1}^{s}p_{\alpha}\dot{q}_{\alpha}-H. \tag{5.85}$$

如果对上面公式在一个周期 T 内进行积分, 可以得到

$$\int_{0}^{T}\mathrm{d}t(L+H)=ET+S=\sum_{\alpha=1}^{s}J_{\alpha}. \tag{5.86}$$

这样我们就给出了能量 E、作用量 S 和下面定义的相积分 J_{α} 之间的关系.

现在定义**相积分**:

$$J_\alpha = \oint p_\alpha \mathrm{d}q_\alpha = \oint \frac{\partial W_\alpha(q_\alpha, \boldsymbol{c})}{\partial q_\alpha} \mathrm{d}q_\alpha = J_\alpha(\boldsymbol{c}), \tag{5.87}$$

即在相空间内沿着相轨道对一个周期进行积分. 有 s 个这样的积分, 积分的量纲是 $[\mathrm{E}][\mathrm{T}]$. 可以看出来, J_α 仅是新的广义动量 $\boldsymbol{c}$ 的函数. 那么可以反解得到

$$c_\alpha = c_\alpha(\boldsymbol{J}). \tag{5.88}$$

5.3.2 角变量

由于 $c_\alpha = c_\alpha(\boldsymbol{J})$, 那么已经分离变量的函数 W 可以改写为

$$W(\boldsymbol{q}, \boldsymbol{c}) = \tilde{W}(\boldsymbol{q}, \boldsymbol{J}) = \sum_{\alpha=1}^{s} \tilde{W}_\alpha(q_\alpha, \boldsymbol{J}), \tag{5.89}$$

从而主函数可以写为

$$S = -Et + \tilde{W}(\boldsymbol{q}, \boldsymbol{J}) = -Et + \sum_{\alpha=1}^{s} \tilde{W}_\alpha(q_\alpha, \boldsymbol{J}). \tag{5.90}$$

所以, 相积分可以看成是广义动量.

由于能量守恒, 所以能量 $E = c_1$ 是个积分常数, 于是新动量 $\boldsymbol{c} = (E, c_2, \cdots, c_s)$, 可以反解得到

$$E = c_1(J_1, \cdots, J_s) = E(J_1, \cdots, J_s) = E(\boldsymbol{J}). \tag{5.91}$$

接下来, 由方程 (5.81) 可知, 和新动量对应的新坐标 d_α (量纲分析可知是时间量纲) 为

$$d_1 = \frac{\partial S(\boldsymbol{q}, \boldsymbol{c})}{\partial E} = -t + \frac{\partial W(\boldsymbol{q}, \boldsymbol{c})}{\partial E}, \tag{5.92}$$

$$d_\alpha = \frac{\partial S(\boldsymbol{q}, \boldsymbol{c})}{\partial c_\alpha} = \frac{\partial W(\boldsymbol{q}, \boldsymbol{c})}{\partial c_\alpha}, \quad \alpha \geqslant 2. \tag{5.93}$$

相积分是广义动量, 为了找到与相积分对应的广义坐标, 我们定义下面的一个量,

$$w_\alpha = \frac{\partial \tilde{W}(\boldsymbol{J})}{\partial J_\alpha} = \frac{\partial W(\boldsymbol{q}\boldsymbol{c})}{\partial J_\alpha} = \sum_{\beta=1}^{s} \frac{\partial W}{\partial c_\beta} \frac{\partial c_\beta}{\partial J_\alpha}$$

$$= \frac{\partial W}{\partial E} \frac{\partial E}{\partial J_\alpha} + \frac{\partial W}{\partial c_2} \frac{\partial c_2}{\partial J_\alpha} + \cdots + \frac{\partial W}{\partial c_s} \frac{\partial c_s}{\partial J_\alpha}$$

$$= (d_1 + t) \frac{\partial E}{\partial J_\alpha} + d_2 \frac{\partial c_2}{\partial J_\alpha} + \cdots + d_s \frac{\partial c_s}{\partial J_\alpha}, \tag{5.94}$$

因 c 对 J_α 的微商依然是 J 的函数，而 c, J 均为常数，故上式可以简写为

$$w_\alpha = \omega_\alpha t + \delta_\alpha, \tag{5.95}$$

其中

$$\omega_\alpha = \frac{\partial E}{\partial J_\alpha} = \frac{\partial c_1}{\partial J_\alpha}, \tag{5.96}$$

而 δ_α 是与 c, d 有关的常数. 作用量和相积分的量纲都是 [E][T], 故 ω_α 具有时间倒数的量纲，是运动的频率，从而把角度变化 w_α 叫作**角变量**.

又由于

$$\frac{\partial c_1}{\partial J_\alpha}(\boldsymbol{J}) = \frac{\partial c_1}{\partial J_\alpha}(\boldsymbol{c}) \tag{5.97}$$

是动量 c 的函数，所以角变量

$$w_\alpha = w_\alpha(d_1, \cdots, d_s; c_1, \cdots, c_s, t) \tag{5.98}$$

是新坐标和新动量的函数.

此外，由式 (5.95) 有

$$\dot{w}_\alpha = \omega_\alpha = \frac{\partial E}{\partial J_\alpha}, \tag{5.99}$$

又由于 E 是 J 的函数，不是 w_α 的函数，而 J_α 是常数，于是

$$\dot{J}_\alpha = 0 = -\frac{\partial E}{\partial w_\alpha}. \tag{5.100}$$

能量 $E = E(J_1, J_2, \cdots, J_s)$ 和 H 一样代表系统总能量，那么如果用 J_α 代替动量，而用 w_α 代替坐标，则它们满足正则方程

$$\dot{w}_\alpha = \frac{\partial H}{\partial J_\alpha}, \tag{5.101}$$

$$\dot{J}_\alpha = -\frac{\partial H}{\partial w_\alpha}. \tag{5.102}$$

相应的变换

$$J_\alpha = J_\alpha(c_1, \cdots, c_s), \tag{5.103}$$

$$w_\alpha = w_\alpha(d_1, \cdots, d_s; c_1, \cdots, c_s; t). \tag{5.104}$$

为正则变换. 相积分和角变量是一组正则变量.

5.4 玻 尔 公 式

在这一节, 我们主要利用前面 H-J 方程和相积分的有关知识求解非相对论情况下的玻尔公式.

前面我们已经求出电子的运动轨道为椭圆, 下面求能量和相积分之间的关系. 分别计算

$$J_\theta = \oint p_\theta \mathrm{d}\theta = 2\pi\alpha_2 = 2\pi p_\theta, \tag{5.105}$$

$$J_r = \oint p_r \mathrm{d}r. \tag{5.106}$$

由于 p_θ 是守恒量, J_θ 已经积出. 为了计算 J_r , 需要附录 8.6 的积分, 对于 $c < 0, a < 0, \Delta = b^2 - 4ac > 0, r > 0$, 有

$$\int_{r_1}^{r_2} \frac{\sqrt{cr^2 + br + a}}{r}\mathrm{d}r = -\sqrt{-a}\pi + \frac{\pi b}{2\sqrt{-c}}, \tag{5.107}$$

其中, $r_1 < r_2$ 为 $cr^2 + br + a = 0$ 的两个根.

由方程(5.51), 环路积分可以写为

$$\begin{aligned} J_r = \oint p_r \mathrm{d}r &= \int_{r_1}^{r_2} \frac{1}{r}\sqrt{2mEr^2 + 2m\alpha r - \alpha_2^2}\mathrm{d}r \\ &\quad + \int_{r_2}^{r_1} \left(-\frac{1}{r}\sqrt{2mEr^2 + 2m\alpha r - \alpha_2^2} \right)\mathrm{d}r \\ &= 2\int_{r_1}^{r_2} \frac{1}{r}\sqrt{2mEr^2 + 2m\alpha r - \alpha_2^2}\mathrm{d}r. \end{aligned} \tag{5.108}$$

这里 r_1, r_2 是 $2mEr^2 + 2m\alpha r - \alpha_2^2 = 0(\alpha_2 = p_\theta)$ 的两个根. r 从小到大时, 径向动量为正, 从大到小时, 径向动量为负. 对应于条件式 (5.107) , 我们有

$$c = 2mE < 0, \quad b = 2m\alpha, \quad a = -\alpha_2^2 < 0. \tag{5.109}$$

而且 $\Delta > 0$, 否则 r_1, r_2 为虚数, 这是不可能的. 由方程(5.107)和(5.108), 可得

$$\begin{aligned} J_r &= 2\left(-\alpha_2\pi + \frac{\pi m\alpha}{\sqrt{-2mE}} \right) \\ &= -J_\theta + \frac{2\pi m\alpha}{\sqrt{-2mE}}. \end{aligned} \tag{5.110}$$

最后一个等号利用了方程(5.105). 从上面公式有

$$E = -\frac{2\pi^2 m\alpha^2}{(J_r + J_\theta)^2}. \tag{5.111}$$

　　下面简要介绍由威尔逊、石原、索末菲等提出的量子化法则，即相积分是普朗克常数 h 的倍数，

$$J = \oint p\mathrm{d}q = nh, \tag{5.112}$$

这里 n 为正整数. 对于类氢原子，J 可分为径向部分 J_r 和角向部分 J_θ，即

$$
\begin{aligned}
J_r &= n_r h, \\
J_\theta &= n_\theta h, \\
J = J_r + J_\theta &= nh,
\end{aligned} \tag{5.113}
$$

其中，n_r, n_θ, n 分别代表径向量子数，角量子数，总量子数. 上式代入式 (5.111) 得

$$E = -\frac{2\pi^2 m\alpha^2}{n^2 h^2} = -\frac{2\pi^2 m e^4 Z^2}{n^2 h^2}, \tag{5.114}$$

其中，$\alpha = -Ze^2$，Z 代表原子序数，Ze 即为原子核的电荷. 此即玻尔公式.

参 考 文 献

[1] 肖士珣. 理论力学简明教程. 北京：高等教育出版社，1983.

[2] 周衍柏. 理论力学教程. 北京：高等教育出版社，1979.

[3] 褚圣麟. 原子物理学. 北京：高等教育出版社，1979.

[4] 张启仁. 经典力学. 北京：科学出版社，2002.

[5] 赫尔伯特·戈德斯坦. 经典力学. 陈为恂，译. 北京：科学出版社，1986.

习　　题

1. 试求：质点在势能 $V = \dfrac{\alpha}{r^2} - \dfrac{Fz}{r^3}$ 中运动时的主函数 S，式中 α 及 F 为常数.

2. 已知质量为 m 的质点在光滑曲面 $z = x^2 + y^2$ 上运动，设 $x = r\cos\theta, y = r\sin\theta$，则质点的坐标为 $(r\cos\theta, r\sin\theta, r^2)$. 质点所受的主动力为重力. 以 (r, θ) 为广义坐标，求系统的哈密顿-雅可比特性函数.

3. 三维谐振子的哈密顿量为 $H = \dfrac{\boldsymbol{p}^2}{2m} + \dfrac{1}{2}(k_1 x^2 + k_2 y^2 + k_3 z^2)$. 用作用量-角变量方法求其频率. 积分 $\displaystyle\int \sqrt{a^2 - x^2}\,\mathrm{d}x = \frac{1}{2}(x\sqrt{a^2 - x^2} + a^2 \arctan(x/\sqrt{a^2 - x^2}))$.

第 6 章　牛顿力学专题

6.1　代数方法求解磁场中的运动问题

一般而言, 角动量在磁场中的运动满足关系 $\dot{\boldsymbol{J}} = \boldsymbol{B} \times \boldsymbol{J}$. 对于一般的矢量叉乘, 我们可以将其写成一个矩阵乘以矢量的形式 $\boldsymbol{B} \times \boldsymbol{J} = \boldsymbol{B}^{\times} \boldsymbol{J}$, 这里我们把 $\boldsymbol{B}^{\times}$ 当成一个算符, 它可以表示成一个矩阵

$$\boldsymbol{B} \times \boldsymbol{J} = (B_2 J_3 - B_3 J_2)\boldsymbol{e}_1 + (B_3 J_1 - B_1 J_3)\boldsymbol{e}_2 + (B_1 J_2 - B_2 J_1)\boldsymbol{e}_3$$

$$= \begin{pmatrix} 0 & -B_3 & B_2 \\ B_3 & 0 & -B_1 \\ -B_2 & B_1 & 0 \end{pmatrix} \begin{pmatrix} J_1 \\ J_2 \\ J_3 \end{pmatrix}$$

$$= \boldsymbol{B}^{\times} \boldsymbol{J}. \tag{6.1}$$

则由

$$\mathrm{i}\dot{\boldsymbol{J}} = \mathrm{i}\boldsymbol{B} \times \boldsymbol{J}, \tag{6.2}$$

我们得到了类似量子力学中薛定谔方程

$$\mathrm{i}\dot{\boldsymbol{J}} = H\boldsymbol{J}, \tag{6.3}$$

这里哈密顿量为

$$H = \mathrm{i}\boldsymbol{B}^{\times} = \begin{pmatrix} 0 & -\mathrm{i}B_3 & \mathrm{i}B_2 \\ \mathrm{i}B_3 & 0 & -\mathrm{i}B_1 \\ -\mathrm{i}B_2 & \mathrm{i}B_1 & 0 \end{pmatrix}. \tag{6.4}$$

我们知道 SO_3 群的生成元 (见附录 8.3)

$$T_1 = \begin{pmatrix} 0 & 0 & 0 \\ 0 & 0 & -\mathrm{i} \\ 0 & \mathrm{i} & 0 \end{pmatrix}, \quad T_2 = \begin{pmatrix} 0 & 0 & \mathrm{i} \\ 0 & 0 & 0 \\ -\mathrm{i} & 0 & 0 \end{pmatrix}, \quad T_3 = \begin{pmatrix} 0 & -\mathrm{i} & 0 \\ \mathrm{i} & 0 & 0 \\ 0 & 0 & 0 \end{pmatrix}. \tag{6.5}$$

则此时的哈密顿量可以写成

$$H = B_1 T_1 + B_2 T_2 + B_3 T_3. \tag{6.6}$$

这是三个生成元的线性叠加.

方程(6.3)的形式解为

$$\boldsymbol{J}(t) = U(t)\boldsymbol{J}(0) = \mathrm{e}^{-\mathrm{i}Ht}\boldsymbol{J}(0). \tag{6.7}$$

这个解可以直接代入方程验证. 下面应用到第 1 章的两个问题 (具体符号见第 1 章).

6.1.1 应用一：拉莫尔进动

考虑只有竖直方向的恒定磁场 $\boldsymbol{B} = (0, 0, B_3)$ 时的拉莫尔进动, 哈密顿量对应的演化矩阵是

$$\boldsymbol{U} = \mathrm{e}^{-\mathrm{i}eB_3 T_3 t/(2m)}$$

$$= \begin{pmatrix} \cos\omega_e t & -\sin\omega_e t & 0 \\ \sin\omega_e t & \cos\omega_e t & 0 \\ 0 & 0 & 1 \end{pmatrix}, \tag{6.8}$$

其中, 拉莫尔进动频率为 $\omega_e = \dfrac{eB_3}{2m}$.

若选择初始角动量为 $\boldsymbol{J}(0) = (J_1, J_2, J_3)^{\mathrm{T}} = (J_{//}\cos\theta_0, J_{//}\sin\theta_0, J_\perp)^{\mathrm{T}}$, 则可直接得出 t 时刻的角动量为

$$\boldsymbol{J}(t) = \boldsymbol{U}\boldsymbol{J}(0)$$

$$= \begin{pmatrix} \cos\omega_e t & -\sin\omega_e t & 0 \\ \sin\omega_e t & \cos\omega_e t & 0 \\ 0 & 0 & 1 \end{pmatrix} \begin{pmatrix} J_{//}\cos\theta_0 \\ J_{//}\sin\theta_0 \\ J_\perp \end{pmatrix}$$

$$= \begin{pmatrix} J_{//}\cos(\theta_0 + \omega_e t) \\ J_{//}\sin(\theta_0 + \omega_e t) \\ J_\perp \end{pmatrix}. \tag{6.9}$$

可见, 角动量绕竖直恒定磁场转动.

6.1.2 应用二：带电粒子在磁场中的运动

我们依然考虑只有竖直方向的恒定磁场 $\boldsymbol{B} = (0, 0, B_3)$, 带电粒子在洛伦兹力作用下的运动方程

$$\dot{\boldsymbol{v}} = \frac{qB_3}{m}(\boldsymbol{v} \times \boldsymbol{k})$$

$$= -\omega_c \boldsymbol{k} \times \boldsymbol{v}, \tag{6.10}$$

其中, $\omega_c = qB_3/m$ 是回转频率.

对比角动量, 粒子速度也可由上述方法解出, 若其初速度为

$$v_x = 0, \ v_y = v_1, \ v_z = v_0. \tag{6.11}$$

即将上述方程(6.9)$\theta_0 \to \dfrac{\pi}{2}$, $J_{//} \to v_1$, $J_{\perp} \to v_0$, $\omega_e \to -\omega_c$, 则立刻得出 t 时刻的粒子运动速度为

$$v_x(t) = v_1 \sin(\omega_c t), \tag{6.12}$$

$$v_y(t) = v_1 \cos(\omega_c t), \tag{6.13}$$

$$v_z(t) = v_0. \tag{6.14}$$

再积分就可以得到坐标的运动规律.

6.2 双正交基方法求解耗散谐振子问题

6.2.1 无耗散谐振子

我们首先考虑谐振子运动的经典问题, 其运动方程可以写成

$$i\frac{\mathrm{d}}{\mathrm{d}t} \begin{pmatrix} x \\ p \end{pmatrix} = \begin{pmatrix} 0 & \dfrac{i}{m} \\ -k & 0 \end{pmatrix} \begin{pmatrix} x \\ p \end{pmatrix}. \tag{6.15}$$

进行尺度变换, 令 $x' = \sqrt{k}x$, $p' = \dfrac{p}{\sqrt{m}}$, 得

$$i\frac{\mathrm{d}}{\mathrm{d}t} \begin{pmatrix} x' \\ p' \end{pmatrix} = \begin{pmatrix} 0 & i\omega \\ -i\omega & 0 \end{pmatrix} \begin{pmatrix} x' \\ p' \end{pmatrix} = -\omega\sigma_y \begin{pmatrix} x' \\ p' \end{pmatrix}. \tag{6.16}$$

类比薛定谔方程, 对应的哈密顿量为

$$H = -\omega\sigma_y, \tag{6.17}$$

则对应的演化算符为

$$U = \mathrm{e}^{-iHt} = \begin{pmatrix} \cos\omega t & \sin\omega t \\ -\sin\omega t & \cos\omega t \end{pmatrix}. \tag{6.18}$$

从而得到 t 时刻的坐标和动量

$$\begin{pmatrix} x'(t) \\ p'(t) \end{pmatrix} = \begin{pmatrix} \cos\omega t & \sin\omega t \\ -\sin\omega t & \cos\omega t \end{pmatrix} \begin{pmatrix} x'(0) \\ p'(0) \end{pmatrix}, \tag{6.19}$$

以及原坐标和动量

$$\begin{pmatrix} x(t) \\ p(t) \end{pmatrix} = \begin{pmatrix} \cos\omega t & \dfrac{\sin\omega t}{m\omega} \\ -m\omega\sin\omega t & \cos\omega t \end{pmatrix} \begin{pmatrix} x(0) \\ p(0) \end{pmatrix}. \tag{6.20}$$

6.2.2　耗散谐振子

耗散谐振子所对应的方程为 (见第 4 章)

$$\mathrm{i}\begin{pmatrix} \dot{q} \\ \dot{p} \end{pmatrix} = \begin{pmatrix} 0 & \dfrac{\mathrm{i}}{m}\mathrm{e}^{-\frac{bt}{m}} \\ -\mathrm{i}k\mathrm{e}^{\frac{bt}{m}} & 0 \end{pmatrix} \begin{pmatrix} q \\ p \end{pmatrix}, \tag{6.21}$$

作代换 $q' = \sqrt{k}q$, $p' = \dfrac{p}{\sqrt{m}}$ 得

$$\mathrm{i}\begin{pmatrix} \dot{q}' \\ \dot{p}' \end{pmatrix} = \begin{pmatrix} 0 & \mathrm{i}\omega\mathrm{e}^{-\frac{bt}{m}} \\ -\mathrm{i}\omega\mathrm{e}^{\frac{bt}{m}} & 0 \end{pmatrix} \begin{pmatrix} q' \\ p' \end{pmatrix}, \tag{6.22}$$

这里哈密顿

$$H = \begin{pmatrix} 0 & \mathrm{i}\omega\mathrm{e}^{-\frac{bt}{m}} \\ -\mathrm{i}\omega\mathrm{e}^{\frac{bt}{m}} & 0 \end{pmatrix} = \mathrm{i}\omega\mathrm{e}^{-\frac{bt}{m}}\sigma_+ - \mathrm{i}\omega\mathrm{e}^{\frac{bt}{m}}\sigma_-$$

是一个非厄米的.

令

$$|\psi(t)\rangle = \begin{pmatrix} q' \\ p' \end{pmatrix}, \tag{6.23}$$

则

$$\mathrm{i}\frac{\mathrm{d}}{\mathrm{d}t}|\psi(t)\rangle = \begin{pmatrix} 0 & \mathrm{i}\omega\mathrm{e}^{-\frac{bt}{m}} \\ -\mathrm{i}\omega\mathrm{e}^{\frac{bt}{m}} & 0 \end{pmatrix} |\psi(t)\rangle. \tag{6.24}$$

令 $|\phi(t)\rangle = U^{-1}|\psi(t)\rangle = \mathrm{e}^{\frac{bt}{2m}\sigma_z}|\psi(t)\rangle$, 则在此旋转后的表象下, 有效哈密顿量为

$$H_{\mathrm{eff}} = U^{-1}HU - \mathrm{i}U^{-1}\dot{U} \tag{6.25}$$

$$= -\omega\sigma_y + \frac{\mathrm{i}b}{2m}\sigma_z \tag{6.26}$$

$$= \begin{pmatrix} \dfrac{\mathrm{i}b}{2m} & \mathrm{i}\omega \\ -\mathrm{i}\omega & -\dfrac{\mathrm{i}b}{2m} \end{pmatrix} \tag{6.27}$$

现在利用双正交基方法 (见附录 8.2). H_{eff} 的本征右矢为

$$|\lambda_1\rangle_r = \begin{pmatrix} \dfrac{-b+\mathrm{i}\sqrt{4m^2\omega^2-b^2}}{2m\omega} \\ 1 \end{pmatrix} \tag{6.28}$$

$$|\lambda_2\rangle_r = \begin{pmatrix} \dfrac{-b-\mathrm{i}\sqrt{4m^2\omega^2-b^2}}{2m\omega} \\ 1 \end{pmatrix}. \tag{6.29}$$

由

$$H_{\text{eff}}^{\dagger} = \begin{pmatrix} -\dfrac{\mathrm{i}b}{2m} & \mathrm{i}\omega \\ -\mathrm{i}\omega & \dfrac{\mathrm{i}b}{2m} \end{pmatrix}, \tag{6.30}$$

可得本征左矢

$$|\lambda_1'\rangle_l = \begin{pmatrix} \dfrac{b+\mathrm{i}\sqrt{4m^2\omega^2-b^2}}{2m\omega} \\ 1 \end{pmatrix} \tag{6.31}$$

$$|\lambda_2'\rangle_l = \begin{pmatrix} \dfrac{b-\mathrm{i}\sqrt{4m^2\omega^2-b^2}}{2m\omega} \\ 1 \end{pmatrix}. \tag{6.32}$$

使双正交基归一化: $|\lambda_i\rangle_l = \dfrac{|\lambda_i'\rangle_l}{{}_r\langle\lambda_i|\lambda_i'\rangle_l}$, 得到

$$|\lambda_1\rangle_l = \begin{pmatrix} \dfrac{\mathrm{i}m\omega}{\sqrt{4m^2\omega^2-b^2}} \\ -\dfrac{2m^2\omega^2}{b^2-4m^2\omega^2+\mathrm{i}b\sqrt{4m^2\omega^2-b^2}} \end{pmatrix}$$

$$|\lambda_2\rangle_l = \begin{pmatrix} -\dfrac{\mathrm{i}m\omega}{\sqrt{4m^2\omega^2-b^2}} \\ -\dfrac{2m^2\omega^2}{b^2-4m^2\omega^2-\mathrm{i}b\sqrt{4m^2\omega^2-b^2}} \end{pmatrix}.$$

则使 H_{eff} 对角化的变换矩阵为

$$\boldsymbol{V} = (|\lambda_1\rangle_r, |\lambda_2\rangle_r) = \begin{pmatrix} \dfrac{-b+\mathrm{i}\sqrt{4m^2\omega^2-b^2}}{2m\omega} & \dfrac{-b-\mathrm{i}\sqrt{4m^2\omega^2-b^2}}{2m\omega} \\ 1 & 1 \end{pmatrix} \tag{6.33}$$

其逆矩阵为

$$
\boldsymbol{V}^{-1} = \begin{pmatrix} {}_l\langle\lambda_1| \\ {}_l\langle\lambda_2| \end{pmatrix} = \begin{pmatrix} -\dfrac{im\omega}{\sqrt{4m^2\omega^2 - b^2}} & -\dfrac{2m^2\omega^2}{b^2 - 4m^2\omega^2 - ib\sqrt{4m^2\omega^2 - b^2}} \\ \dfrac{im\omega}{\sqrt{4m^2\omega^2 - b^2}} & -\dfrac{2m^2\omega^2}{b^2 - 4m^2\omega^2 + ib\sqrt{4m^2\omega^2 - b^2}} \end{pmatrix}. \tag{6.34}
$$

于是可以得到

$$
\mathrm{e}^{-iH_{\mathrm{eff}}t} \tag{6.35}
$$

$$
= \boldsymbol{V}\mathrm{e}^{-i\varLambda t}\boldsymbol{V}^{-1} \tag{6.36}
$$

$$
= \begin{pmatrix} \cos(\varOmega t) + \dfrac{b}{\sqrt{4m^2\omega^2 - b^2}}\sin(\varOmega t) & \dfrac{2m\omega}{\sqrt{4m^2\omega^2 - b^2}}\sin(\varOmega t) \\ -\dfrac{2m\omega}{\sqrt{4m^2\omega^2 - b^2}}\sin(\varOmega t) & \cos(\varOmega t) - \dfrac{b}{\sqrt{4m^2\omega^2 - b^2}}\sin(\varOmega t) \end{pmatrix}, \tag{6.37}
$$

其中，$\varOmega = \dfrac{4m^2\omega^2 - b^2}{2m}$. 所以，我们最终得到

$$
|\psi(t)\rangle = \mathrm{e}^{-\frac{bt}{2m}\sigma_z}\mathrm{e}^{-iH_{\mathrm{eff}}t}|\psi(0)\rangle. \tag{6.38}
$$

此即演化矩阵形式的问题的解.

6.3　稳　定　性

6.3.1　稳定性的一般理论

在研究物理系统的动力学过程中，我们经常会遇到非线性方程. 在此过程中，我们往往关心的是系统的一些定态解. 例如，对于如下方程

$$
\dot{\boldsymbol{x}} = \boldsymbol{f}(\boldsymbol{x}), \tag{6.39}
$$

其中，$\boldsymbol{x} = (x_1, x_2, \cdots, x_n)^{\mathrm{T}}$，$\boldsymbol{f}(\boldsymbol{x}) = (f_1(\boldsymbol{x}), f_2(\boldsymbol{x}), \cdots, f_n(\boldsymbol{x}))^{\mathrm{T}}$. 系统的定态解满足下面的方程

$$
\dot{\boldsymbol{x}} = 0, \tag{6.40}
$$

即系统的状态变量 x_i 不随时间变化.

另一个问题是如何判断非线性系统定态的稳定性. 我们可以利用线性方程的解来分析非线性方程在定态附近解的表现. 假设 $\boldsymbol{x}(t)$ 是 $\boldsymbol{x}_0(t)$ 附近的另一个解，可以写成

$$
\boldsymbol{x}(t) = \boldsymbol{x}_0(t) + \boldsymbol{\xi}(t), \tag{6.41}
$$

其中，$\boldsymbol{\xi}(t)$ 为一阶小量. 将上式代入式 (6.39) 中，我们可以得到

$$
\begin{aligned}
\dot{\boldsymbol{x}}(t) + \dot{\boldsymbol{\xi}}(t) &= \boldsymbol{f}(\boldsymbol{x}_0 + \boldsymbol{\xi}) \\
&= \boldsymbol{f}(\boldsymbol{x}_0) + \frac{\partial(f_1, f_2, \cdots, f_n)}{\partial(x_1, x_2, \cdots, x_n)}\Big|_{\boldsymbol{x}_0} \boldsymbol{\xi} \\
&= \boldsymbol{f}(\boldsymbol{x}_0) + \boldsymbol{J}(\boldsymbol{x}_0)\boldsymbol{\xi},
\end{aligned} \tag{6.42}
$$

其中

$$
\boldsymbol{J}(\boldsymbol{x}) = \frac{\partial(f_1, f_2, \cdots, f_n)}{\partial(x_1, x_2, \cdots, x_n)} = \begin{bmatrix} \dfrac{\partial f_1}{\partial x_1} & \cdots & \dfrac{\partial f_1}{\partial x_n} \\ \vdots & & \vdots \\ \dfrac{\partial f_n}{\partial x_1} & \cdots & \dfrac{\partial f_n}{\partial x_n} \end{bmatrix} \tag{6.43}
$$

为雅可比矩阵，第二个等号使用了多元泰勒展开并且舍掉了高阶项. $\boldsymbol{x}_0(t)$ 是方程 (6.39) 的解，故有

$$
\dot{\boldsymbol{\xi}}(t) = \boldsymbol{J}(\boldsymbol{x})\big|_{\boldsymbol{x}_0}\boldsymbol{\xi}(t) = \boldsymbol{J}(\boldsymbol{x}_0)\boldsymbol{\xi}(t). \tag{6.44}
$$

从而我们得到了非线性方程在定态解附近的线性方程.

我们现在来求解这个微分方程，这个微分方程的形式解马上可以写出

$$
\boldsymbol{\xi}(t) = \exp\left[\boldsymbol{J}(\boldsymbol{x}_0)t\right]\boldsymbol{\xi}(0). \tag{6.45}
$$

令 $\boldsymbol{\xi}(t) = \mathrm{e}^{\lambda t}\boldsymbol{\eta}$，代入式 (6.44) 得到

$$
\lambda\mathrm{e}^{\lambda t}\boldsymbol{\eta} = \boldsymbol{J}(\boldsymbol{x}_0)\mathrm{e}^{\lambda t}\boldsymbol{\eta}. \tag{6.46}
$$

两边约去 $\mathrm{e}^{\lambda t}$ 得

$$
\left[\boldsymbol{J}(\boldsymbol{x}_0) - \lambda\boldsymbol{E}\right]\boldsymbol{\eta} = 0. \tag{6.47}
$$

其中，$\boldsymbol{E}$ 是 $n \times n$ 的单位矩阵. 由线性代数知识可知，此方程组有非零解的充分必要条件是矩阵 $\boldsymbol{J}(\boldsymbol{x}_0) - \lambda\boldsymbol{E}$ 的行列式为零，即

$$
\det(\boldsymbol{J}(\boldsymbol{x}_0) - \lambda\boldsymbol{E}) = 0. \tag{6.48}
$$

由上式我们可以解出 λ 的 n 个解，而这 n 个解正是 $\boldsymbol{J}(\boldsymbol{x}_0)$ 的本征值. 例如，其第 k 个本征值为 λ_k，则可求出其第 k 个本征矢为 $\boldsymbol{\eta}_k$，对应的方程的一个解为

$$
\boldsymbol{\xi}(t) = \mathrm{e}^{\lambda_k t}\boldsymbol{\eta}_k. \tag{6.49}
$$

那么，我们很容易得出以下结论: ① 当 λ_k 的实部都是负的时候，那么解随时间的增加会衰减到零，则系统是稳定的. ② 当 λ_k 的实部有一个为正的时候，解

会随时间的增加而增长，则系统是不稳定的。③ 当 λ_k 都为纯虚数时，解会在有限大小范围内周期性振荡，也就是说，系统会在稳定点附近振荡，也是一种稳定的系统。因此，我们可以由动力学方程 (6.39) 对应的雅可比矩阵的本征值来判断系统的稳定性问题。

6.3.2 行星运动轨道的稳定性问题

下面我们就利用上面的理论来研究行星运动轨道的稳定性问题。设质量为 m 的粒子，在有心力的作用下运动。有心力的大小只依赖于位矢 r，取平面极坐标系，径向运动方程为

$$m(\ddot{r} - r\dot{\theta}^2) = F(r), \tag{6.50}$$

我们知道角动量 $mr^2\dot{\theta}$ 守恒，故

$$r^2\dot{\theta} = h \tag{6.51}$$

为常数。所以

$$\dot{\theta} = hr^{-2}. \tag{6.52}$$

将上式代入式 (6.50) 可得

$$\ddot{r} - h^2 r^{-3} = \frac{1}{m}F(r). \tag{6.53}$$

即我们得到了一个二阶非线性的动力学方程，下面我们将上式转化为一阶微分方程组，并且用上面的方法来分析系统的稳定性。

令 $x = r \; y = \dot{r}$，则上式可以转化为

$$\dot{x} = y, \tag{6.54}$$

$$\dot{y} = \frac{1}{m}F(x) + h^2 x^{-3}. \tag{6.55}$$

则根据上面提到的方法，当 $\dot{x} = 0, \dot{y} = 0$ 时，我们可以得到系统的定态解 x_0, y_0。x 不随时间变化意味着行星的轨道是圆轨道。我们是利用这个特殊的轨道来研究稳定性问题。在定态时对应的雅可比矩阵为

$$\boldsymbol{J}|_{x_0, y_0} = \begin{bmatrix} 0 & 1 \\ \alpha & 0 \end{bmatrix}, \tag{6.56}$$

其中

$$\alpha = \frac{1}{m}\frac{\partial F(x_0)}{\partial x_0} - 3h^2 x_0^{-4}. \tag{6.57}$$

下面求此雅可比矩阵的本征值

$$\begin{vmatrix} 0-\lambda & 1 \\ \alpha & 0-\lambda \end{vmatrix} = \lambda^2 - \alpha = 0, \tag{6.58}$$

即

$$\lambda = \pm\sqrt{\alpha} = \pm\sqrt{\frac{1}{m}\frac{\partial F(x_0)}{\partial x_0} - 3h^2 x_0^{-4}}. \tag{6.59}$$

则 λ 的值只有两种可能: $\alpha > 0$ 时对应正负两个解, 或 $\alpha < 0$ 时对应两个纯虚数的解. 由上面的讨论我们知道, $\alpha > 0$ 时系统不稳定. 只有两个纯虚数的解时可以保证系统是稳定的, 系统将围绕中心点 (平衡点) 做周期性振荡, 所以有

$$\alpha = \frac{1}{m}\frac{\partial F(x_0)}{\partial x_0} - 3h^2 x_0^{-4} < 0 \tag{6.60}$$

即

$$\frac{1}{m}\frac{\partial F(x_0)}{\partial x_0} < 3h^2 x_0^{-4}. \tag{6.61}$$

设引力为以下形式

$$F(x) = -\frac{k^2 m}{x^n}, \tag{6.62}$$

其中, 我们考虑了引力与距离的 n 次反比情况, 与恒星质量以及万有引力常数有关的参数为正值, 我们不妨设其为 k^2, 代入式 (6.61) 可得

$$x_0^{3-n} < \frac{3h^2}{nk^2}. \tag{6.63}$$

另一方面, 将 $F(x)$ 代入平衡点满足的方程 $\dot{y} = 0$, 得

$$\frac{1}{m}\left(-\frac{k^2 m}{x_0^n}\right) + h^2 x_0^{-3} = 0 \rightarrow x_0^{3-n} = \frac{h^2}{k^2}. \tag{6.64}$$

将此结果代入上面的不等式 (6.63), 就可以得到

$$n < 3. \tag{6.65}$$

　　这说明对于有心力场下的动力学系统, 只有引力大小与距离三次方以下成反比的时候才是稳定的. 当 $n = 2$ 时, 式(6.62)为万有引力, 因此行星在万有引力作用下的轨道运动是稳定的.

6.4　傅科摆与几何相

6.4.1　傅科摆

1851 年，傅科进行了著名的傅科摆实验. 他根据地球自转的理论，提出除地球赤道以外的其他地方，单摆的振动面会发生旋转的现象，并付诸实验. 他选用直径为 30cm，重 28kg 的摆锤，摆长为 67m，利用万向节将它悬挂在巴黎万神殿圆屋顶的中央，使它可以在任何方向自由摆动. 下面放有直径为 6m 的沙盘和启动栓. 如果地球没有自转，则摆的振动面将保持不变; 如果地球在不停地自转，则摆的振动面在地球上的人看来将发生转动，摆尖在沙盘边沿画出的路线移动约 3mm 时，许多教徒目瞪口呆，有人甚至在久久凝视以后说: "确实觉得自己脚底下的地球在转动!" 这一实验又曾移到巴黎天文台重做，结论相同. 后又在不同地点进行实验，发现摆的振动面的旋转周期随地点而异，其频率正比于单摆所处地点的纬度的正弦，在两极的旋转周期为 24 小时. 振动面旋转方向，北半球为顺时针，南半球为逆时针. 以上实验就是著名的傅科摆实验，它是地球自转的最好证明. 由此，傅科被授予荣誉骑士五级勋章，并在物理学史上写下光辉的一页.

我们下面来介绍傅科摆的工作原理. 首先建立坐标系 (见图 6.1). 以傅科摆悬挂点到地心的连线为 z 轴，连线与地面的交点为原点，x 轴沿经线方向，y 轴沿着纬线方向. 傅科摆摆球的位置坐标为

$$\boldsymbol{r} = x\boldsymbol{i} + y\boldsymbol{j} + z\boldsymbol{k}, \tag{6.66}$$

其速度为

$$\begin{aligned}\dot{\boldsymbol{r}} &= \dot{x}\boldsymbol{i} + \dot{y}\boldsymbol{j} + \dot{z}\boldsymbol{k} + x\dot{\boldsymbol{i}} + y\dot{\boldsymbol{j}} + z\dot{\boldsymbol{k}} \\ &= \boldsymbol{v} + \boldsymbol{\omega} \times \boldsymbol{r}, \end{aligned} \tag{6.67}$$

其中，$\boldsymbol{v} = \dot{x}\boldsymbol{i} + \dot{y}\boldsymbol{j} + \dot{z}\boldsymbol{k}$，而

$$\boldsymbol{\omega} = (-\omega\cos\lambda,\, 0,\, \omega\sin\lambda), \tag{6.68}$$

是地球的角速度，λ 是纬度. $\boldsymbol{\omega}$ 极角是 $\pi/2 - \lambda$，方位角是 π. 注意此坐标系是一个动坐标系.

傅科摆的相对加速度 $\boldsymbol{a}_{\mathrm{r}}$，科里奥利加速度 $\boldsymbol{a}_{\mathrm{c}}$ 和牵连加速度 $\boldsymbol{a}_{\mathrm{t}}$ 分别为

$$\boldsymbol{a}_{\mathrm{r}} = \ddot{x}\boldsymbol{i} + \ddot{y}\boldsymbol{j} + \ddot{z}\boldsymbol{k}, \tag{6.69}$$

$$\boldsymbol{a}_{\mathrm{c}} = 2\boldsymbol{\omega} \times \boldsymbol{v}, \tag{6.70}$$

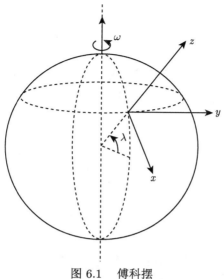

图 6.1 傅科摆

$$\boldsymbol{a}_{\mathrm{t}} = \dot{\boldsymbol{\omega}} \times \boldsymbol{r} + \boldsymbol{\omega} \times (\boldsymbol{\omega} \times \boldsymbol{r}). \tag{6.71}$$

这三个加速度与摆线的拉力 $\boldsymbol{T}$ 和重力 $m\boldsymbol{g}$ 的关系是

$$m\boldsymbol{g} + \boldsymbol{T} = m\boldsymbol{a}_{\mathrm{r}} + m\boldsymbol{a}_{\mathrm{c}} + m\boldsymbol{a}_{\mathrm{t}}, \tag{6.72}$$

考虑地球自转时，角速度可视为恒定矢量，并且地球角速度非常小，大约为 $\omega = 7.3 \times 10^{-5} \mathrm{rad/s}$，因此上式中牵连加速度 $\boldsymbol{a}_{\mathrm{t}} \approx 0$. 这样一来，我们得到

$$m\boldsymbol{a}_{\mathrm{r}} = m\boldsymbol{g} + \boldsymbol{T} - 2m\boldsymbol{\omega} \times \boldsymbol{v}. \tag{6.73}$$

利用方程(6.68)，将上式写成分量的形式

$$
\begin{aligned}
m\ddot{x} &= T_x + 2m\omega\dot{y}\sin\lambda, \\
m\ddot{y} &= T_y - 2m\omega(\dot{x}\sin\lambda + \dot{z}\cos\lambda), \\
m\ddot{z} &= T_z - mg + 2m\omega\dot{y}\cos\lambda.
\end{aligned}
\tag{6.74}
$$

绳子的拉力为 (见图 6.2)

$$T_x = T\sin\theta\cos(\phi + \pi) = -T\frac{r}{l}\cos\phi = -\frac{x}{l}T, \tag{6.75}$$

$$T_y = T\sin\theta\sin(\phi + \pi) = -T\frac{r}{l}\sin\phi = -\frac{y}{l}T, \tag{6.76}$$

$$T_z = T\cos\theta = \frac{l - z}{l}T, \tag{6.77}$$

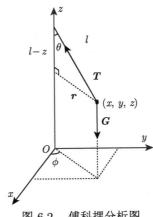

图 6.2　傅科摆分析图

其中，l 为摆线长度；T 为 $\boldsymbol{T}$ 的模. 当摆角很小的时候，我们可以作如下近似：

$$l - z = \sqrt{l^2 - (x^2 + y^2)} = l\left(1 - \frac{x^2 + y^2}{l^2}\right)^{1/2} \approx l\left(1 - \frac{x^2 + y^2}{2l^2}\right) \approx l, \quad (6.78)$$

因此

$$T_z = T. \tag{6.79}$$

由于 z 方向振动很小，故 $\dot{z} \approx 0$，$\ddot{z} \approx 0$，于是我们得到

$$m\ddot{x} = T_x + 2m\omega\dot{y}\sin\lambda, \tag{6.80}$$

$$m\ddot{y} = T_y - 2m\omega\dot{x}\sin\lambda, \tag{6.81}$$

$$mg = T + 2m\omega\dot{y}\cos\lambda. \tag{6.82}$$

又因为 ω 很小，因此根据上式最后一行我们有 $T \approx mg$，将其代入前两个式子后，并利用式 (6.75)—(6.77)，我们得到

$$\begin{aligned}\ddot{x} - 2\omega_z\dot{y} + \omega_0^2 x &= 0, \\ \ddot{y} + 2\omega_z\dot{x} + \omega_0^2 y &= 0,\end{aligned} \tag{6.83}$$

其中

$$\omega_0^2 = \frac{g}{l}, \quad \omega_z = \omega\sin\lambda. \tag{6.84}$$

显然 ω_0 是不考虑地球自转时单摆的频率.

　　令 $\alpha = x + \mathrm{i}y$，我们得到方程

$$\ddot{\alpha} + 2\mathrm{i}\omega_z\dot{\alpha} + \omega_0^2\alpha = 0, \tag{6.85}$$

我们可以令上面方程中的 α 为

$$\alpha = A \exp(n_1 t) + B \exp(n_2 t) \tag{6.86}$$

其中，n_1，n_2 为方程

$$n^2 + 2\mathrm{i}\omega_z n + \omega_0^2 = 0 \tag{6.87}$$

的两个根

$$n_1 = -\mathrm{i}\omega_z + \mathrm{i}\sqrt{\omega_z^2 + \omega_0^2} \approx -\mathrm{i}\omega_z + \mathrm{i}\omega_0, \tag{6.88}$$

$$n_2 = -\mathrm{i}\omega_z - \mathrm{i}\sqrt{\omega_z^2 + \omega_0^2} \approx -\mathrm{i}\omega_z - \mathrm{i}\omega_0. \tag{6.89}$$

因此，利用上面的近似 (ω/ω_0 非常小). 在无自转 ($\omega_z = 0$) 的情况下，

$$\begin{aligned}
\alpha &= \left(A\mathrm{e}^{\mathrm{i}\omega_0 t} + B\mathrm{e}^{-\mathrm{i}\omega_0 t}\right) \\
&= (A + B)\cos(\omega_0 t) + \mathrm{i}(A - B)\sin(\omega_0 t).
\end{aligned} \tag{6.90}$$

因此，回顾 α 的定义，我们有 α 实部和虚部分别为

$$x_1 = (A + B)\cos(\omega_0 t), \tag{6.91}$$

$$y_1 = (A - B)\sin(\omega_0 t). \tag{6.92}$$

有自转时 ($\omega_z \neq 0$)，我们有

$$\begin{aligned}
\alpha &= \mathrm{e}^{-\mathrm{i}\omega_z t}\left(A\mathrm{e}^{\mathrm{i}\omega_0 t} + B\mathrm{e}^{-\mathrm{i}\omega_0 t}\right) \\
&= \mathrm{e}^{-\mathrm{i}\omega_z t}(x_1 + \mathrm{i}y_1).
\end{aligned} \tag{6.93}$$

于是得

$$x = x_1 \cos(\omega_z t) + y_1 \sin(\omega_z t), \tag{6.94}$$

$$y = -x_1 \sin(\omega_z t) + y_1 \cos(\omega_z t). \tag{6.95}$$

这里，x 和 y 满足的关系可以写成下面的矩阵形式

$$\begin{pmatrix} x \\ y \end{pmatrix} = \begin{pmatrix} \cos(\omega_z t) & \sin(\omega_z t) \\ -\sin(\omega_z t) & \cos(\omega_z t) \end{pmatrix} \begin{pmatrix} x_1 \\ y_1 \end{pmatrix}. \tag{6.96}$$

因此，傅科摆包含两种周期运动: ① 单摆周期 $T = 2\pi\sqrt{l/g}$; ② 摆平面进动周期 $T' = 2\pi/\omega_z = 2\pi/(\omega \sin\lambda)$. 可以看到，在两极地区 ($\lambda = \pm\pi/2$)，进动周期最小，观察地球自转的效果最好，但两极进动方向相反; 而在赤道上，进动周期无穷长，观察不到地球自转.

傅科: 法国实验物理学家，1853 年由于光速的测定获物理学博士学位.

6.4.2　几何相

下面我们介绍几何相. 首先回顾上一节得到的方程

$$\ddot{\alpha} + 2i\omega_z\dot{\alpha} + \omega_0^2\alpha = 0, \tag{6.97}$$

假设其解的形式为

$$\alpha = \beta \exp\left(-i\omega_z t\right), \tag{6.98}$$

其中，β 是时间 t 的函数. α 的一阶和二阶导数为

$$\dot{\alpha} = \left(\dot{\beta} - i\omega_z\beta\right)\exp\left(-i\omega_z t\right), \tag{6.99}$$

$$\ddot{\alpha} = \left(\ddot{\beta} - 2i\omega_z\dot{\beta} - \beta\omega_z{}^2\right)\exp\left(-i\omega_z t\right), \tag{6.100}$$

代入微分方程 (6.97) 得

$$\ddot{\beta} + \left(\omega_z{}^2 + \omega_0^2\right)\beta = 0. \tag{6.101}$$

假设 $\omega_0 \gg \omega$，则上面的方程近似为

$$\ddot{\beta} + \omega_0^2\beta = 0 \tag{6.102}$$

解得 $\beta = A\exp(-i\omega_0 t)$. 因此，由于 $\omega_z = \omega\sin\lambda = \omega\cos\theta$，我们有

$$\alpha = A\exp\left(-it\omega\cos\theta - i\omega_0 t\right). \tag{6.103}$$

在 $t = 2\pi/\omega$ 时，

$$\begin{aligned}
\alpha &= A\exp\left(-i2\pi\cos\theta - i\omega_0 2\pi/\omega\right) \\
&= A\exp\left[i2\pi(1 - \cos\theta) - i\omega_0 2\pi/\omega\right] \\
&= A\exp(i\phi),
\end{aligned} \tag{6.104}$$

上式中的相位 ϕ 自然分成两项:

$$\phi = \frac{2\pi\omega_0}{\omega} + 2\pi(1 - \cos\theta) = \phi_{\mathrm{d}} + \phi_{\mathrm{g}}, \tag{6.105}$$

其中

$$\phi_{\mathrm{g}} = 2\pi\left(1 - \cos\theta\right) \tag{6.106}$$

为几何相，它有一个几何解释，是顶角为 2θ 的锥体所包围的立体角. 另一个相位

$$\phi_{\mathrm{d}} = \frac{2\pi\omega_0}{\omega} \tag{6.107}$$

叫作动力学相位.

6.5 阻尼谐振子

6.5.1 线性阻尼谐振子

阻尼谐振子的运动方程为

$$\ddot{x} + 2\alpha\dot{x} + \omega_0^2 x = 0, \quad \alpha > 0. \tag{6.108}$$

这里我们假设阻尼与 $\dot{x}$ 成正比, α 是比例系数, ω_0 是无阻力时谐振子的振动频率.

设解具有 $e^{\lambda t}$ 的形式, 其中 λ 是待定系数, 代入上述运动方程可以得到特征方程

$$\lambda^2 + 2\alpha\lambda + \omega_0^2 = 0 \tag{6.109}$$

特征根为

$$\lambda_\pm = -\alpha \pm \sqrt{\alpha^2 - \omega_0^2} = -\alpha \pm \mathrm{i}\sqrt{\omega_0^2 - \alpha^2}. \tag{6.110}$$

阻尼谐振子方程的通解为

$$x(t) = c_+ e^{\lambda_+ t} + c_- e^{\lambda_- t}. \tag{6.111}$$

考虑欠阻尼的情况 $(\alpha < \omega_0)$, 取 $\omega = \sqrt{\omega_0^2 - \alpha^2}$, 特征根可写为

$$\lambda_\pm = -\alpha \pm \mathrm{i}\omega. \tag{6.112}$$

于是, 运动方程的通解为

$$x = e^{-\alpha t}(c_- e^{-\mathrm{i}\omega t} + c_+ e^{\mathrm{i}\omega t}) = A e^{-\alpha t} \cos(\omega t + \phi). \tag{6.113}$$

取其微分, 得

$$\dot{x} = -\alpha x - \omega A e^{-\alpha t} \sin(\omega t + \phi). \tag{6.114}$$

由上面的两个方程, 相位 ϕ 可以由初始坐标和初始速度决定如下:

$$\phi = \arctan\left(-\frac{\dot{x}(0)}{\omega x(0)} - \frac{\alpha}{\omega}\right). \tag{6.115}$$

由方程 (6.113) 和 (6.114), 我们可以作如下变换:

$$u = \omega x = \rho \cos\psi, \tag{6.116}$$

$$v = \dot{x} + \alpha x = -\rho \sin\psi, \tag{6.117}$$

其中

$$\rho = \omega A e^{-\alpha t}, \tag{6.118}$$

$$\psi = \omega t + \phi, \tag{6.119}$$

分别叫作矢径和幅角. 可见, 矢径随时间缩短. 利用 $t = (\psi - \phi)/\omega$, 得

$$\rho = C e^{-\alpha \psi / \omega}, \tag{6.120}$$

其中, $C = \omega A e^{\alpha \phi / \omega}$. 上式表明, 阻尼谐振子的轨线的矢径是随转角的增加而缩短的.

在 $[u, v]$ 平面上阻尼谐振子的相轨线是向内旋转的螺旋线簇, 如图 6.3 所示. 阻尼谐振子的相轨线的矢径作衰减的原因是由于系统的能量耗散. 由于耗散, 无论初始时刻从相平面上的哪一点出发, 在经过若干次旋转之后, 最终都会趋向于坐标原点. 因此, 人们形象地称原点 O 为 "吸引子", 它把相空间里的点吸引过来. 这是最简单的一类吸引子, 称为零维吸引子, 因为数学上几何点的维数为 0. 代表点运动到原点 O, 相应于单摆静止下来, 所以原点 O 又称不动点.

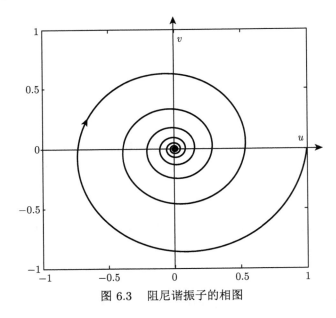

图 6.3   阻尼谐振子的相图

更一般地来说, **吸引子**是指时间足够长后, 系统在相空间中所趋向的有限区域. 除了上述的零维吸引子, 还有一维吸引子 (极限环)、二维环面、三维环面等.

6.5.2 非线性阻尼谐振子

前面我们研究的是具有常阻尼系数的单摆方程，方程 (6.108) 的一阶导数项的系数是一正的常数，它导致了单摆随时间做衰减振动. 现在研究一个具有非线性阻尼的微分方程，即

$$\ddot{x} + \epsilon(x^2 - 1)\dot{x} + \omega_0^2 x = 0, \tag{6.121}$$

其中，ϵ 是个小数. 这个方程被称为**范德波耳方程**. 直接求解该方程是很困难的，这里采用数值解.

可以将上面的方程化为二变量的方程组如下：

$$\dot{x} = y,$$
$$\dot{y} = -\epsilon(x^2 - 1)y - \omega_0^2 x. \tag{6.122}$$

我们可以利用龙格-库塔方法来数值求解.

只要初振幅不等于零，那么不论其量值如何，振幅总是趋向于一个稳定的幅值. 振动趋于一个定常振幅的周期振荡. 图 6.4 所示就是取 $\epsilon = 0.1$ 时实际计算得到的相轨线. 图 6.4 中那条较粗的闭合环线就是范德波耳方程定常振幅的相轨线，它被称为**极限环**. 当 $A < 2$ 时，初始处在极限环内的相点由于这时等效衰减系数 $\lambda < 0$，系统做增幅振动，于是相图上的轨线从内向外并趋近于极限环. 与此相反，当 $A > 2$ 时，初始处在极限环外相点由于这时等效衰减系数 $\lambda > 0$，系统做减幅

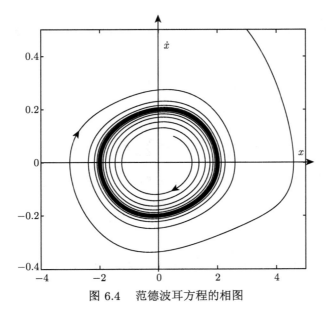

图 6.4　范德波耳方程的相图

振动, 于是轨线就从外向内逼近于极限环. 由此可见, **极限环也是一类吸引子, 它将环内与环外的相点吸引到环上.**

6.6 位 力 定 理

下面介绍与统计有关的一个定理——位力定理. 考虑 n 个质点, 某个质点的质量和坐标分别为 m_i 和 $\boldsymbol{r}_i$, 所受的外力为 $\boldsymbol{F}_i$. 根据牛顿方程

$$\dot{\boldsymbol{p}}_i = \boldsymbol{F}_i, \tag{6.123}$$

其中, $\boldsymbol{p}_i = m_i \dot{\boldsymbol{r}}_i$ 是动量. 现在我们定义一个物理量如下

$$G = \sum_{i=1}^{n} \boldsymbol{p}_i \cdot \boldsymbol{r}_i. \tag{6.124}$$

该物理量对时间的导数是

$$\begin{aligned} \dot{G} &= \sum_{i=1}^{n} \left(\dot{\boldsymbol{p}}_i \cdot \boldsymbol{r}_i + \boldsymbol{p}_i \cdot \dot{\boldsymbol{r}}_i \right) \\ &= \sum_{i=1}^{n} \left(\boldsymbol{F}_i \cdot \boldsymbol{r}_i + m_i \dot{\boldsymbol{r}}_i \cdot \dot{\boldsymbol{r}}_i \right) \\ &= \sum_{i=1}^{n} \boldsymbol{F}_i \cdot \boldsymbol{r}_i + 2T, \end{aligned} \tag{6.125}$$

其中, $T = \dfrac{1}{2} \sum\limits_{i=1}^{n} m_i \dot{\boldsymbol{r}}_i \cdot \dot{\boldsymbol{r}}_i$ 是质点组的总动能. 求 $\dot{G}$ 在 τ 时间内的平均值,

$$\frac{1}{\tau} \int_0^{\tau} \dot{G} \mathrm{d}t = \sum_{i=1}^{n} \overline{\boldsymbol{F}_i \cdot \boldsymbol{r}_i} + 2\overline{T}, \tag{6.126}$$

积分后得

$$\frac{1}{\tau} \left[G(\tau) - G(0) \right] = \sum_{i=1}^{n} \overline{\boldsymbol{F}_i \cdot \boldsymbol{r}_i} + 2\overline{T}. \tag{6.127}$$

一般来说, G 总是有限值, 因此当 $\tau \to \infty$ 时, 上式等号左边为 0, 因此我们得到

$$\overline{T} = -\frac{1}{2} \sum_{i=1}^{n} \overline{\boldsymbol{F}_i \cdot \boldsymbol{r}_i}, \tag{6.128}$$

上式即位力定理, 其右边的 $\dfrac{1}{2} \sum\limits_{i=1}^{n} \overline{\boldsymbol{F}_i \cdot \boldsymbol{r}_i}$ 被称为位力 (也叫均功). 位力定理表明, 如果时间足够长, 质点组的动能对时间的平均值等于负的均功.

接下来，我们具体考虑一个单质点的保守系统，根据位力定理，

$$\overline{T} = -\frac{1}{2}\overline{\boldsymbol{F} \cdot \boldsymbol{r}}, \tag{6.129}$$

其中

$$\boldsymbol{F} = -\nabla V = -\left(\frac{\partial V}{\partial r}\boldsymbol{e}_r + \frac{1}{r}\frac{\partial V}{\partial \theta}\boldsymbol{e}_\theta + \frac{1}{r\sin\theta}\frac{\partial V}{\partial \varphi}\boldsymbol{e}_\varphi\right), \tag{6.130}$$

则位力定理可以表示为

$$\overline{T} = -\frac{1}{2}\overline{\boldsymbol{F} \cdot \boldsymbol{r}} = \frac{1}{2}\overline{\frac{\partial V}{\partial r}r}. \tag{6.131}$$

我们考虑形式为 $V = ar^{n+1}$ 的中心力场，则有

$$\frac{\partial V}{\partial r}r = (n+1)V. \tag{6.132}$$

因此，根据式 (6.131) 我们得到

$$\overline{T} = \frac{1}{2}(n+1)\overline{V}. \tag{6.133}$$

对于平方反比的引力来说，$n = -2$，因此

$$\overline{T} = -\frac{1}{2}\overline{V}. \tag{6.134}$$

对于谐振子势，$n = 1$，则

$$\overline{T} = \overline{V}. \tag{6.135}$$

由于位力定理具有统计性质，因此常用在分子运动论中.

6.7 测地线方程和黎曼张量

这节介绍测地线方程和黎曼张量等概念. 求位形空间中连接两点的最短曲线，即测地线 (直线的推广) 方程. 设 ab 是曲面上两个邻近点，通过这两点的曲线方程为 $q^i = q^i(\tau), (i = 1, \cdots, d)$. 利用爱因斯坦求和约定，两点间的曲线总长度为

$$s(l) = \int \mathrm{d}s = \int \sqrt{g_{ij}\mathrm{d}q^i\mathrm{d}q^j} = \int_{\tau_a}^{\tau_b} \sqrt{g_{ij}\dot{q}^i\dot{q}^j}\mathrm{d}\tau = \int_{\tau_a}^{\tau_b} L\mathrm{d}\tau \tag{6.136}$$

式中，$\dot{q}^i = \mathrm{d}q^i/\mathrm{d}\tau$，$g_{ij}$ 是度规.

根据变分原理，如果上面的弧长最短，则有

$$\delta \int_{\tau_a}^{\tau_b} L\mathrm{d}\tau = 0 \tag{6.137}$$

L 是拉格朗日函数，从上式可以得到欧拉-拉格朗日方程:

$$\frac{\mathrm{d}}{\mathrm{d}\tau}\left(\frac{\partial L}{\partial \dot{q}^m}\right) = \frac{\partial L}{\partial q^m}. \tag{6.138}$$

对拉格朗日函数求导得

$$\begin{aligned}
\frac{\partial L}{\partial \dot{q}^m} &= \frac{1}{2L}\left(g_{ij}\delta_{im}\dot{q}^j + g_{ij}\dot{q}^i\delta_{jm}\right)\\
&= \frac{1}{2L}\left(g_{mj}\dot{q}^j + g_{im}\dot{q}^i\right)\\
&= \frac{1}{2L}\left(g_{mj}\dot{q}^j + g_{mi}\dot{q}^i\right)\\
&= g_{mj}\dot{q}^j,
\end{aligned} \tag{6.139}$$

$$\frac{\partial L}{\partial q^m} = \frac{1}{2L}\frac{\partial g_{ij}}{\partial q^m}\dot{q}^i\dot{q}^j. \tag{6.140}$$

取 τ 为自某点量起的曲线长度 s ($\mathrm{d}\tau = \mathrm{d}s$)，这时 $L = 1$，则

$$\begin{aligned}
\frac{\mathrm{d}}{\mathrm{d}s}\left(\frac{\partial L}{\partial \dot{q}^m}\right) &= \frac{\mathrm{d}}{\mathrm{d}s}\left(g_{mj}\dot{q}^j\right)\\
&= \frac{\partial g_{mj}}{\partial q^i}\dot{q}^i\dot{q}^j + g_{mj}\ddot{q}^j\\
&= \frac{\partial g_{mi}}{\partial q^j}\dot{q}^j\dot{q}^i + g_{mn}\ddot{q}^n.
\end{aligned} \tag{6.141}$$

(指标变换) 将以上等式代入欧拉-拉格朗日方程. 于是，我们得到测地线方程为

$$g_{mn}\ddot{q}^n + \frac{1}{2}\left(\frac{\partial g_{mi}}{\partial q^j} + \frac{\partial g_{mj}}{\partial q^i} - \frac{\partial g_{ij}}{\partial q^m}\right)\dot{q}^i\dot{q}^j = 0. \tag{6.142}$$

下面讨论测地线方程的另一种形式. 根据逆矩阵的性质，我们有

$$g^{nm}g_{mk} = \delta_k^n \tag{6.143}$$

其中，g^{nm} 是二阶逆变度规张量. 在式 (6.142) 两边同时乘上 g^{nm}，整理可得

$$\ddot{q}^n + \Gamma_{ij}^n \dot{q}^i\dot{q}^j = 0, \tag{6.144}$$

其中

$$\Gamma_{ij}^n = g^{nm}\frac{1}{2}\left(\frac{\partial g_{mi}}{\partial q^j} + \frac{\partial g_{mj}}{\partial q^i} - \frac{\partial g_{ij}}{\partial q^m}\right), \tag{6.145}$$

称为**联络**. 上式可以表示成如下形式:

$$\Gamma_{ij}^n = g^{nm}\Gamma_{mij}, \tag{6.146}$$

其中

$$\Gamma_{mij} = \frac{1}{2}\left(\frac{\partial g_{mi}}{\partial q^j} + \frac{\partial g_{mj}}{\partial q^i} - \frac{\partial g_{ij}}{\partial q^m}\right). \tag{6.147}$$

即说明联络 Γ_{ij}^n 可以通过度规张量来对指标升降.

接下来，我们介绍联络的两个重要性质: ① 联络是非张量; ② 交换对称性，即交换两个下指标有

$$\Gamma_{ij}^n = \Gamma_{ji}^n. \tag{6.148}$$

在证明性质①之前，我们首先来证明 Γ_{mij} 是非张量. 根据第 2 章的介绍，已知度规张量 g_{mn} 是二阶协变张量，在坐标变换 $\boldsymbol{Q}(\boldsymbol{q}): \boldsymbol{q} \to \boldsymbol{Q}$ 下，有

$$G_{ij}(\boldsymbol{Q}) = g_{mn}(\boldsymbol{q})\frac{\partial q^m}{\partial Q^i}\frac{\partial q^n}{\partial Q^j}, \tag{6.149}$$

根据定义式 (6.147)，在新坐标系下，我们有

$$\Gamma'_{ijk} = \frac{1}{2}\left(\frac{\partial G_{ij}}{\partial Q^k} + \frac{\partial G_{ki}}{\partial Q^j} - \frac{\partial G_{jk}}{\partial Q^i}\right). \tag{6.150}$$

括号中三项可以通过对式 (6.149) 分别对 Q^k, Q^j, Q^l 求导得到

$$\begin{aligned}
\frac{\partial G_{ij}}{\partial Q^k} &= \frac{\partial g_{mn}}{\partial q^l}\frac{\partial q^l}{\partial Q^k}\frac{\partial q^m}{\partial Q^i}\frac{\partial q^n}{\partial Q^j} + g_{mn}\frac{\partial^2 q^m}{\partial Q^i \partial Q^k}\frac{\partial q^n}{\partial Q^j} + g_{mn}\frac{\partial q^m}{\partial Q^i}\frac{\partial^2 q^n}{\partial Q^j \partial Q^k} \\
&= \frac{\partial g_{mn}}{\partial q^l}\frac{\partial q^m}{\partial Q^i}\frac{\partial q^n}{\partial Q^j}\frac{\partial q^l}{\partial Q^k} + g_{mn}\frac{\partial^2 q^m}{\partial Q^i \partial Q^k}\frac{\partial q^n}{\partial Q^j} + g_{mn}\frac{\partial q^m}{\partial Q^i}\frac{\partial^2 q^n}{\partial Q^j \partial Q^k} \\
&= \frac{\partial g_{lm}}{\partial q^n}\frac{\partial q^l}{\partial Q^i}\frac{\partial q^m}{\partial Q^j}\frac{\partial q^n}{\partial Q^k} + g_{mn}\frac{\partial^2 q^m}{\partial Q^i \partial Q^k}\frac{\partial q^n}{\partial Q^j} + g_{mn}\frac{\partial q^m}{\partial Q^i}\frac{\partial^2 q^n}{\partial Q^j \partial Q^k},
\end{aligned} \tag{6.151}$$

其中，第二个等号是对第一个等号中的第一项移项得到的; 第三个等号是对第一项作指标轮换 $m \to l \to n \to m$ 得到的. 同理可得

$$\begin{aligned}
\frac{\partial G_{ki}}{\partial Q^j} &= \frac{\partial g_{mn}}{\partial q^l}\frac{\partial q^l}{\partial Q^j}\frac{\partial q^m}{\partial Q^k}\frac{\partial q^n}{\partial Q^i} + g_{mn}\frac{\partial^2 q^m}{\partial Q^k \partial Q^j}\frac{\partial q^n}{\partial Q^i} + g_{mn}\frac{\partial q^m}{\partial Q^k}\frac{\partial^2 q^n}{\partial Q^i \partial Q^j} \\
&= \frac{\partial g_{mn}}{\partial q^l}\frac{\partial q^n}{\partial Q^i}\frac{\partial q^l}{\partial Q^j}\frac{\partial q^m}{\partial Q^k} + g_{mn}\frac{\partial^2 q^m}{\partial Q^k \partial Q^j}\frac{\partial q^n}{\partial Q^i} + g_{mn}\frac{\partial q^m}{\partial Q^k}\frac{\partial^2 q^n}{\partial Q^i \partial Q^j} \\
&= \frac{\partial g_{nl}}{\partial q^m}\frac{\partial q^l}{\partial Q^i}\frac{\partial q^m}{\partial Q^j}\frac{\partial q^n}{\partial Q^k} + g_{mn}\frac{\partial^2 q^m}{\partial Q^k \partial Q^j}\frac{\partial q^n}{\partial Q^i} + g_{mn}\frac{\partial q^m}{\partial Q^k}\frac{\partial^2 q^n}{\partial Q^i \partial Q^j},
\end{aligned} \tag{6.152}$$

$$\frac{\partial G_{jk}}{\partial Q^i} = \frac{\partial g_{mn}}{\partial q^l}\frac{\partial q^l}{\partial Q^i}\frac{\partial q^m}{\partial Q^j}\frac{\partial q^n}{\partial Q^k} + g_{mn}\frac{\partial^2 q^m}{\partial Q^j \partial Q^i}\frac{\partial q^n}{\partial Q^k} + g_{mn}\frac{\partial q^m}{\partial Q^j}\frac{\partial^2 q^n}{\partial Q^k \partial Q^i}, \tag{6.153}$$

整理可得

$$\Gamma'_{ijk} = \Gamma_{lmn} \frac{\partial q^l}{\partial Q^i} \frac{\partial q^m}{\partial Q^j} \frac{\partial q^n}{\partial Q^k} + \frac{A}{2}, \tag{6.154}$$

其中

$$\begin{aligned}
A &= g_{mn} \frac{\partial^2 q^m}{\partial Q^i \partial Q^k} \frac{\partial q^n}{\partial Q^j} + g_{mn} \frac{\partial q^m}{\partial Q^i} \frac{\partial^2 q^n}{\partial Q^j \partial Q^k} + g_{mn} \frac{\partial^2 q^m}{\partial Q^k \partial Q^j} \frac{\partial q^n}{\partial Q^i} \\
&\quad + g_{mn} \frac{\partial q^m}{\partial Q^k} \frac{\partial^2 q^n}{\partial Q^i \partial Q^j} - g_{mn} \frac{\partial^2 q^m}{\partial Q^j \partial Q^i} \frac{\partial q^n}{\partial Q^k} - g_{mn} \frac{\partial q^m}{\partial Q^j} \frac{\partial^2 q^n}{\partial Q^k \partial Q^i} \\
&= 2g_{mn} \frac{\partial q^m}{\partial Q^i} \frac{\partial^2 q^n}{\partial Q^j \partial Q^k},
\end{aligned} \tag{6.155}$$

其中，利用了 $g_{mn} = g_{nm}$ 和 $\dfrac{\partial^2 q^m}{\partial Q^i \partial Q^k} = \dfrac{\partial^2 q^m}{\partial Q^k \partial Q^i}$，并注意到第一项和第六项，第四项和第五项分别相消，第三项和第四项两项相等，从而得到第二个等号. 因此最终可得

$$\Gamma'_{ijk} = \Gamma_{lmn} \frac{\partial q^l}{\partial Q^i} \frac{\partial q^m}{\partial Q^j} \frac{\partial q^n}{\partial Q^k} + g_{mn} \frac{\partial q^m}{\partial Q^i} \frac{\partial^2 q^n}{\partial Q^j \partial Q^k}. \tag{6.156}$$

由上式可知，Γ'_{ijk} 为非张量.

下面我们开始证明联络非张量，根据式 (6.146) 有

$$\begin{aligned}
\Gamma'^i_{jk} &= G^{ii'} \Gamma'_{i'jk} \\
&= g^{m'n'} \frac{\partial Q^i}{\partial q^{m'}} \frac{\partial Q^{i'}}{\partial q^{n'}} \Gamma_{lmn} \frac{\partial q^l}{\partial Q^{i'}} \frac{\partial q^m}{\partial Q^j} \frac{\partial q^n}{\partial Q^k} + g^{m'n'} \frac{\partial Q^i}{\partial q^{m'}} \frac{\partial Q^{i'}}{\partial q^{n'}} g_{mn} \frac{\partial q^m}{\partial Q^{i'}} \frac{\partial^2 q^n}{\partial Q^j \partial Q^k} \\
&= g^{m'l} \Gamma_{lmn} \frac{\partial Q^i}{\partial q^{m'}} \frac{\partial q^m}{\partial Q^j} \frac{\partial q^n}{\partial Q^k} + g^{m'm} g_{mn} \frac{\partial Q^i}{\partial q^{m'}} \frac{\partial^2 q^n}{\partial Q^j \partial Q^k} \\
&= \Gamma^{m'}_{mn} \frac{\partial Q^i}{\partial q^{m'}} \frac{\partial q^m}{\partial Q^j} \frac{\partial q^n}{\partial Q^k} + \frac{\partial Q^i}{\partial q^n} \frac{\partial^2 q^n}{\partial Q^j \partial Q^k} \\
&= \Gamma^l_{mn} \frac{\partial Q^i}{\partial q^l} \frac{\partial q^m}{\partial Q^j} \frac{\partial q^n}{\partial Q^k} + \frac{\partial Q^i}{\partial q^n} \frac{\partial^2 q^n}{\partial Q^j \partial Q^k},
\end{aligned} \tag{6.157}$$

其中，第三个等号是因为有 $\dfrac{\partial Q^{i'}}{\partial q^{n'}} \dfrac{\partial q^l}{\partial Q^{i'}} = \delta^l_{n'}$，且 $\dfrac{\partial Q^{i'}}{\partial q^{n'}} \dfrac{\partial q^m}{\partial Q^{i'}} = \delta^m_{n'}$；第四个等号利用了式 (6.146) 和 $g^{m'm} g_{mn} = \delta^{m'}_n$. 因此，根据第 2 章中张量的定义，由式 (6.157) 可以看出 Γ'^i_{jk} 为非张量.

上面我们证明了联络是非张量. 那么可否由联络 Γ^l_{mn} 导出一个张量来呢? 这个张量即是黎曼张量. 从式 (6.157) 出发，我们有

$$\frac{\partial q^{i'}}{\partial Q^i} \Gamma'^i_{jk} = \Gamma^l_{mn} \frac{\partial q^{i'}}{\partial Q^i} \frac{\partial Q^i}{\partial q^l} \frac{\partial q^m}{\partial Q^j} \frac{\partial q^n}{\partial Q^k} + \frac{\partial q^{i'}}{\partial Q^i} \frac{\partial Q^i}{\partial q^n} \frac{\partial^2 q^n}{\partial Q^j \partial Q^k}$$

$$\begin{aligned}
&= \Gamma^{i'}_{mn} \frac{\partial q^m}{\partial Q^j} \frac{\partial q^n}{\partial Q^k} + \frac{\partial^2 q^{i'}}{\partial Q^j \partial Q^k} \\
&= \Gamma^{i'}_{j'k'} \frac{\partial q^{j'}}{\partial Q^j} \frac{\partial q^{k'}}{\partial Q^k} + \frac{\partial^2 q^{i'}}{\partial Q^j \partial Q^k},
\end{aligned} \tag{6.158}$$

其中, 第三个等号是对第二个等号中的指标作替换: $m \to j'$ 和 $n \to k'$. 将上式反解可得

$$\frac{\partial^2 q^{i'}}{\partial Q^j \partial Q^k} = \frac{\partial q^{i'}}{\partial Q^i} \Gamma'^i_{jk} - \Gamma^{i'}_{j'k'} \frac{\partial q^{j'}}{\partial Q^j} \frac{\partial q^{k'}}{\partial Q^k}. \tag{6.159}$$

对上式关于 Q^l 求导可得

$$\begin{aligned}
\frac{\partial^3 q^{i'}}{\partial Q^j \partial Q^k \partial Q^l} &= \frac{\partial^2 q^{i'}}{\partial Q^i \partial Q^l} \Gamma'^i_{jk} + \frac{\partial q^{i'}}{\partial Q^i} \frac{\partial \Gamma'^i_{jk}}{\partial Q^l} - \frac{\partial \Gamma^{i'}_{j'k'}}{\partial Q^l} \frac{\partial q^{j'}}{\partial Q^j} \frac{\partial q^{k'}}{\partial Q^k} \\
&\quad - \Gamma^{i'}_{j'k'} \frac{\partial^2 q^{j'}}{\partial Q^j \partial Q^l} \frac{\partial q^{k'}}{\partial Q^k} - \Gamma^{i'}_{j'k'} \frac{\partial q^{j'}}{\partial Q^j} \frac{\partial^2 q^{k'}}{\partial Q^k \partial Q^l}.
\end{aligned} \tag{6.160}$$

将式 (6.160) 中指标 $k \leftrightarrow l$ 互换得

$$\begin{aligned}
\frac{\partial^3 q^{i'}}{\partial Q^j \partial Q^l \partial Q^k} &= \frac{\partial^2 q^{i'}}{\partial Q^i \partial Q^k} \Gamma'^i_{jl} + \frac{\partial q^{i'}}{\partial Q^i} \frac{\partial \Gamma'^i_{jl}}{\partial Q^k} - \frac{\partial \Gamma^{i'}_{j'k'}}{\partial Q^k} \frac{\partial q^{j'}}{\partial Q^j} \frac{\partial q^{k'}}{\partial Q^l} \\
&\quad - \Gamma^{i'}_{j'k'} \frac{\partial^2 q^{j'}}{\partial Q^j \partial Q^k} \frac{\partial q^{k'}}{\partial Q^l} - \Gamma^{i'}_{j'k'} \frac{\partial q^{j'}}{\partial Q^j} \frac{\partial^2 q^{k'}}{\partial Q^l \partial Q^k}.
\end{aligned} \tag{6.161}$$

再将式 (6.160) 和 (6.161) 相减得

$$\begin{aligned}
0 = {}& \frac{\partial^2 q^{i'}}{\partial Q^i \partial Q^l} \Gamma'^i_{jk} - \frac{\partial^2 q^{i'}}{\partial Q^i \partial Q^k} \Gamma'^i_{jl} + \Gamma^{i'}_{j'k'} \frac{\partial^2 q^{j'}}{\partial Q^j \partial Q^k} \frac{\partial q^{k'}}{\partial Q^l} - \Gamma^{i'}_{j'k'} \frac{\partial^2 q^{j'}}{\partial Q^j \partial Q^l} \frac{\partial q^{k'}}{\partial Q^k} \\
&+ \frac{\partial q^{i'}}{\partial Q^i} \left(\frac{\partial \Gamma'^i_{jk}}{\partial Q^l} - \frac{\partial \Gamma'^i_{jl}}{\partial Q^k} \right) + \frac{\partial \Gamma^{i'}_{j'k'}}{\partial Q^k} \frac{\partial q^{j'}}{\partial Q^j} \frac{\partial q^{k'}}{\partial Q^l} - \frac{\partial \Gamma^{i'}_{j'k'}}{\partial Q^l} \frac{\partial q^{j'}}{\partial Q^j} \frac{\partial q^{k'}}{\partial Q^k}.
\end{aligned} \tag{6.162}$$

下面我们分别对上式中各项作展开.

第一、二项: 根据式 (6.159) 有

$$\frac{\partial^2 q^{i'}}{\partial Q^s \partial Q^l} = \frac{\partial q^{i'}}{\partial Q^t} \Gamma'^t_{sl} - \Gamma^{i'}_{j'k'} \frac{\partial q^{j'}}{\partial Q^s} \frac{\partial q^{k'}}{\partial Q^l}. \tag{6.163}$$

因此, 第一项可以写成

$$\frac{\partial^2 q^{i'}}{\partial Q^s \partial Q^l} \Gamma'^s_{jk} = \frac{\partial q^{i'}}{\partial Q^t} \Gamma'^t_{sl} \Gamma'^s_{jk} - \Gamma'^s_{jk} \Gamma^{i'}_{j'k'} \frac{\partial q^{j'}}{\partial Q^s} \frac{\partial q^{k'}}{\partial Q^l}, \tag{6.164}$$

互换指标 $k \leftrightarrow l$ 得第二项

$$\frac{\partial^2 q^{i'}}{\partial Q^s \partial Q^k} \Gamma'^s_{jl} = \frac{\partial q^{i'}}{\partial Q^t} \Gamma'^t_{sk} \Gamma'^s_{jl} - \Gamma'^s_{jl} \Gamma^{i'}_{j'k'} \frac{\partial q^{j'}}{\partial Q^s} \frac{\partial q^{k'}}{\partial Q^k}. \tag{6.165}$$

将式 (6.164) 和 (6.165) 相减有

$$
\frac{\partial^2 q^{i'}}{\partial Q^s \partial Q^l}\Gamma'^s_{jk} - \frac{\partial^2 q^{i'}}{\partial Q^s \partial Q^k}\Gamma'^s_{jl}
$$
$$
= \frac{\partial q^{i'}}{\partial Q^t}\left(\Gamma'^t_{sl}\Gamma'^s_{jk} - \Gamma'^t_{sk}\Gamma'^s_{jl}\right) + \Gamma'^s_{jl}\Gamma^{i'}_{j'k'}\frac{\partial q^{j'}}{\partial Q^s}\frac{\partial q^{k'}}{\partial Q^k} - \Gamma'^s_{jk}\Gamma^{i'}_{j'k'}\frac{\partial q^{j'}}{\partial Q^s}\frac{\partial q^{k'}}{\partial Q^l}. \quad (6.166)
$$

第三、四项: 同理, 根据式 (6.163), 第三项可以写成

$$
\Gamma^{i'}_{l's'}\frac{\partial^2 q^{l'}}{\partial Q^j \partial Q^k}\frac{\partial q^{s'}}{\partial Q^l} = \Gamma^{i'}_{l's'}\frac{\partial q^{s'}}{\partial Q^l}\left(\frac{\partial q^{l'}}{\partial Q^t}\Gamma'^t_{jk} - \Gamma^{l'}_{j'k'}\frac{\partial q^{j'}}{\partial Q^j}\frac{\partial q^{k'}}{\partial Q^k}\right)
$$
$$
= \Gamma^{i'}_{l's'}\Gamma'^t_{jk}\frac{\partial q^{s'}}{\partial Q^l}\frac{\partial q^{l'}}{\partial Q^t} - \Gamma^{i'}_{l's'}\Gamma^{l'}_{j'k'}\frac{\partial q^{s'}}{\partial Q^l}\frac{\partial q^{j'}}{\partial Q^j}\frac{\partial q^{k'}}{\partial Q^k}
$$
$$
= \Gamma^{i'}_{j'k'}\Gamma'^s_{jk}\frac{\partial q^{k'}}{\partial Q^l}\frac{\partial q^{j'}}{\partial Q^s} - \Gamma^{i'}_{s'l'}\Gamma^{s'}_{j'k'}\frac{\partial q^{l'}}{\partial Q^l}\frac{\partial q^{j'}}{\partial Q^j}\frac{\partial q^{k'}}{\partial Q^k}. \quad (6.167)
$$

互换第二个等号中的第一项的指标 $s' \leftrightarrow k'$, $l' \leftrightarrow j'$, $t \leftrightarrow s$, 再互换第二项中的指标 $s' \leftrightarrow l'$ 最终得到第三个等号. 互换指标 $k \leftrightarrow l$ 得第四项

$$
\Gamma^{i'}_{l's'}\frac{\partial^2 q^{l'}}{\partial Q^j \partial Q^l}\frac{\partial q^{s'}}{\partial Q^k} = \Gamma^{i'}_{j'k'}\Gamma'^s_{jl}\frac{\partial q^{k'}}{\partial Q^k}\frac{\partial q^{j'}}{\partial Q^s} - \Gamma^{i'}_{s'l'}\Gamma^{s'}_{j'k'}\frac{\partial q^{l'}}{\partial Q^k}\frac{\partial q^{j'}}{\partial Q^j}\frac{\partial q^{k'}}{\partial Q^l}
$$
$$
= \Gamma^{i'}_{j'k'}\Gamma'^s_{jl}\frac{\partial q^{k'}}{\partial Q^k}\frac{\partial q^{j'}}{\partial Q^s} - \Gamma^{i'}_{s'k'}\Gamma^{s'}_{j'l'}\frac{\partial q^{k'}}{\partial Q^k}\frac{\partial q^{j'}}{\partial Q^j}\frac{\partial q^{l'}}{\partial Q^l}. \quad (6.168)
$$

将式 (6.167) 和 (6.168) 相减有

$$
\Gamma^{i'}_{l's'}\frac{\partial^2 q^{l'}}{\partial Q^j \partial Q^k}\frac{\partial q^{s'}}{\partial Q^l} - \Gamma^{i'}_{l's'}\frac{\partial^2 q^{l'}}{\partial Q^j \partial Q^l}\frac{\partial q^{s'}}{\partial Q^k}
$$
$$
= \Gamma^{i'}_{j'k'}\Gamma'^s_{jk}\frac{\partial q^{k'}}{\partial Q^l}\frac{\partial q^{j'}}{\partial Q^s} - \Gamma^{i'}_{j'k'}\Gamma'^s_{jl}\frac{\partial q^{k'}}{\partial Q^k}\frac{\partial q^{j'}}{\partial Q^s} + \left(\Gamma^{i'}_{s'k'}\Gamma^{s'}_{j'l'} - \Gamma^{i'}_{s'l'}\Gamma^{s'}_{j'k'}\right)\frac{\partial q^{l'}}{\partial Q^l}\frac{\partial q^{j'}}{\partial Q^j}\frac{\partial q^{k'}}{\partial Q^k}.
$$
$$
(6.169)
$$

将式 (6.166) 和 (6.169) 相加得 (即式 (6.162)前四项之和)

$$
\frac{\partial q^{i'}}{\partial Q^t}\left(\Gamma'^t_{sl}\Gamma'^s_{jk} - \Gamma'^t_{sk}\Gamma'^s_{jl}\right) + \left(\Gamma^{i'}_{s'k'}\Gamma^{s'}_{j'l'} - \Gamma^{i'}_{s'l'}\Gamma^{s'}_{j'k'}\right)\frac{\partial q^{l'}}{\partial Q^l}\frac{\partial q^{j'}}{\partial Q^j}\frac{\partial q^{k'}}{\partial Q^k}. \quad (6.170)
$$

式 (6.162) 的第五、六项为

$$
\frac{\partial q^{i'}}{\partial Q^t}\left(\frac{\partial \Gamma'^t_{jk}}{\partial Q^l} - \frac{\partial \Gamma'^t_{jl}}{\partial Q^k}\right). \quad (6.171)
$$

第七、八项: 第七项可以写成如下形式

$$\frac{\partial \Gamma_{j'k'}^{i'}}{\partial Q^k} \frac{\partial q^{j'}}{\partial Q^j} \frac{\partial q^{k'}}{\partial Q^l} = \frac{\partial \Gamma_{j'k'}^{i'}}{\partial q^{l'}} \frac{\partial q^{l'}}{\partial Q^k} \frac{\partial q^{j'}}{\partial Q^j} \frac{\partial q^{k'}}{\partial Q^l}$$

$$= \frac{\partial \Gamma_{j'l'}^{i'}}{\partial q^{k'}} \frac{\partial q^{k'}}{\partial Q^k} \frac{\partial q^{j'}}{\partial Q^j} \frac{\partial q^{l'}}{\partial Q^l}, \tag{6.172}$$

这里，我们互换指标 $k' \leftrightarrow l'$. 同理，第八项可以写成

$$-\frac{\partial \Gamma_{j'k'}^{i'}}{\partial Q^l} \frac{\partial q^{j'}}{\partial Q^j} \frac{\partial q^{k'}}{\partial Q^k} = -\frac{\partial \Gamma_{j'k'}^{i'}}{\partial q^{l'}} \frac{\partial q^{l'}}{\partial Q^l} \frac{\partial q^{j'}}{\partial Q^j} \frac{\partial q^{k'}}{\partial Q^k}. \tag{6.173}$$

将式 (6.172) 和(6.173) 相加得

$$\frac{\partial \Gamma_{j'k'}^{i'}}{\partial Q^k} \frac{\partial q^{j'}}{\partial Q^j} \frac{\partial q^{k'}}{\partial Q^l} - \frac{\partial \Gamma_{j'k'}^{i'}}{\partial Q^l} \frac{\partial q^{j'}}{\partial Q^j} \frac{\partial q^{k'}}{\partial Q^k} = \left(\frac{\partial \Gamma_{j'l'}^{i'}}{\partial q^{k'}} - \frac{\partial \Gamma_{j'k'}^{i'}}{\partial q^{l'}} \right) \frac{\partial q^{l'}}{\partial Q^l} \frac{\partial q^{j'}}{\partial Q^j} \frac{\partial q^{k'}}{\partial Q^k}. \tag{6.174}$$

将式 (6.170)，(6.171) 和 (6.174)代入式 (6.162) 得

$$0 = \frac{\partial q^{i'}}{\partial Q^t} \left(\frac{\partial \Gamma_{jk}'^t}{\partial Q^l} - \frac{\partial \Gamma_{jl}'^t}{\partial Q^k} + \Gamma_{ls}'^t \Gamma_{jk}'^s - \Gamma_{ks}'^t \Gamma_{jl}'^s \right)$$

$$= \left(\frac{\partial \Gamma_{j'k'}^{i'}}{\partial q^{l'}} - \frac{\partial \Gamma_{j'l'}^{i'}}{\partial q^{k'}} + \Gamma_{l's'}^{i'} \Gamma_{j'k'}^{s'} - \Gamma_{k's'}^{i'} \Gamma_{j'l'}^{s'} \right) \frac{\partial q^{l'}}{\partial Q^l} \frac{\partial q^{j'}}{\partial Q^j} \frac{\partial q^{k'}}{\partial Q^k}. \tag{6.175}$$

令 $R_{jkl}'^t = \frac{\partial \Gamma_{jk}'^t}{\partial Q^l} - \frac{\partial \Gamma_{jl}'^t}{\partial Q^k} + \Gamma_{ls}'^t \Gamma_{jk}'^s - \Gamma_{ks}'^t \Gamma_{jl}'^s$，则上式可简写成

$$\frac{\partial q^{i'}}{\partial Q^t} R_{jkl}'^t = \frac{\partial q^{l'}}{\partial Q^l} \frac{\partial q^{j'}}{\partial Q^j} \frac{\partial q^{k'}}{\partial Q^k} R_{j'k'l'}^{i'}. \tag{6.176}$$

等式两边同时左乘 $\partial Q^i/\partial q^{i'}$ 有

$$R_{jkl}'^i = \frac{\partial Q^i}{\partial q^{i'}} \frac{\partial q^{l'}}{\partial Q^l} \frac{\partial q^{j'}}{\partial Q^j} \frac{\partial q^{k'}}{\partial Q^k} R_{j'k'l'}^{i'}. \tag{6.177}$$

这里，$R_{jkl}^i = \frac{\partial \Gamma_{jk}^i}{\partial q^l} - \frac{\partial \Gamma_{jl}^i}{\partial q^k} + \Gamma_{ls}^i \Gamma_{jk}^s - \Gamma_{ks}^i \Gamma_{jl}^s$ 称为**黎曼张量**，是一阶逆变，三阶协变张量. 定义 $R_{jl} = R_{jil}^i$ 为**里奇张量**，其中对指标 i 收缩. 进而定义 $R = g^{jl} R_{jl}$ 为**曲率**，其中再次对指标 j 和 l 收缩. 曲率表示的是空间本身内在的几何性质.

参 考 文 献

[1] 鞠国兴. 理论力学学习指导与习题解析. 北京：科学出版社，2008.

[2] 张启仁. 经典力学. 北京：科学出版社，2002.

[3] Berry M V. Classical adiabatic angles and quantal adiabatic phase. Journal of Physics A: Mathematical and General, 1985, 18(1): 15-27.

[4] Dittrich W, Reuters M. Classical and Quantum Dynamics. Berlin: Springer-Verlag, 1994.

[5] 朗道 Л Д，栗弗席兹 Е М. 理论物理学教程. 第一卷，力学. 李俊峰，译. 北京：高等教育出版社，2007.

第 7 章 分析力学专题

7.1 狭义相对论情况下的哈密顿量

相对论力学中，物体的相对论质量又称为动质量，其定义为

$$m = \frac{m_0}{\sqrt{1 - v^2/c^2}}, \tag{7.1}$$

其中，m_0 是物体的静质量，v 是速度，c 为光速. 在相对论情况下自由粒子的动能就是物体的总能量 $E = mc^2$ 与静止能量之差

$$\begin{aligned} T &= mc^2 - m_0 c^2 \\ &= m_0 c^2 \left(\frac{1}{\sqrt{1 - v^2/c^2}} - 1 \right). \end{aligned} \tag{7.2}$$

这样保证了静止时物体动能为 0. 如果在速度很小的情况下，即 $v \ll c$，利用公式

$$(1-x)^\alpha = 1 - \alpha x + \cdots \tag{7.3}$$

展开式(7.2)，并忽略高阶项，可以得到我们熟悉的动能表达式

$$T = \frac{1}{2} m_0 v^2. \tag{7.4}$$

下面研究相对论情况下粒子的拉格朗日量和哈密顿量. 我们首先承认: ① 能量即哈密顿量; ② 哈密顿量和拉格朗日量满足关系式

$$H = \frac{\partial L}{\partial \dot{x}} \dot{x} + \frac{\partial L}{\partial \dot{y}} \dot{y} + \frac{\partial L}{\partial \dot{z}} \dot{z} - L. \tag{7.5}$$

由此猜出拉格朗日量. 因此系统的 "哈密顿量" 为

$$H = m_0 c^2 \left(\frac{1}{\sqrt{1 - v^2/c^2}} - 1 \right) + V. \tag{7.6}$$

此处的哈密顿量加引号的意思是这不是真正的哈密顿量，因为没有用广义动量作为变量. 要知道广义动量就需要知道拉格朗日量，虽然我们不知道拉格朗日量的具体形式，但不妨先假设一个形式，然后验证是否正确.

设

$$L = F - V \tag{7.7}$$

其中

$$F = m_0 c^2 (1 - \sqrt{1 - v^2/c^2}). \tag{7.8}$$

下面验证这个拉格朗日量的正确性.

$$
\begin{aligned}
\frac{\partial L}{\partial \dot{x}} &= -m_0 c^2 \frac{-v/c^2}{\sqrt{1 - v^2/c^2}} \frac{\partial v}{\partial \dot{x}} \\
&= \frac{m_0 v}{\sqrt{1 - v^2/c^2}} \frac{\dot{x}}{v} \\
&= \frac{m_0 \dot{x}}{\sqrt{1 - v^2/c^2}} \\
&= m\dot{x},
\end{aligned}
\tag{7.9}
$$

上面应用了

$$v = \sqrt{\dot{x}^2 + \dot{y}^2 + \dot{z}^2}. \tag{7.10}$$

以及

$$\frac{\partial v}{\partial \dot{x}} = \frac{\dot{x}}{v}. \tag{7.11}$$

可见, 广义动量即是 $m\dot{x}$, 并不是 $m_0 \dot{x}$.

将方程(7.9)代入拉格朗日方程得

$$-\frac{\partial V}{\partial \boldsymbol{r}} = \frac{\mathrm{d}}{\mathrm{d}t} \left(\frac{m_0 \boldsymbol{v}}{\sqrt{1 - v^2/c^2}} \right) = \frac{\mathrm{d}\boldsymbol{p}}{\mathrm{d}t}, \tag{7.12}$$

动量 $\dot{\boldsymbol{p}}$ 正是狭义相对论中力的定义.

由方程(7.9), 我们有

$$\frac{\partial L}{\partial \dot{x}} \dot{x} = \frac{m_0 \dot{x}^2}{\sqrt{1 - v^2/c^2}}. \tag{7.13}$$

这样可以得到

$$\frac{\partial L}{\partial \dot{x}} \dot{x} + \frac{\partial L}{\partial \dot{y}} \dot{y} + \frac{\partial L}{\partial \dot{z}} \dot{z} = \frac{m_0 v^2}{\sqrt{1 - v^2/c^2}} = mv^2 = T + F, \tag{7.14}$$

这是由于

$$T + F = m_0 c^2 \frac{1}{\sqrt{1 - v^2/c^2}} - m_0 c^2 \sqrt{1 - \frac{v^2}{c^2}}$$

$$= \frac{m_0 v^2}{\sqrt{1 - v^2/c^2}}. \tag{7.15}$$

由方程(7.7)和(7.14)，可以得出

$$H = \frac{\partial L}{\partial \dot{x}} \dot{x} + \frac{\partial L}{\partial \dot{y}} \dot{y} + \frac{\partial L}{\partial \dot{z}} \dot{z} - L$$
$$= T + F - (F - V) = T + V. \tag{7.16}$$

这就验证了所定义的拉格朗日量形式的合理性.

进一步，先通过拉格朗日量得到广义动量，再用广义动量与广义坐标表示出哈密顿量. 系统的拉格朗日量为 (这里忽略了常数 $m_0 c^2$)

$$L = -m_0 c^2 \sqrt{1 - v^2/c^2} - V. \tag{7.17}$$

设系统运动限制在一个平面内，并采用极坐标，因此有 $v^2 = \dot{r}^2 + r^2 \dot{\theta}^2$. 于是

$$L = -m_0 c^2 \sqrt{1 - \frac{\dot{r}^2 + r^2 \dot{\theta}^2}{c^2}} - V. \tag{7.18}$$

那么可以得到广义动量

$$p_r = \frac{\partial L}{\partial \dot{r}} = \frac{m_0 \dot{r}}{\sqrt{1 - \dfrac{v^2}{c^2}}} = m\dot{r}, \tag{7.19}$$

$$p_\theta = \frac{\partial L}{\partial \dot{\theta}} = \frac{m_0 r^2 \dot{\theta}}{\sqrt{1 - \dfrac{v^2}{c^2}}} = mr^2 \dot{\theta}. \tag{7.20}$$

利用得到的广义动量将 v^2 表示出来

$$v^2 = \dot{r}^2 + r^2 \dot{\theta}^2$$
$$= \frac{p_r^2 \left(1 - v^2/c^2\right)}{m_0^2} + \frac{p_\theta^2 \left(1 - v^2/c^2\right)}{m_0^2 r^2}$$
$$= \frac{\left(1 - v^2/c^2\right)}{m_0^2} \left(p_r^2 + \frac{p_\theta^2}{r^2}\right). \tag{7.21}$$

进一步得到

$$\frac{v^2}{c^2} = \frac{\left(1 - v^2/c^2\right)}{m_0^2 c^2} \left(p_r^2 + \frac{p_\theta^2}{r^2}\right), \tag{7.22}$$

那么就有

$$1 - \frac{v^2}{c^2} = 1 - \frac{\left(1 - v^2/c^2\right)}{m_0^2 c^2} \left(p_r^2 + \frac{p_\theta^2}{r^2}\right). \tag{7.23}$$

从这个方程可以得到

$$\left(1 - \frac{v^2}{c^2}\right)\left[1 + \frac{1}{m_0^2 c^2}\left(p_r^2 + \frac{p_\theta^2}{r^2}\right)\right] = 1, \tag{7.24}$$

即

$$\frac{1}{1 - \frac{v^2}{c^2}} = 1 + \frac{1}{m_0^2 c^2}\left(p_r^2 + \frac{p_\theta^2}{r^2}\right). \tag{7.25}$$

将方程 (7.25) 代入方程 (7.6) 中，得到系统的哈密顿量为

$$\begin{aligned}
H &= \frac{m_0 c^2}{\sqrt{1 - v^2/c^2}} + V - m_0 c^2 \\
&= m_0 c^2 \sqrt{1 + \frac{1}{m_0^2 c^2}\left(p_r^2 + \frac{p_\theta^2}{r^2}\right)} + V - m_0 c^2 \\
&= \sqrt{m_0^2 c^4 + \left(p_r^2 + \frac{p_\theta^2}{r^2}\right)c^2} + V - m_0 c^2.
\end{aligned} \tag{7.26}$$

此即相对论情况下有心力场的哈密顿量. 也可以看出角动量 p_θ 是守恒的.

7.2　正则微扰论

很多力学问题很难精确求解. 微扰论是处理力学问题的有效方法. 设系统哈密顿量为

$$H = H_0 + H_1, \tag{7.27}$$

其中，$H_1 = \epsilon H'$ 与 H_0 比较，是一个小量 (ϵ 是小量).

设 H_0 可由 H-J 方程完全解出

$$H_0\left(q_\alpha, \frac{\partial S}{\partial q_\alpha}, t\right) + \frac{\partial S}{\partial t} = 0, \tag{7.28}$$

其中，$S(q, P, t)$ 为第二类生成函数

$$p_\alpha = \frac{\partial S}{\partial q_\alpha}, \tag{7.29}$$

$$Q_\alpha = \frac{\partial S}{\partial P_\alpha}, \tag{7.30}$$

$$K = H_0 + \frac{\partial S}{\partial t}. \tag{7.31}$$

当 $K = 0$ 即得到 H-J 方程，同时得

$$\dot{Q}_\alpha = \frac{\partial K}{\partial P_\alpha} = 0, \tag{7.32}$$

$$\dot{P}_\alpha = -\frac{\partial K}{\partial Q_\alpha} = 0. \tag{7.33}$$

记为

$$Q_\alpha = C_\alpha, \tag{7.34}$$

$$P_\alpha = D_\alpha. \tag{7.35}$$

对式 (7.27) 实行正则变换得

$$K = H_0 + H_1 + \frac{\partial S}{\partial t} = H_1. \tag{7.36}$$

即新的正则方程为

$$\dot{C}_\alpha = \frac{\partial H_1}{\partial D_\alpha}, \tag{7.37}$$

$$\dot{D}_\alpha = -\frac{\partial H_1}{\partial C_\alpha}. \tag{7.38}$$

此时 C_α, D_α 不再是常数, 此即正则微扰 (摄动) 方程.

下面举一个可以和精确解作对比的例子.

例 有如下哈密顿量

$$H_0 = \frac{p^2}{2m} + \frac{1}{2}m\omega^2 x^2, \tag{7.39}$$

$$H_1 = \frac{\lambda}{2}x^2. \tag{7.40}$$

假设 $\lambda/m\omega^2 \ll 1$, 故可将 H_1 视为微扰处理. 无微扰哈密顿量 H_1 时, H_0 的精确解容易给出

$$x = \sqrt{\frac{2E}{m\omega^2}}\sin\left(\omega\left(t + C\right)\right), \tag{7.41}$$

$$p = \sqrt{2mE}\cos\left(\omega\left(t + C\right)\right), \tag{7.42}$$

其中, C、E 是新的广义坐标和动量. 将 H_1 用 E、C 表示为

$$H_1 = \frac{\lambda E}{2m\omega^2}\left[1 - \cos\left(2\omega\left(t + C\right)\right)\right]. \tag{7.43}$$

由此得到正则微扰方程组

$$\dot{C} = \frac{\lambda}{2m\omega^2}\left[1 - \cos\left(2\omega\left(t + C\right)\right)\right], \tag{7.44}$$

$$\dot{E} = -\frac{\lambda E}{m\omega} \sin\left(2\omega\left(t + C\right)\right). \tag{7.45}$$

将 E、C 作如下微扰展开

$$C = C_0 + \lambda C_1, \tag{7.46}$$

$$E = E_0 + \lambda E_1. \tag{7.47}$$

此时, C_0、E_0 是未施加微扰前的相位和能量; λC_1、λE_1 是一阶修正. 将上面的微扰展开代入正则微扰方程组, 只保留到 λ 的一阶项, 得到

$$\dot{C} = \frac{\lambda}{2m\omega^2} \left[1 - \cos\left(2\omega\left(t + C_0\right)\right)\right], \tag{7.48}$$

$$\dot{E} = -\frac{\lambda E_0}{m\omega} \sin\left(2\omega\left(t + C_0\right)\right). \tag{7.49}$$

上述两式的解为

$$C\left(t\right) = C\left(0\right) + \frac{\lambda t}{2m\omega^2} - \frac{\lambda}{4m\omega^3} \left[\sin\left(2\omega\left(t + C_0\right)\right) - \sin\left(2\omega C_0\right)\right], \tag{7.50}$$

$$E\left(t\right) = E\left(0\right) + \frac{\lambda E_0}{2m\omega^2} \left[\cos\left(2\omega\left(t + C_0\right)\right) - \cos\left(2\omega C_0\right)\right]. \tag{7.51}$$

当振动时间较长后, 式 (7.50) 中第二项与时间成线性关系, 所以占主导作用, 即对频率的修正为

$$x = \sqrt{\frac{2E}{m\omega^2}} \sin\left(\omega\left(t + C\right)\right)$$

$$\approx \sqrt{\frac{2E}{m\omega^2}} \sin\left(\omega t\left(1 + \frac{\lambda}{2m\omega^2}\right)\right). \tag{7.52}$$

精确解显示的频率修正是

$$\begin{aligned} H &= \frac{p^2}{2m} + \frac{1}{2}m\omega^2 x^2 + \frac{\lambda}{2}x^2 \\ &= \frac{p^2}{2m} + \frac{m\omega^2}{2}\left(1 + \frac{\lambda}{m\omega^2}\right)x^2 \\ &= \frac{p^2}{2m} + \frac{m\omega'^2}{2}x^2, \end{aligned} \tag{7.53}$$

其中

$$\begin{aligned} \omega' &= \sqrt{\omega^2\left(1 + \frac{\lambda}{m\omega^2}\right)} \\ &\approx \omega\left(1 + \frac{\lambda}{2m\omega^2}\right). \end{aligned} \tag{7.54}$$

与微扰论结果一样.

7.3 绝热不变量

7.3.1 谐振子中的绝热不变量

我们先定义所谓的绝热演化，假设系统有 n 个绝热参数

$$\boldsymbol{\lambda}(t) = \{\lambda_1(t),\ \lambda_2(t), \cdots,\ \lambda_n(t)\}, \tag{7.55}$$

其满足

$$T_{\mathrm{m}} \frac{\mathrm{d}\lambda_k}{\mathrm{d}t} \ll \lambda_k, \tag{7.56}$$

即在一个系统运动周期时间 T_{m} 内 λ_k 的变化很小，同时假设 $\dot{\lambda}_k$ 的变化也很小。当 $\boldsymbol{\lambda}$ 为常数时，系统封闭，能量 E 守恒且有确定的周期；当 $\boldsymbol{\lambda}$ 变化时，系统不封闭，能量不守恒。但是，我们可以按周期 T_{m} 进行平均，消去快振动，只研究和 $\boldsymbol{\lambda}$ 有关的缓慢变化。

对于含有参数并且参数缓慢变化的系统，其运动周期内几乎保持不变的量就称为绝热不变量。虽然我们研究的是多自由度系统，但是因为假设系统在各个自由度上是可分离的，所以对单自由度的证明完全适用于多自由度系统。下面的证明仅以单自由度为例。

作用量的定义如下

$$I = \frac{1}{2\pi} \oint p \mathrm{d}q. \tag{7.57}$$

我们以谐振子为例计算作用量 I，从而引入绝热不变量的概念。考虑一个谐振子系统，其频率 $\omega(t)$ 的导数 $\dot{\omega}(t)$ 在一个运动周期内的变化远小于 ω，即 $\omega(t)$ 满足下式

$$\frac{1}{\omega^2} \frac{\mathrm{d}\omega}{\mathrm{d}t} \ll 1. \tag{7.58}$$

该谐振子的哈密顿量为

$$H(p,\ q,\ \omega) = \frac{p^2}{2m} + \frac{1}{2} m\omega^2 q^2. \tag{7.59}$$

根据绝热演化的性质，有

$$H(p,\ q,\ \omega) = E(\omega). \tag{7.60}$$

将哈密顿量代入此方程中反解出 p，可以得到

$$p = p_{\pm}, \tag{7.61}$$

其中

$$p_{\pm} = \pm\sqrt{2mE(t) - m^2\omega^2 q^2}. \tag{7.62}$$

动量是坐标的双值函数.

作用量为 (见附录 8.7)

$$I(E, \omega) = \frac{1}{2\pi} \oint p \mathrm{d}q = \frac{E(t)}{\omega}. \tag{7.63}$$

由方程(7.63)，一个周期 T_{m} 以后，$I(T_{\mathrm{m}}) = I(0)$，可见，作用量 I 是一个绝热不变量.

下面看一下类似于量子力学中的 Hellmann-Feyman 定理. 根据方程 (7.60) 可得

$$\begin{aligned}
\frac{\mathrm{d}E}{\mathrm{d}t} &= \frac{\mathrm{d}H}{\mathrm{d}t} \\
&= \frac{\partial H}{\partial p} \dot{p} + \frac{\partial H}{\partial q} \dot{q} + \frac{\partial H}{\partial \omega} \dot{\omega}.
\end{aligned} \tag{7.64}$$

根据正则方程

$$\dot{q} = \frac{\partial H}{\partial p}, \tag{7.65}$$

$$\dot{p} = -\frac{\partial H}{\partial q}, \tag{7.66}$$

可得

$$\frac{\mathrm{d}E}{\mathrm{d}t} = \frac{\partial H}{\partial \omega} \dot{\omega} = \frac{\mathrm{d}E}{\mathrm{d}\omega} \dot{\omega}. \tag{7.67}$$

另外，由于 ω 是一个缓变量，$\dot{\omega}$ 非零，故有

$$\frac{\partial H}{\partial \omega} = \frac{\mathrm{d}E}{\mathrm{d}\omega}. \tag{7.68}$$

注意：如果 ω 是常数，我们得不到上面结论.

7.3.2　绝热不变量

接下来，我们一般地证明作用量是一个绝热不变量. 对于绝热演化过程，有

$$H(q, p, \lambda(t)) = E(\lambda(t)). \tag{7.69}$$

由此方程可以反解出 $p = p(q, E(\lambda), \lambda)$，代入上式得

$$H(q, p(q, E(\lambda), \lambda), \lambda) = E(\lambda). \tag{7.70}$$

我们将等式 (7.70) 对 E 求偏导数，可以得到

$$\frac{\partial H}{\partial E} = \frac{\partial H}{\partial p} \frac{\partial p}{\partial E} = 1. \tag{7.71}$$

又由于

$$\frac{\mathrm{d}E}{\mathrm{d}t} = \frac{\mathrm{d}H}{\mathrm{d}t} = \frac{\partial H}{\partial q}\frac{\mathrm{d}q}{\mathrm{d}t} + \frac{\partial H}{\partial p}\frac{\mathrm{d}p}{\mathrm{d}t} + \frac{\partial H}{\partial \lambda}\frac{\mathrm{d}\lambda}{\mathrm{d}t}. \tag{7.72}$$

根据正则方程，于是有

$$\frac{\mathrm{d}E}{\mathrm{d}\lambda} = \frac{\partial H}{\partial \lambda}. \tag{7.73}$$

将等式 (7.70) 对 λ 求偏导数，可得

$$\frac{\partial H}{\partial \lambda} + \frac{\partial H}{\partial p}\left(\frac{\partial p}{\partial \lambda} + \frac{\partial p}{\partial E}\frac{\partial E}{\partial \lambda}\right) = \frac{\partial E}{\partial \lambda} = \frac{\mathrm{d}E}{\mathrm{d}\lambda}. \tag{7.74}$$

利用方程(7.71)，(7.73) 和(7.74)，可得

$$\frac{\partial H}{\partial \lambda} = \frac{\partial E}{\partial \lambda} = -\frac{\partial H}{\partial p}\frac{\partial p}{\partial \lambda}. \tag{7.75}$$

由作用量 I 的定义可知，$I = I(E(\lambda), \lambda)$. 这意味着作用量 I 虽然显含能量 E 和参数 λ，但最终其变化是由 λ 的变化决定的. 由此可知，其关于时间的导数

$$\frac{\mathrm{d}I}{\mathrm{d}t} = \frac{\partial I}{\partial E}\frac{\mathrm{d}E}{\mathrm{d}t} + \frac{\partial I}{\partial \lambda}\frac{\mathrm{d}\lambda}{\mathrm{d}t}, \tag{7.76}$$

我们知道

$$\frac{\partial I}{\partial E} = \frac{1}{2\pi}\oint \frac{\partial p}{\partial E}\mathrm{d}q, \tag{7.77}$$

$$\frac{\partial I}{\partial \lambda} = \frac{1}{2\pi}\oint \frac{\partial p}{\partial \lambda}\mathrm{d}q. \tag{7.78}$$

由正则方程 $\dot{q} = \partial H/\partial p$，可得

$$\mathrm{d}t = \frac{\mathrm{d}q}{\partial H/\partial p}. \tag{7.79}$$

于是有

$$\frac{\partial I}{\partial E} = \frac{1}{2\pi}\int_0^{T_{\mathrm{m}}} \frac{\partial p}{\partial E}\frac{\partial H}{\partial p}\mathrm{d}t. \tag{7.80}$$

再利用方程(7.71)可得

$$\frac{\partial I}{\partial E} = \frac{1}{2\pi}\int_0^{T_{\mathrm{m}}} \mathrm{d}t = \frac{T_{\mathrm{m}}}{2\pi}. \tag{7.81}$$

由方程(7.73)我们得到

$$\frac{\partial I}{\partial E}\frac{\mathrm{d}E}{\mathrm{d}t} = \frac{T_{\mathrm{m}}}{2\pi}\frac{\partial H}{\partial \lambda}\dot{\lambda}. \tag{7.82}$$

下面我们看方程 (7.76) 的第二项. 首先,

$$\frac{\partial I}{\partial \lambda} = \frac{1}{2\pi} \oint \frac{\partial p}{\partial \lambda} \mathrm{d}q$$
$$= \frac{1}{2\pi} \int_0^{T_\mathrm{m}} \frac{\partial p}{\partial \lambda} \frac{\partial H}{\partial p} \mathrm{d}t$$
$$= -\frac{1}{2\pi} \int_0^{T_\mathrm{m}} \frac{\partial H}{\partial \lambda} \mathrm{d}t. \tag{7.83}$$

这里利用了方程(7.75).

根据平均值的定义

$$\overline{A} = \frac{1}{T_\mathrm{m}} \int_0^{T_\mathrm{m}} A \mathrm{d}t, \tag{7.84}$$

可以得到

$$\frac{\partial I}{\partial \lambda} \frac{\mathrm{d}\lambda}{\mathrm{d}t} = -\frac{1}{2\pi} \dot{\lambda} \int_0^{T_\mathrm{m}} \frac{\partial H}{\partial \lambda} \mathrm{d}t$$
$$= -\frac{T_\mathrm{m}}{2\pi} \dot{\lambda} \overline{\frac{\partial H}{\partial \lambda}}. \tag{7.85}$$

综上可得

$$\frac{\mathrm{d}I}{\mathrm{d}t} = \frac{T_\mathrm{m}}{2\pi} \dot{\lambda} \left(\frac{\partial H}{\partial \lambda} - \overline{\frac{\partial H}{\partial \lambda}} \right). \tag{7.86}$$

由本章开头我们知道, $T_\mathrm{m}\dot{\lambda}$ 是一个缓变的小量, 那么在一个运动周期中可以视为近似不变的常数. 对上式求平均可得

$$\overline{\frac{\mathrm{d}I}{\mathrm{d}t}} \approx \frac{T_\mathrm{m}}{2\pi} \dot{\lambda} \overline{\left(\frac{\partial H}{\partial \lambda} - \overline{\frac{\partial H}{\partial \lambda}} \right)}$$
$$= \frac{T_\mathrm{m}}{2\pi} \dot{\lambda} \left(\overline{\frac{\partial H}{\partial \lambda}} - \overline{\frac{\partial H}{\partial \lambda}} \right)$$
$$= 0, \tag{7.87}$$

即

$$\overline{\frac{\mathrm{d}I}{\mathrm{d}t}} \approx 0. \tag{7.88}$$

这个方程表明, 当 λ 随时间缓慢变化时, 作用量 I 近似保持不变, 根据本章开始的定义, 我们知道, I 是绝热不变量. 绝热不变量的引进导致了 Hannay 角的发现. Hannay 角可以看作是经典的几何相.

7.4　力学与光学相似性和薛定谔方程的建立

7.4.1　力学与光学相似性

我们先回忆一下几何光学中的费马原理，该原理指出，从 $\boldsymbol{r}_0$ 到 $\boldsymbol{r}_1$，光线所经过的光程为

$$\mathcal{S} = \int_{\boldsymbol{r}_0}^{\boldsymbol{r}_1} n(\boldsymbol{r}) \mathrm{d}s \tag{7.89}$$

取极值，其中，$n(\boldsymbol{r})$ 表示折射率. 这里

$$\mathrm{d}s = \sqrt{(\mathrm{d}x)^2 + (\mathrm{d}y)^2 + (\mathrm{d}z)^2} \tag{7.90}$$

是线元.

另一个方面，作用量为

$$S = \int_{t_0}^{t_1} L \mathrm{d}t = \int_{t_0}^{t_1} (T - V) \mathrm{d}t. \tag{7.91}$$

如果考虑能量守恒的体系，我们就有 $V = E - T$，代入上面公式得

$$
\begin{aligned}
S &= \int_{t_0}^{t_1} (2T - E) \mathrm{d}t \\
&= -E(t_1 - t_0) + \int_{t_0}^{t_1} 2T \mathrm{d}t \\
&\sim \int_{t_0}^{t_1} 2T \mathrm{d}t.
\end{aligned} \tag{7.92}
$$

在上面公式中，我们最后忽略了常数 $-E(t_1 - t_0)$，因为它对变分无贡献.

动能可以表示为

$$T = \frac{\boldsymbol{p}^2}{2m} = \frac{p^2}{2m} = \frac{pv}{2}, \tag{7.93}$$

将上面方程代入方程 (7.92) 得

$$
\begin{aligned}
S &= \int_{t_0}^{t_1} pv \mathrm{d}t \\
&= \int_{\boldsymbol{r}_0}^{\boldsymbol{r}_1} p \mathrm{d}s,
\end{aligned} \tag{7.94}
$$

可见，动量和折射率一一对应. 再利用能量守恒

$$E = \frac{p^2}{2m} + V, \tag{7.95}$$

得

$$S = \int_{\boldsymbol{r}_0}^{\boldsymbol{r}_1} \sqrt{2m(E - V)} \mathrm{d}s. \tag{7.96}$$

比较方程 (7.89) 和 (7.96)，如果将 $n(\boldsymbol{r})$ 替换为 $\sqrt{2m\left[E - V\left(\boldsymbol{r}\right)\right]}$，我们就可以清楚看到几何光学和经典力学的相似性质.

7.4.2   薛定谔方程的建立

哈密顿早在 1831 年即发现了经典力学和几何光学中的相似性，这一非常重要的观察意味着粒子具有波动性，波动具有粒子性. 但是经约一百年未有发展，直到百年之后德布罗意提出物质波的概念，给出动量 p 与波长 λ，能量 E 和频率 γ 的关系

$$\lambda = \frac{h}{p}, \tag{7.97}$$

$$\gamma = \frac{E}{h}. \tag{7.98}$$

薛定谔接受了这个观念. 既然粒子具有波动性，我们可以从波动方程出发，介质中电磁波的方程为

$$\left(\nabla^2 - \epsilon\mu\frac{\partial^2}{\partial t^2}\right) U\left(\boldsymbol{r}, t\right) = 0, \tag{7.99}$$

其中，ϵ 和 μ 分别为介质中的介电常数和磁导率. 引用波速 $\boldsymbol{v}$，波矢量 $\boldsymbol{k}$，波长 λ 及波频率 ω 的概念，并且将空间变量和时间变量分离，令

$$U\left(\boldsymbol{r}, t\right) = u\left(\boldsymbol{r}\right) \mathrm{e}^{-\mathrm{i}\omega t}, \tag{7.100}$$

于是

$$\left(\nabla^2 + \epsilon\mu\omega^2\right) u\left(\boldsymbol{r}\right) = 0, \tag{7.101}$$

即

$$\left(\nabla^2 + \boldsymbol{k}^2\right) u\left(\boldsymbol{r}\right) = 0. \tag{7.102}$$

利用方程 (7.97)，可得波数为

$$k = \frac{2\pi}{\lambda} = \frac{2\pi p}{h}. \tag{7.103}$$

则

$$k^2 = \frac{4\pi^2 p^2}{h^2}$$

$$= \frac{4\pi^2}{h^2} 2m \left[E - V \left(\boldsymbol{r} \right) \right]$$

$$= \frac{8m\pi^2}{h^2} \left[E - V \left(\boldsymbol{r} \right) \right]. \tag{7.104}$$

于是有

$$\left(\frac{h^2}{8m\pi^2} \nabla^2 + E - V \right) u \left(\boldsymbol{r} \right) = 0, \tag{7.105}$$

即

$$\left(-\frac{h^2}{8m\pi^2} \nabla^2 + V \right) u \left(\boldsymbol{r} \right) = E u \left(\boldsymbol{r} \right). \tag{7.106}$$

上面的方程即是定态薛定谔方程. 由此可得以下方程

$$\left(-\frac{h^2}{8m\pi^2} \nabla^2 + V \right) \psi \left(\boldsymbol{r}, t \right) = E \psi \left(\boldsymbol{r}, t \right), \tag{7.107}$$

其中，波函数为

$$\psi \left(\boldsymbol{r}, t \right) = u \left(\boldsymbol{r} \right) \mathrm{e}^{-2\mathrm{i}\pi\gamma t}. \tag{7.108}$$

利用方程 (7.98)，对于该波函数有

$$\frac{-h}{2\pi\mathrm{i}} \frac{\partial}{\partial t} \psi \left(\boldsymbol{r}, t \right) = h\gamma \psi \left(\boldsymbol{r}, t \right) = E \psi \left(\boldsymbol{r}, t \right). \tag{7.109}$$

于是

$$\left(-\frac{h^2}{8m\pi^2} \nabla^2 + V \right) \psi \left(\boldsymbol{r}, t \right) = \frac{-h}{2\pi\mathrm{i}} \frac{\partial}{\partial t} \psi \left(\boldsymbol{r}, t \right), \tag{7.110}$$

整理为

$$\mathrm{i}\hbar \frac{\partial}{\partial t} \psi \left(\boldsymbol{r}, t \right) = \left(-\frac{\hbar^2}{2m} \nabla^2 + V \right) \psi \left(\boldsymbol{r}, t \right), \tag{7.111}$$

其中

$$\hbar = h / \left(2\pi \right). \tag{7.112}$$

可以改写为

$$\mathrm{i}\hbar \frac{\partial}{\partial t} \psi \left(\boldsymbol{r}, t \right) = \left(\frac{\hat{p}^2}{2m} + V \right) \psi \left(\boldsymbol{r}, t \right), \tag{7.113}$$

其中

$$\hat{p} = -\mathrm{i}\hbar\nabla.$$

这样就建立了量子力学中所熟知的薛定谔方程.

　　薛定谔: 奥地利物理学家. 波动力学的创始人. 1887 年 8 月 12 日生于维也纳, 1906 年入维也纳大学物理系学习. 1927—1933 年接替普朗克, 任柏林大学物理系主任. 因纳粹迫害犹太人, 1933 年离德到澳大利亚、英国、意大利等地. 1939 年转到爱尔兰, 在都柏林高等研究所工作了 17 年. 1956 年回维也纳, 任维也纳大学荣誉教授.

　　1924 年, 德布罗意提出了微观粒子具有波粒二象性, 即不仅具有粒子性, 同时也具有波动性. 在此基础上, 1926 年, 薛定谔提出用波动方程描述微观粒子运动状态的理论, 后称薛定谔方程, 奠定了波动力学的基础, 因而与狄拉克共获 1933 年诺贝尔物理学奖.

　　1944 年, 薛定谔著《生命是什么》一书, 试图用热力学、量子力学和化学理论来解释生命的本性. 这本书使许多青年物理学家开始注意生命科学中提出的问题, 引导人们用物理学、化学方法去研究生命的本性, 使薛定谔成为蓬勃发展的分子生物学的先驱.

7.5　守恒律和诺特定理

　　下面我们来介绍对称性、守恒量和诺特定理. 我们这里说的对称性, 指的是物理规律在某种变换下的不变性, 由此对称性我们可以得到一个不变的物理量, 即守恒量. 例如, 时间的均匀性 (时间平移对称性) 意味着能量守恒, 而空间的均匀性 (空间平移对称性) 则意味着动量守恒. 利用对称性和守恒律可以帮助我们简化和理解物理问题. 在科学研究中, 科学家对守恒定律非常执着和敏感, 对于一个守恒定律, 人们是极不情愿把它推翻的, 例如宇称守恒. 自诺特发现了物理定律的对称性与物理量守恒定律的对应关系, 物理学家们已经形成了这样一种思维定式: 只要发现了一种新的对称性, 就要去寻找相应的守恒定律; 反之, 只要发现了一条守恒定律, 也总要把相应的对称性找出来.

　　在证明诺特定理之前, 我们首先举三个简单的例子来说明对称性和守恒律的关系.

7.5.1　时间均匀性和能量守恒

　　显然, **以不同时刻为起点, 对于研究运动问题是等效的**. 如果拉格朗日量不显含时间, 即不同时刻拉格朗日量相同, $L = L(\boldsymbol{q}, \dot{\boldsymbol{q}})$, 则有

$$H = \sum_{\alpha} p_{\alpha} \dot{q}_{\alpha} - L, \tag{7.114}$$

$$\frac{\mathrm{d}H}{\mathrm{d}t} = \sum_\alpha \dot{p}_\alpha \dot{q}_\alpha + p_\alpha \ddot{q}_\alpha - \frac{\partial L}{\partial q_\alpha} \dot{q}_\alpha - \frac{\partial L}{\partial \dot{q}_\alpha} \ddot{q}_\alpha = 0, \tag{7.115}$$

即能量守恒.

7.5.2 空间均匀性 (平移不变性) 和动量守恒

以不同点为坐标原点, 对于研究运动问题是等效的. 坐标系平移 ϵ, L 不变, 即

$$\delta L(\boldsymbol{r}_1, \dot{\boldsymbol{r}}_1, \cdots, \boldsymbol{r}_s, \dot{\boldsymbol{r}}_s) = 0. \tag{7.116}$$

对于位置变化, 显然有

$$\delta \boldsymbol{r}_\alpha = \boldsymbol{\epsilon}, \tag{7.117}$$

$$\delta \dot{\boldsymbol{r}}_\alpha = 0. \tag{7.118}$$

ϵ 和时间无关, 速度不变.

$$\frac{\mathrm{d}}{\mathrm{d}t} \delta = \delta \frac{\mathrm{d}}{\mathrm{d}t}, \tag{7.119}$$

$$\frac{\mathrm{d}}{\mathrm{d}t} \delta \boldsymbol{r}_\alpha = 0. \tag{7.120}$$

平移后 L 的变化

$$\begin{aligned}
\delta L(\boldsymbol{r}_1, \dot{\boldsymbol{r}}_1, \cdots, \boldsymbol{r}_s, \dot{\boldsymbol{r}}_s) &= \sum_\alpha \frac{\partial L}{\partial \boldsymbol{r}_\alpha} \cdot \delta \boldsymbol{r}_\alpha + \frac{\partial L}{\partial \dot{\boldsymbol{r}}_\alpha} \cdot \delta \dot{\boldsymbol{r}}_\alpha \\
&= \boldsymbol{\epsilon} \cdot \sum_\alpha \frac{\partial L}{\partial \boldsymbol{r}_\alpha} \\
&= \boldsymbol{\epsilon} \cdot \sum_\alpha \frac{\mathrm{d}}{\mathrm{d}t} \boldsymbol{p}_\alpha \\
&= \boldsymbol{\epsilon} \cdot \frac{\mathrm{d}\boldsymbol{P}}{\mathrm{d}t}.
\end{aligned} \tag{7.121}$$

由于 ϵ 是任意的,

$$\delta L(\boldsymbol{r}_1, \dot{\boldsymbol{r}}_1, \cdots, \boldsymbol{r}_s, \dot{\boldsymbol{r}}_s) = 0, \tag{7.122}$$

得到总动量守恒.

7.5.3 空间各向同性 (转动不变性) 和角动量守恒

坐标系转动 $\delta\boldsymbol{\varphi}$, L 不变, 即 $\delta L(\boldsymbol{r}_1, \dot{\boldsymbol{r}}_1, \cdots, \boldsymbol{r}_s, \dot{\boldsymbol{r}}_s) = 0$, 而位移和速度的变化为

$$\delta \boldsymbol{r}_\alpha = \delta\boldsymbol{\varphi} \times \boldsymbol{r}_\alpha. \tag{7.123}$$

因为 $\delta\boldsymbol{\varphi}$ 不含时，故有

$$\delta\dot{\boldsymbol{r}}_\alpha = \delta\boldsymbol{\varphi} \times \dot{\boldsymbol{r}}_\alpha. \tag{7.124}$$

转动后 L 的变化

$$
\begin{aligned}
\delta L(\boldsymbol{r}_1, \dot{\boldsymbol{r}}_1, \cdots, \boldsymbol{r}_s, \dot{\boldsymbol{r}}_s) &= \sum_\alpha \frac{\partial L}{\partial \boldsymbol{r}_\alpha} \cdot \delta\boldsymbol{r}_\alpha + \frac{\partial L}{\partial \dot{\boldsymbol{r}}_\alpha} \cdot \delta\dot{\boldsymbol{r}}_\alpha \\
&= \sum_\alpha \left[\frac{\partial L}{\partial \boldsymbol{r}_\alpha} \cdot (\delta\boldsymbol{\varphi} \times \boldsymbol{r}_\alpha) + \frac{\partial L}{\partial \dot{\boldsymbol{r}}_\alpha} \cdot (\delta\boldsymbol{\varphi} \times \dot{\boldsymbol{r}}_\alpha) \right] \\
&= \delta\boldsymbol{\varphi} \cdot \sum_\alpha \left(\boldsymbol{r}_\alpha \times \frac{\partial L}{\partial \boldsymbol{r}_\alpha} + \dot{\boldsymbol{r}}_\alpha \times \frac{\partial L}{\partial \dot{\boldsymbol{r}}_\alpha} \right) \\
&= \delta\boldsymbol{\varphi} \cdot \sum_\alpha (\boldsymbol{r}_\alpha \times \dot{\boldsymbol{p}}_\alpha + \dot{\boldsymbol{r}}_\alpha \times \boldsymbol{p}_\alpha) \\
&= \delta\boldsymbol{\varphi} \cdot \frac{\mathrm{d}}{\mathrm{d}t} \sum_\alpha \boldsymbol{r}_\alpha \times \boldsymbol{p}_\alpha \\
&= \delta\boldsymbol{\varphi} \cdot \frac{\mathrm{d}}{\mathrm{d}t} \boldsymbol{J}. \tag{7.125}
\end{aligned}
$$

由于 $\delta\boldsymbol{\varphi}$ 是任意的，

$$\delta L(\boldsymbol{r}_1, \dot{\boldsymbol{r}}_1, \cdots, \boldsymbol{r}_s, \dot{\boldsymbol{r}}_s) = 0, \tag{7.126}$$

故总角动量守恒. 其中我们利用了公式

$$\boldsymbol{a} \cdot (\boldsymbol{b} \times \boldsymbol{c}) = \boldsymbol{b} \cdot (\boldsymbol{c} \times \boldsymbol{a}), \tag{7.127}$$

$$\frac{\mathrm{d}}{\mathrm{d}t}(\boldsymbol{a} \times \boldsymbol{b}) = \dot{\boldsymbol{a}} \times \boldsymbol{b} + \boldsymbol{a} \times \dot{\boldsymbol{b}}. \tag{7.128}$$

7.5.4　诺特定理

所谓诺特定理，指的是系统在每一个连续变换下的对称性，都对应一个守恒量. 注意：该变换必须要求是连续变换，离散的变换如坐标反演不在此列. 考虑拉格朗日量 $L = L(\boldsymbol{q}, \dot{\boldsymbol{q}}, t)$，即

$$\boldsymbol{q} = (q_1, q_2, \cdots, q_n). \tag{7.129}$$

考虑如下的时空变换

$$t \to t'(\boldsymbol{q}, t),$$

$$q_i \to q_i'(\boldsymbol{q}, t).$$

变换后，新变量 t' 和 q_i' 满足的拉格朗日量 $L'(\boldsymbol{q}', \dot{\boldsymbol{q}}', t')$ 在形式上也可能和原来的拉格朗日量 $L(\boldsymbol{q}, \dot{\boldsymbol{q}}, t)$ 不同，因此我们用不同的符号 L 和 L' 来标记变换前后的

拉格朗日量. 我们要求该变换不能改变系统的物理规律, 因此变换前后作用量大小不能改变, 即

$$\int_{t_i}^{t_f} L\left(\boldsymbol{q}, \dot{\boldsymbol{q}}, t\right) \mathrm{d}t = \int_{t_i'}^{t_f'} L'\left(\boldsymbol{q}', \dot{\boldsymbol{q}}', t'\right) \mathrm{d}t'. \tag{7.130}$$

这一要求使得变换前后的拉格朗日量满足

$$L\left(\boldsymbol{q}, \dot{\boldsymbol{q}}, t\right) = L'\left(\boldsymbol{q}', \dot{\boldsymbol{q}}', t'\right) \frac{\mathrm{d}t'}{\mathrm{d}t}. \tag{7.131}$$

诺特定理中的变换要求:

1. 连续性变换

因为是连续性变换, 我们主要考察无穷小形式的变换

$$\begin{aligned} t' &= t'\left(\boldsymbol{q}, t\right) = t + \epsilon\,\delta t\left(\boldsymbol{q}, t\right), \\ q_i' &= q_i'\left(\boldsymbol{q}, t\right) = q_i + \epsilon\,\delta q_i\left(\boldsymbol{q}, t\right), \end{aligned} \tag{7.132}$$

其中, ϵ 是一个无穷小参数, 而 δt 和 δq_i 都是 t 和 $\boldsymbol{q}$ 的函数. 我们在下面的讨论中为了方便起见, 不再显式地写出这种函数依赖关系. 对于该变换, 我们需要注意的是时间也参与其中, 因此变换后的广义速度为

$$\begin{aligned} \dot{q}_i' &= \frac{\mathrm{d}}{\mathrm{d}t'} q_i' \\ &= \left(\frac{\mathrm{d}}{\mathrm{d}t} q_i'\right) \frac{\mathrm{d}t}{\mathrm{d}t'} \\ &= \frac{\mathrm{d}}{\mathrm{d}t}\left(q_i + \epsilon\,\delta q_i\right)\left(1 - \epsilon\frac{\mathrm{d}}{\mathrm{d}t}\delta t\right). \end{aligned} \tag{7.133}$$

上式中我们用到了

$$\frac{\mathrm{d}t}{\mathrm{d}t'} = \frac{1}{\mathrm{d}t'/\mathrm{d}t} = \frac{1}{1 + \epsilon\dfrac{\mathrm{d}}{\mathrm{d}t}\delta t} = 1 - \epsilon\frac{\mathrm{d}}{\mathrm{d}t}\delta t, \tag{7.134}$$

其中, 最后一个等号是对小量 ϵ 作一阶展开得到的. 如果我们定义

$$\begin{aligned} \delta\dot{q}_i &= \frac{1}{\epsilon}\left(\dot{q}_i' - \dot{q}_i\right) \\ &= \frac{\mathrm{d}}{\mathrm{d}t}\delta q_i - \dot{q}_i\frac{\mathrm{d}}{\mathrm{d}t}\delta t, \end{aligned} \tag{7.135}$$

则广义速度的变换可以写为如下形式

$$\dot{q}_i' = \dot{q}_i + \epsilon\delta\dot{q}_i. \tag{7.136}$$

2. 对称性变换

所谓对称性，指的是变换前后的广义坐标和速度都具有相同形式的运动方程，满足这一条件的变换叫作对称性变换. 这也就是说，变换前后的拉格朗日量，在同一套坐标表示下可以相差一个对时间的全微分项

$$L'(\boldsymbol{q}', \dot{\boldsymbol{q}}', t') = L(\boldsymbol{q}', \dot{\boldsymbol{q}}', t') + \frac{\mathrm{d}}{\mathrm{d}t'}\Omega(\boldsymbol{q}', t'). \tag{7.137}$$

将上式代入 (7.131) 可得

$$
\begin{aligned}
L(\boldsymbol{q}, \dot{\boldsymbol{q}}, t) &= L'(\boldsymbol{q}', \dot{\boldsymbol{q}}', t')\frac{\mathrm{d}t'}{\mathrm{d}t} \\
&= \left[L(\boldsymbol{q}', \dot{\boldsymbol{q}}', t') + \frac{\mathrm{d}}{\mathrm{d}t'}\Omega(\boldsymbol{q}', t') \right]\frac{\mathrm{d}t'}{\mathrm{d}t} \\
&= L(\boldsymbol{q}', \dot{\boldsymbol{q}}', t')\left(1 + \epsilon\frac{\mathrm{d}\delta t}{\mathrm{d}t} \right) + \frac{\mathrm{d}}{\mathrm{d}t}\Omega(\boldsymbol{q}', t') \\
&= L(\boldsymbol{q}', \dot{\boldsymbol{q}}', t') + \epsilon L(\boldsymbol{q}', \dot{\boldsymbol{q}}', t')\frac{\mathrm{d}\delta t}{\mathrm{d}t} + \frac{\mathrm{d}}{\mathrm{d}t}\Omega(\boldsymbol{q}', t'). \tag{7.138}
\end{aligned}
$$

根据上式的结果，$L(\boldsymbol{q}', \dot{\boldsymbol{q}}', t')$ 和 $L(\boldsymbol{q}, \dot{\boldsymbol{q}}, t)$ 之间的差为

$$
\begin{aligned}
\delta L &= L(\boldsymbol{q}', \dot{\boldsymbol{q}}', t') - L(\boldsymbol{q}, \dot{\boldsymbol{q}}, t) \\
&= -\epsilon L(\boldsymbol{q}', \dot{\boldsymbol{q}}', t')\frac{\mathrm{d}\delta t}{\mathrm{d}t} - \frac{d}{dt}\Omega(\boldsymbol{q}', t') \\
&= -\epsilon \left[L(\boldsymbol{q}', \dot{\boldsymbol{q}}', t')\frac{\mathrm{d}\delta t}{\mathrm{d}t} + \frac{d}{dt}\delta\Omega(\boldsymbol{q}, t) \right]. \tag{7.139}
\end{aligned}
$$

在上式中我们代入了无穷小变换，并保留至无穷小参数 ϵ 的一阶项 (注意最后一行的第一项)，其中 $\delta\Omega(\boldsymbol{q}, t)$ 为

$$
\begin{aligned}
\delta\Omega(\boldsymbol{q}, t) &= \frac{1}{\epsilon}\left[\Omega(\boldsymbol{q} + \delta\boldsymbol{q}, t + \delta t) - \Omega(\boldsymbol{q}, t) \right] \\
&= \sum_i \frac{\partial\Omega}{\partial q_i}\delta q_i + \frac{\partial\Omega}{\partial t}\delta t, \tag{7.140}
\end{aligned}
$$

这是因为如果 $\delta\boldsymbol{q} = 0$，$\delta t = 0$ 则相当于没作任何变换，因此两个拉格朗日量没有差别，于是

$$\frac{\mathrm{d}}{\mathrm{d}t}\Omega(\boldsymbol{q}, t) = 0. \tag{7.141}$$

因此有方程 (7.139) 中的

$$\epsilon\frac{\mathrm{d}}{\mathrm{d}t}\delta\Omega(\boldsymbol{q}, t) = \frac{\mathrm{d}}{\mathrm{d}t}\Omega(\boldsymbol{q}', t'). \tag{7.142}$$

此外，δL 还可以用下面的方式求得

$$
\begin{aligned}
\delta L &= L\left(\boldsymbol{q}', \dot{\boldsymbol{q}}', t'\right) - L\left(\boldsymbol{q}, \dot{\boldsymbol{q}}, t\right) \\
&= L\left(\boldsymbol{q} + \epsilon\delta\boldsymbol{q}, \dot{\boldsymbol{q}} + \epsilon\delta\dot{\boldsymbol{q}}, t + \epsilon\delta t\right) - L\left(\boldsymbol{q}, \dot{\boldsymbol{q}}, t\right) \\
&= \epsilon\left[\sum_i\left(\frac{\partial L\left(\boldsymbol{q}, \dot{\boldsymbol{q}}, t\right)}{\partial q_i}\delta q_i + \frac{\partial L\left(\boldsymbol{q}, \dot{\boldsymbol{q}}, t\right)}{\partial \dot{q}_i}\delta\dot{q}_i\right) + \frac{\partial L\left(\boldsymbol{q}, \dot{\boldsymbol{q}}, t\right)}{\partial t}\delta t\right].
\end{aligned} \tag{7.143}
$$

联立方程 (7.139) 和 (7.143) 后，并记 $L = L\left(\boldsymbol{q}, \dot{\boldsymbol{q}}, t\right)$，我们得到

$$
\sum_i\left(\frac{\partial L}{\partial q_i} + \frac{\partial L}{\partial \dot{q}_i}\frac{\mathrm{d}}{\mathrm{d}t}\right)\delta q_i + \frac{\partial L}{\partial t}\delta t + \left(L - \sum_i\frac{\partial L}{\partial \dot{q}_i}\dot{q}_i\right)\frac{\mathrm{d}}{\mathrm{d}t}\delta t = -\frac{\mathrm{d}}{\mathrm{d}t}\delta\Omega\left(\boldsymbol{q}, t\right). \tag{7.144}
$$

利用欧拉-拉格朗日方程 $\mathrm{d}\left(\partial L/\partial\dot{q}\right)/\mathrm{d}t = \partial L/\partial q$ 及下面的等式

$$
\frac{\mathrm{d}}{\mathrm{d}t}\left(\frac{\partial L}{\partial\dot{q}_i}\delta q_i\right) = \frac{\partial L}{\partial q_i}\delta q_i + \frac{\partial L}{\partial\dot{q}_i}\frac{\mathrm{d}}{\mathrm{d}t}\delta q_i, \tag{7.145}
$$

和

$$
\begin{aligned}
&\frac{\mathrm{d}}{\mathrm{d}t}\left[L - \sum_i\frac{\partial L}{\partial\dot{q}_i}\dot{q}_i\right]\delta t \\
&= \left[\frac{\partial L}{\partial t}\delta t + \sum_i\left(\frac{\partial L}{\partial q_i}\dot{q}_i + \frac{\partial L}{\partial\dot{q}_i}\ddot{q}_i - \frac{\partial L}{\partial q_i}\dot{q}_i - \frac{\partial L}{\partial\dot{q}_i}\ddot{q}_i\right)\delta t\right] + \left(L - \sum_i\frac{\partial L}{\partial\dot{q}_i}\dot{q}_i\right)\frac{\mathrm{d}\delta t}{\mathrm{d}t} \\
&= \frac{\partial L}{\partial t}\delta t + \left(L - \sum_i\frac{\partial L}{\partial\dot{q}_i}\dot{q}_i\right)\frac{\mathrm{d}\delta t}{\mathrm{d}t},
\end{aligned} \tag{7.146}
$$

我们发现方程 (7.144) 实际上可以写成全微分的形式，即

$$
\frac{\mathrm{d}}{\mathrm{d}t}\left[\frac{\partial L}{\partial\dot{q}_i}\delta q_i + \left(L - \sum_i\frac{\partial L}{\partial\dot{q}_i}\dot{q}_i\right)\delta t + \delta\Omega\right] = 0. \tag{7.147}
$$

从上式中我们可以看到

$$
I = \frac{\partial L}{\partial\dot{q}_i}\delta q_i + \left(L - \sum_i\frac{\partial L}{\partial\dot{q}_i}\dot{q}_i\right)\delta t + \delta\Omega \tag{7.148}
$$

是一个守恒量. 也就是说，力学系统的某个对称性将对应一个守恒量 I，其形式与对称变换有关.

例如，时间平移对应的变换是

$$
\delta q = \delta\dot{q} = 0, \tag{7.149}
$$

$$\delta t = 常数. \tag{7.150}$$

此时，根据式 (7.144)

$$\frac{\partial L}{\partial t}\delta t = -\frac{\mathrm{d}}{\mathrm{d}t}\delta\Omega, \tag{7.151}$$

如果 L 不显含时间，则 $\mathrm{d}\delta\Omega/\mathrm{d}t = 0$，于是 $\delta\Omega$ 为一个常数. 根据式 (7.147)，

$$E = L - \sum_i \frac{\partial L}{\partial \dot{q}_i}\dot{q}_i = 常数, \tag{7.152}$$

其中，E 正是能量，因此能量守恒. 对于前面给过的另外两个例子，读者可以自行证明.

> **艾米 · 诺特**: 20 世纪初著名女数学家和物理学家，生于德国巴伐利亚埃朗根，1907 年取得博士学位. 她善于洞察物理，建立抽象概念并将其形式化. 她对数学和理论物理都做出了卓越的贡献. 在数学上，她研究不变量理论和非交换代数; 物理上，以她名字命名的诺特定理，建立了对称性和守恒律之间的深刻的内在联系，构成了现代物理基础的一部分. 诺特在 1935 年于布林莫尔逝世.

7.6　刘维尔定理

我们首先回顾一下位形空间的概念，**位形空间**: q 张成的 s 维空间. 我们知道哈密顿量和正则方程是以广义坐标和广义动量为变量的函数及方程，当系统由广义坐标和广义动量来描述时，一个自然而然的问题是这个由广义坐标和广义动量张成的空间有什么性质？接下来，我们引入相空间的概念. **相空间**: q 和 p 张成的 $2s$ 维空间. 相空间中任一点代表系统的一种状态. **相轨道**: 代表点在相空间中的轨迹. 引入了相空间的概念后，我们可以证明统计力学中一个比较重要的定理.

刘维尔定理: 保守力学体系在相空间中代表点的密度，在运动过程中保持不变.

在经典的统计力学中，我们通常考虑一个宏观系统，这样的系统的典型的粒子数在 10^{23} 这一数量级. 人类不可能决定这么多粒子的初始坐标和速度，只能采取统计的办法. 利用统计力学，我们可以在不知道完全解的情况下得到系统的统计性质. 每一个粒子的坐标和动量都对应相空间中的一个点，粒子的状态随时间演化在相空间里面留下一条轨迹. 对于宏观系统所包含的大量粒子，我们可以定义它们在相空间中的密度，虽然我们不能确切地算出每个代表点的运动轨迹，但是刘维尔定理告诉我们，这些点的密度是不随时间变化的守恒量.

　　下面我们证明刘维尔定理. 考虑一个由正则坐标 $q_1, \cdots, q_s$ 和正则动量 $p_1, \cdots, p_s$ 构成的 $2s$ 维的相空间 (亦叫相宇). 相空间的任意一点称为相点, 该点代表系统的运动状态. 我们考虑的是保守系统. 保守系统指的是哈密顿量不显含时间, 因此哈密顿量 H 是一个守恒量

$$H = H(\boldsymbol{q}, \boldsymbol{p}) = E. \tag{7.153}$$

这一方程给出了 $2s$ 维相空间中的一个 $2s - 1$ 维的曲面, 而代表点所走的轨道一定位于能量曲面上, 并且不会相交.

　　如果代表点非常多, 我们可以定义相密度 $\rho(\boldsymbol{q}, \boldsymbol{p}, t)$, 即单位体积内代表点的个数. 刘维尔定理指的是保守系统相空间中的相密度, 在运动过程中保持不变. 刘维尔定理还存在另一种表述形式: 两个时刻的 $2s$ 维相体积相等.

　　证明 我们首先证明 $s = 1$ 的情况. 如图 7.1 所示, 考虑相空间的面元 $ABCD$, 其中 AB 边长为 $\mathrm{d}p$, BC 边长为 $\mathrm{d}q$. 时间 $\mathrm{d}t$ 内从 AB 边进入的代表点数量为 $(\rho \dot{q})_q \, \mathrm{d}p \, \mathrm{d}t$, 同时从 CD 边出去的数量为

$$(\rho \dot{q})_{q+\mathrm{d}q} \, \mathrm{d}p \, \mathrm{d}t = \left[(\rho \dot{q})_q + \frac{\partial (\rho \dot{q})}{\partial q} \mathrm{d}q \right] \mathrm{d}p \, \mathrm{d}t. \tag{7.154}$$

因此, 净增加数目为

$$-\frac{\partial (\rho \dot{q})}{\partial q} \mathrm{d}q \, \mathrm{d}p \, \mathrm{d}t. \tag{7.155}$$

同理, 从 AD 进 BC 出, 净增加数目为

$$-\frac{\partial (\rho \dot{q})}{\partial p} \mathrm{d}q \, \mathrm{d}p \, \mathrm{d}t. \tag{7.156}$$

因此, 总净增加数目为

$$-\frac{\partial (\rho \dot{q})}{\partial q} \mathrm{d}q \, \mathrm{d}p \, \mathrm{d}t - \frac{\partial (\rho \dot{q})}{\partial p} \mathrm{d}q \, \mathrm{d}p \, \mathrm{d}t. \tag{7.157}$$

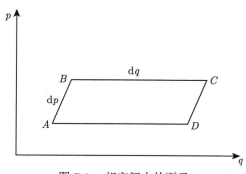

图 7.1　相空间中的面元

在面元 $ABCD$ 内代表点的数目由 $\rho\mathrm{d}q\,\mathrm{d}p$ 变到 $(\rho + \partial_t\rho\mathrm{d}t)\,\mathrm{d}q\,\mathrm{d}p$, 净增加数目为 $\partial_t\rho\mathrm{d}t\mathrm{d}q\mathrm{d}p$, 因此我们有

$$\frac{\partial\rho}{\partial t} = -\frac{\partial\rho}{\partial q}\dot{q} - \rho\frac{\partial\dot{q}}{\partial q} - \frac{\partial\rho}{\partial p}\dot{p} - \rho\frac{\partial\dot{p}}{\partial p}. \tag{7.158}$$

根据哈密顿方程, 我们有

$$\frac{\partial\dot{q}}{\partial q} = \frac{\partial^2 H}{\partial p\partial q}, \tag{7.159}$$

$$\frac{\partial\dot{p}}{\partial p} = -\frac{\partial^2 H}{\partial p\partial q}, \tag{7.160}$$

因此

$$\frac{\partial\dot{p}}{\partial p} + \frac{\partial\dot{q}}{\partial q} = 0. \tag{7.161}$$

所以方程 (7.158) 变为

$$\frac{\partial\rho}{\partial t} + \frac{\partial\rho}{\partial q}\dot{q} + \frac{\partial\rho}{\partial p}\dot{p} = \frac{\mathrm{d}\rho}{\mathrm{d}t} = 0. \tag{7.162}$$

即代表点的密度 ρ 守恒.

下面我们来证明一般情况. 相密度 ρ 是 $\boldsymbol{q}, \boldsymbol{p}, t$ 的函数, 相空间中的体积元是 $\mathrm{d}\tau = \mathrm{d}q_1\cdots\mathrm{d}q_s\mathrm{d}p_1\cdots\mathrm{d}p_s$, 则根据定义, 在体积元内的粒子数 $\mathrm{d}N$ 是 $\mathrm{d}N = \rho\mathrm{d}\tau$. ρ 的变化率即是对于时间的全微分

$$\frac{\mathrm{d}\rho}{\mathrm{d}t} = \frac{\partial\rho}{\partial t} + \sum_\alpha \left(\frac{\partial\rho}{\partial q_\alpha}\dot{q}_\alpha + \frac{\partial\rho}{\partial p_\alpha}\dot{p}_\alpha\right). \tag{7.163}$$

由于是保守系, 因此要求粒子数守恒, 我们写出

$$\frac{\partial\rho}{\partial t} + \boldsymbol{\nabla}\cdot(\rho\boldsymbol{v}) = 0, \tag{7.164}$$

其中

$$\boldsymbol{\nabla} = \left(\cdots, \frac{\partial}{\partial q_\alpha}, \frac{\partial}{\partial p_\alpha}, \cdots\right), \tag{7.165}$$

$$\boldsymbol{v} = (\cdots, \dot{q}_\alpha, \dot{p}_\alpha, \cdots). \tag{7.166}$$

将方程 (7.164) 展开, 得到

$$\frac{\partial\rho}{\partial t} + (\boldsymbol{\nabla}\rho)\cdot\boldsymbol{v} + \rho\,(\boldsymbol{\nabla}\cdot\boldsymbol{v}) = 0. \tag{7.167}$$

类似地, 利用方程 (7.159) 和 (7.160) 我们可以消去方程 (7.164) 中的第三项, 得到

$$\boldsymbol{\nabla}\cdot\boldsymbol{v} = \sum_\alpha \left(\frac{\partial\dot{q}_\alpha}{\partial q_\alpha} + \frac{\partial\dot{p}_\alpha}{\partial p_\alpha}\right)$$

$$= \sum_{\alpha} \left(\frac{\partial^2 H}{\partial q_\alpha \partial p_\alpha} - \frac{\partial^2 H}{\partial p_\alpha \partial q_\alpha} \right)$$
$$= 0. \tag{7.168}$$

即相空间中代表点的速度 $\boldsymbol{v}$ 是没有散度的. 这个结论是证明刘维尔定理的关键. 方程 (7.164) 中的第二项展开结果是

$$(\boldsymbol{\nabla}\rho) \cdot \boldsymbol{v} = \sum_{\alpha} \left(\frac{\partial \rho}{\partial q_\alpha} \dot{q}_\alpha + \frac{\partial \rho}{\partial p_\alpha} \dot{p}_\alpha \right). \tag{7.169}$$

因此，我们证明了

$$\frac{\mathrm{d}\rho}{\mathrm{d}t} = 0. \tag{7.170}$$

即对于多粒子保守系统，ρ 是个守恒量.

7.7 南 部 力 学

南部力学是由南部阳一郎在 1973 年提出的一套逻辑上自洽的力学体系. 在他发表于《物理评论 D》上的文章中，他声称是受到了经典力学中的刘维尔定理的启发而提出这套力学的. 我们前面讲过，刘维尔定理指的是在经典的保守系统中，相空间代表点的密度是不变的. 这个定理在经典的统计力学中有重要的作用.

在哈密顿力学中，一对正则变量为 ξ_1 和 ξ_2，分别描述广义坐标和广义动量. H 为体系的哈密顿量，它是正则变量 ξ_1, ξ_2 和时间 t 的函数，则运动方程为

$$\dot{\xi}_1 = \frac{\partial H}{\partial \xi_2}, \tag{7.171}$$

$$\dot{\xi}_2 = -\frac{\partial H}{\partial \xi_1}. \tag{7.172}$$

利用了雅可比行列式的记号，即

$$\frac{\partial (f, g)}{\partial (\xi_1, \xi_2)} = \begin{vmatrix} \dfrac{\partial f}{\partial \xi_1} & \dfrac{\partial g}{\partial \xi_1} \\[2mm] \dfrac{\partial f}{\partial \xi_2} & \dfrac{\partial g}{\partial \xi_2} \end{vmatrix}. \tag{7.173}$$

方程 (7.171) 和 (7.172) 可以简写成 $(\partial \xi_1 / \partial \xi_2 = 0)$.

$$\dot{\xi}_i = \frac{\partial (\xi_i, H)}{\partial (\xi_1, \xi_2)}, \quad i = 1, 2. \tag{7.174}$$

考虑任意力学量 $F(\xi_1, \xi_2, t)$ 是正则变量 ξ_1, ξ_2 和时间 t 的函数，其随时间的变化率是

$$\dot{F} = \frac{\partial F}{\partial t} + \sum_i \frac{\partial F}{\partial \xi_i} \dot{\xi}_i = \frac{\partial F}{\partial t} + [F, H], \tag{7.175}$$

其中, 我们采用了泊松括号的记号

$$[f,g] = \frac{\partial (f,g)}{\partial (\xi_1, \xi_2)} = \frac{\partial f}{\partial \xi_1}\frac{\partial g}{\partial \xi_2} - \frac{\partial f}{\partial \xi_2}\frac{\partial g}{\partial \xi_1}. \tag{7.176}$$

南部力学是哈密顿力学的推广, 将原先的 2 个正则变量变为了 n 个正则变量 $\xi_1, \xi_2, \cdots, \xi_n$, 相应的哈密顿量也由 1 个变为 $n-1$ 个, 即 $H_1, H_2, \cdots, H_{n-1}$. 首先我们考虑 $n=3$ 的情况, 即有正则变量 ξ_1, ξ_2, ξ_3, 相应的哈密顿量为 H_1, H_2. 我们假定三个正则变量满足 "哈密顿方程" 为

$$\begin{aligned}
\dot{\xi}_i &= \frac{\partial (\xi_i, H_1, H_2)}{\partial (\xi_1, \xi_2, \xi_3)} \\
&= \sum_{l,j,k} \epsilon_{ljk} \frac{\partial \xi_i}{\partial \xi_l}\frac{\partial H_1}{\partial \xi_j}\frac{\partial H_2}{\partial \xi_k} \\
&= \sum_{j,k} \epsilon_{ijk} \frac{\partial H_1}{\partial \xi_j}\frac{\partial H_2}{\partial \xi_k},
\end{aligned} \tag{7.177}$$

其中, 第一个等号的右边表示的是雅可比行列式. ϵ_{ijk} 是 Levi-Civita 张量. 任意力学量 $F(\xi_1, \xi_2, \xi_3, t)$ 是正则变量 ξ_1, ξ_2, ξ_3 和时间 t 的函数, 其随时间的变化率是

$$\begin{aligned}
\dot{F} &= \frac{\partial F}{\partial t} + \sum_i \frac{\partial F}{\partial \xi_i}\dot{\xi}_i \\
&= \frac{\partial F}{\partial t} + \sum_{i,j,k} \epsilon_{ijk}\frac{\partial F}{\partial \xi_i}\frac{\partial H_1}{\partial \xi_j}\frac{\partial H_2}{\partial \xi_k} \\
&= \frac{\partial F}{\partial t} + \frac{\partial (F, H_1, H_2)}{\partial (\xi_1, \xi_2, \xi_3)} \\
&= \frac{\partial F}{\partial t} + [F, H_1, H_2].
\end{aligned} \tag{7.178}$$

上面最后一个等号处, 我们定义了广义的泊松括号

$$[F, H_1, H_2] = \frac{\partial (F, H_1, H_2)}{\partial (\xi_1, \xi_2, \xi_3)} = \begin{vmatrix} \dfrac{\partial F}{\partial \xi_1} & \dfrac{\partial H_1}{\partial \xi_1} & \dfrac{\partial H_2}{\partial \xi_1} \\[2mm] \dfrac{\partial F}{\partial \xi_2} & \dfrac{\partial H_1}{\partial \xi_2} & \dfrac{\partial H_2}{\partial \xi_2} \\[2mm] \dfrac{\partial F}{\partial \xi_3} & \dfrac{\partial H_1}{\partial \xi_3} & \dfrac{\partial H_2}{\partial \xi_3} \end{vmatrix}. \tag{7.179}$$

该广义的泊松括号又叫作南部括号.

下面，我们考虑 n 个正则变量，即 $\xi_1, \xi_2, \cdots, \xi_n$，相应的哈密顿量有 $n-1$ 个，即 $H_1, H_2, \cdots, H_{n-1}$. 假设正则变量满足运动方程为

$$\dot{\xi}_i = \frac{\partial (\xi_i, H_1, \cdots, H_{n-1})}{\partial (\xi_1, \xi_2, \cdots, \xi_n)}, \quad i = 1, 2, \cdots, n, \tag{7.180}$$

其中，上式的右边是广义的雅可比行列式，即含有 n 个自变量 $\xi_i (i = 1, 2, \cdots, n)$ 的关于 n 个函数 $f_1, f_2, \cdots, f_n$ 的雅可比行列式的定义为

$$\frac{\partial (f_1, f_2, \cdots, f_n)}{\partial (\xi_1, \xi_2, \cdots, \xi_n)} = \begin{vmatrix} \dfrac{\partial f_1}{\partial \xi_1} & \dfrac{\partial f_2}{\partial \xi_1} & \cdots & \dfrac{\partial f_n}{\partial \xi_1} \\ \dfrac{\partial f_1}{\partial \xi_2} & \dfrac{\partial f_2}{\partial \xi_2} & \cdots & \dfrac{\partial f_n}{\partial \xi_2} \\ \vdots & \vdots & & \vdots \\ \dfrac{\partial f_1}{\partial \xi_n} & \dfrac{\partial f_2}{\partial \xi_n} & \cdots & \dfrac{\partial f_n}{\partial \xi_n} \end{vmatrix}. \tag{7.181}$$

方程 (7.180) 可以展开写成

$$\dot{\xi}_i = \sum_{j, k, \cdots, l} \epsilon_{ijk\cdots l} \frac{\partial H_1}{\partial \xi_j} \frac{\partial H_2}{\partial \xi_k} \cdots \frac{\partial H_{n-1}}{\partial \xi_l}, \tag{7.182}$$

其中，$\epsilon_{ijk\cdots l}$ 是 Levi-Civita 张量. 任意力学量 $F(\xi_1, \xi_2, \cdots, \xi_n, t)$ 一般是 n 个基本变量 $\xi_1, \xi_2, \cdots, \xi_n$ 和时间 t 的函数，其随时间的变化率为

$$\begin{aligned} \dot{F} &= \frac{\partial F}{\partial t} + \sum_{i=1}^{n} \frac{\partial F}{\partial \xi_i} \dot{\xi}_i \\ &= \frac{\partial F}{\partial t} + \sum_{i, j, k, \cdots, l} \epsilon_{ijk\cdots l} \frac{\partial F}{\partial \xi_i} \frac{\partial H_1}{\partial \xi_j} \frac{\partial H_2}{\partial \xi_k} \cdots \frac{\partial H_{n-1}}{\partial \xi_l} \\ &= \frac{\partial F}{\partial t} + \frac{\partial (F, H_1, H_2, \cdots, H_{n-1})}{\partial (\xi_1, \xi_2, \xi_3, \cdots, \xi_n)} \\ &= \frac{\partial F}{\partial t} + [F, H_1, H_2, \cdots, H_{n-1}], \end{aligned} \tag{7.183}$$

其中最后一个等号，我们引入了南部括号. 其满足如下交换反对称:

$$[f, g, \cdots, h] = -[g, f, \cdots, h]. \tag{7.184}$$

上面便是南部推广的力学. 然而一个直接的问题是，对经典力学的这样的推广，只是一个数学游戏呢，还是具有某中非常深刻的物理内涵？首先，当正则变量的数量 $n = 2$ 时，南部力学就是我们现实世界中的力学. 对于 $n > 2$ 的情况，在南部当年的文章中就给出了一个具体的例子: 刚体转动. 如果以刚体的角动量在三个惯量主轴上的投影

$$L_i = I_i \omega_i, \quad i = 1, 2, 3, \tag{7.185}$$

为正则变量, 其中 I_i 是转动惯量. 令 H_1 是总的角动量的平方和, H_2 是总的动能,

$$H_1 = \frac{1}{2} \sum_{i=1}^{3} L_i^2, \tag{7.186}$$

$$H_2 = \sum_{i=1}^{3} \frac{L_i^2}{2I_i}. \tag{7.187}$$

代入 "哈密顿方程" (7.177), 可以得到如下运动方程:

$$\dot{L}_1 = \frac{\partial (L_1, H_1, H_2)}{\partial (L_1, L_2, L_3)} = \frac{\partial H_1}{\partial L_2} \frac{\partial H_2}{\partial L_3} - \frac{\partial H_1}{\partial L_3} \frac{\partial H_2}{\partial L_2} = \left(\frac{1}{I_3} - \frac{1}{I_2} \right) L_2 L_3, \tag{7.188}$$

$$\dot{L}_2 = \frac{\partial (L_2, H_1, H_2)}{\partial (L_1, L_2, L_3)} = \frac{\partial H_1}{\partial L_3} \frac{\partial H_2}{\partial L_1} - \frac{\partial H_1}{\partial L_1} \frac{\partial H_2}{\partial L_3} = \left(\frac{1}{I_1} - \frac{1}{I_3} \right) L_3 L_1, \tag{7.189}$$

$$\dot{L}_3 = \frac{\partial (L_3, H_1, H_2)}{\partial (L_1, L_2, L_3)} = \frac{\partial H_1}{\partial L_1} \frac{\partial H_2}{\partial L_2} - \frac{\partial H_1}{\partial L_2} \frac{\partial H_2}{\partial L_1} = \left(\frac{1}{I_2} - \frac{1}{I_1} \right) L_1 L_2. \tag{7.190}$$

利用式 (7.185), 整理得

$$I_1 \dot{\omega}_1 - (I_2 - I_3) \omega_2 \omega_3 = 0, \tag{7.191}$$

$$I_2 \dot{\omega}_2 - (I_3 - I_1) \omega_3 \omega_1 = 0, \tag{7.192}$$

$$I_3 \dot{\omega}_3 - (I_1 - I_2) \omega_1 \omega_2 = 0. \tag{7.193}$$

则方程 (7.193) 正是刚体转动的欧拉方程.

　　尽管目前没有真实的体系满足 $n > 3$ 的南部力学, 但我们应该相信它也会如同当年的黎曼几何一样, 找到它在自然界的位置.

南部阳一郎: 日裔美籍物理学家. 他因发现自发对称破缺机制而获得 2008 年的诺贝尔物理奖. 南部出生在东京, 其著名学术贡献包括: 提出量子色动力学的色荷, 完成粒子物理中自发对称性破缺的早期工作, 以及在弦理论领域的开创性研究. 他是弦理论的奠基人之一. 在粒子物理和凝聚态物理中, 满足自发对称性破缺模型的玻色子也被称为南部-戈德斯通玻色子.

7.8　用龙格-楞次矢量推导玻尔公式

　　我们利用龙格-楞次矢量, 在经典力学的框架中推导了量子力学中的玻尔公式, 这样可以避开复杂的积分, 使求解过程大大简化. 玻尔公式在量子力学的建

立过程中扮演着重要的角色, 它成功地解释了氢原子光谱. 玻尔理论中圆轨道的假设后来被索末菲以椭圆轨道代替, 在不考虑相对论修正的情况下, 最终推导出同样的结果, 并得到角动量量子化的结论. 在这个推导过程中, 其主要的原理是电子绕核运动时相积分需满足量子化条件, 即 $\int p_r \cdot \mathrm{d}q_r = nh$, 其中 p_r, q_r 为径向坐标和动量. 用分析力学的方法求玻尔公式时是用哈密顿-雅可比理论, 但推导过程中需要用到一个复杂的积分公式, 运算也比较麻烦. 本节利用龙格-楞次矢量, 就可以使求解过程大为简化.

我们回顾一下经典的电子–原子核模型. 电子绕核运动时, 其轨道在一个平面内, 取此平面为 xy 平面. 写出拉格朗日量

$$L = \frac{1}{2}m(\dot{r}^2 + r^2\dot{\theta}^2) + \frac{\alpha}{r}, \tag{7.194}$$

则可得广义动量

$$p_r = \frac{\partial L}{\partial r} = m\dot{r}, \tag{7.195}$$

$$p_\theta = \frac{\partial L}{\partial \theta} = mr^2\dot{\theta}. \tag{7.196}$$

由此可得哈密顿量

$$H = \frac{1}{2m}\left(p_r^2 + \frac{p_\theta^2}{r^2}\right) - \frac{\alpha}{r}. \tag{7.197}$$

系统存在几个守恒量. 首先是能量守恒. 其次, 根据正则方程可得

$$\dot{p}_\theta = -\frac{\partial H}{\partial \theta} = 0, \tag{7.198}$$

即 p_θ 为守恒量, 设为 α_2, 此即是角动量守恒. 电子轨道在一个平面内, 即 xy 平面, 因此角动量 $|\boldsymbol{J}| = J_z = p_\theta$. 另外, 还存在一个守恒的矢量, 龙格-楞次矢量. 它的定义为

$$\boldsymbol{R} = \frac{1}{m}(\boldsymbol{p} \times \boldsymbol{J}) - \frac{\alpha\boldsymbol{r}}{r}. \tag{7.199}$$

因为 $\boldsymbol{R}$ 守恒, 设 $|\boldsymbol{R}| = \alpha_3$. 利用龙格-楞次矢量, 开普勒问题可以很容易求解出来. 我们这里考虑如何利用它来导出玻尔公式. 首先给出龙格-楞次矢量的模 $|\boldsymbol{R}|$ 与能量 E 有一定关系. 由式 (7.199) 可得

$$\begin{aligned}
\alpha_3^2 &= \frac{1}{m^2}(\boldsymbol{p} \times \boldsymbol{J}) \cdot (\boldsymbol{p} \times \boldsymbol{J}) - \frac{2\alpha}{mr}\boldsymbol{r} \cdot (\boldsymbol{p} \times \boldsymbol{J}) + \alpha^2 \\
&= \frac{1}{m^2}\left[p^2 J^2 - (\boldsymbol{p} \cdot \boldsymbol{J})^2\right] - \frac{2J^2\alpha}{mr} + \alpha^2 \\
&= \frac{2}{m}\left(\frac{p^2}{2m} - \frac{\alpha}{r}\right)J^2 + \alpha^2
\end{aligned} \tag{7.200}$$

$$= \frac{2E\alpha_2^2}{m} + \alpha^2. \tag{7.201}$$

这就是龙格-楞次矢量与能量的关系式.

由于 $\boldsymbol{R}$ 为守恒矢量, 则 R_x, R_y, R_z 均守恒. 并且 $\boldsymbol{R}$ 在 xy 平面上, 所以 $R_z = 0$. 又因为角动量垂直于 xy 平面, 得

$$R_x = \frac{1}{m}\alpha_2 p_y - \frac{\alpha x}{r}, \tag{7.202}$$

$$R_y = -\frac{1}{m}\alpha_2 p_x - \frac{\alpha y}{r}. \tag{7.203}$$

再将以上两式右边变换到极坐标下, 根据极坐标和直角坐标的关系

$$p_x = -\frac{p_\theta}{r}\sin\theta + p_r\cos\theta, \tag{7.204}$$

$$p_y = \frac{p_\theta}{r}\cos\theta + p_r\sin\theta, \tag{7.205}$$

可得

$$R_x = \left(\frac{\alpha_2^2}{mr} - \alpha\right)\cos\theta + \frac{\alpha_2}{m}p_r\sin\theta = \alpha_3 \tag{7.206}$$

$$R_y = \left(\frac{\alpha_2^2}{mr} - \alpha\right)\sin\theta - \frac{\alpha_2}{m}p_r\cos\theta = 0. \tag{7.207}$$

$R_y = 0$ 可由如下得到. 令 $\theta = 0$, 即轨道中电子与核最近处, 此时因为 $p_r = 0$, 代入上式可得 $R_y = 0$, 再根据 R_y 为一定值, 可知 $R_y \equiv 0$.

根据式 (7.206) 和 (7.207), 计算可得

$$p_r = \frac{m\alpha_3}{\alpha_2}\sin\theta,$$

$$r = \frac{\alpha_2^2}{(\alpha_3\cos\theta + \alpha)m}. \tag{7.208}$$

有了以上准备工作, 我们就可以推导玻尔公式了.

根据量子化法则 $J = \displaystyle\int p_r \cdot \mathrm{d}q_r = nh$, 当电子在椭圆轨道内运动时, 该式可以分解为两个部分, $J_r + J_\theta = J$, 其中, 我们很容易就可以得到

$$J_\theta = \oint p_\theta \mathrm{d}\theta = \oint \alpha_2 \mathrm{d}\theta = 2\pi\alpha_2. \tag{7.209}$$

下面来求另外一部分的相积分

$$J_r = \int p_r \mathrm{d}r$$

$$= \int_0^{2\pi} \left(\frac{m\alpha_3}{\alpha_2} \sin\theta \right) \mathrm{d}\left[\frac{\alpha_2^2}{(\alpha_3 \cos\theta + \alpha)\, m} \right]$$

$$= \frac{\alpha_2 \alpha_3 \sin\theta}{\alpha + \alpha_3 \cos\theta} \bigg|_0^{2\pi} - \int_0^{2\pi} \frac{\alpha_2 \alpha_3 \cos\theta}{\alpha + \alpha_3 \cos\theta} \mathrm{d}\theta$$

$$= \alpha_2 \int_0^{2\pi} \left(-1 + \frac{1}{1 + \dfrac{\alpha_3}{\alpha} \cos\theta} \right) \mathrm{d}\theta$$

$$= -2\pi\alpha_2 + \frac{2\pi\alpha\alpha_2}{\sqrt{\alpha^2 - \alpha_3^2}}. \tag{7.210}$$

在推导的过程中，我们用到

$$\int_0^{2\pi} \frac{1}{1 + \epsilon \cos\theta} \mathrm{d}\theta = \frac{2\pi}{\sqrt{1 - \epsilon^2}}, \quad 0 < \epsilon < 1. \tag{7.211}$$

因为能量小于 0，由式 (7.200) 得 $\epsilon = \alpha_3/\alpha < 1$. 再将式 (7.211) 代入上面的相积分，得

$$J_r = -2\pi\alpha_2 + \frac{2\pi\alpha\alpha_2}{\sqrt{\alpha^2 - \alpha_3^2}}$$

$$= -2\pi\alpha_2 + \frac{2\pi\alpha m}{\sqrt{-2mE}}. \tag{7.212}$$

于是

$$J = J_r + J_\theta$$

$$= \frac{2\pi m\alpha}{\sqrt{-2mE}}$$

$$= nh, \tag{7.213}$$

即

$$E = \frac{-2\pi^2 m\alpha^2}{n^2 h^2}. \tag{7.214}$$

这就是玻尔公式.

从以上的推导过程中我们不难发现，运用一些已知的守恒量来推导物理结论，可以避免很多烦琐的计算，并使物理图像更加清晰. 龙格-楞次矢量的推广，还有很多问题中可以用到，使问题简化.

7.9 相对论情况下的玻尔公式

相对论情况下，系统的哈密顿量为

$$H = \sqrt{m_0^2 c^4 + \left(p_r^2 + \frac{p_\theta^2}{r^2} \right) c^2} - \frac{\alpha}{r} = E. \tag{7.215}$$

接下来，我们首先来求出径向动量的表达式. 注意到这里 p_θ 是守恒量，

$$\left(\frac{\alpha}{r} + E\right)^2 = m_0^2 c^4 + \left(p_r^2 + \frac{p_\theta^2}{r^2}\right)c^2, \tag{7.216}$$

整理得

$$p_r^2 c^2 = \frac{1}{r^2}\left[-c^2 p_\theta^2 + \alpha^2 + 2\alpha E r + \left(E^2 - m_0^2 c^4\right)r^2\right], \tag{7.217}$$

于是可以得到

$$p_r = \pm\frac{1}{cr}\sqrt{-c^2 p_\theta^2 + \alpha^2 + 2\alpha E r + \left(E^2 - m_0^2 c^4\right)r^2}. \tag{7.218}$$

令

$$A = c^2 p_\theta^2 - \alpha^2 > 0, \tag{7.219}$$

$$B = 2\alpha E, \tag{7.220}$$

$$C = m_0^2 c^4 - E^2 > 0, \tag{7.221}$$

那么由附录 8.6 的积分

$$\begin{aligned}
c\oint p_r \mathrm{d}r &= -2\pi\sqrt{A} + \frac{\pi B}{\sqrt{C}} \\
&= -2\pi\sqrt{c^2 p_\theta^2 - \alpha^2} + \frac{2\pi\alpha E}{\sqrt{m_0^2 c^4 - E^2}}.
\end{aligned} \tag{7.222}$$

于是得到相积分

$$\begin{aligned}
cJ_r &= \frac{2\pi\alpha E}{\sqrt{m_0^2 c^4 - E^2}} - 2\pi\sqrt{c^2 p_\theta^2 - \alpha^2} \\
&= \frac{2\pi\alpha E}{\sqrt{m_0^2 c^4 - E^2}} - \sqrt{4\pi^2 c^2 p_\theta^2 - (2\pi\alpha)^2}.
\end{aligned} \tag{7.223}$$

从这个方程可以解出能量 E.

同样利用积分式 (5.105) 可以得到

$$J_\theta = 2\pi p_\theta. \tag{7.224}$$

令

$$X = cJ_r + \sqrt{c^2 J_\theta^2 - (2\pi\alpha)^2} = \frac{2\pi\alpha E}{\sqrt{m_0^2 c^4 - E^2}}, \tag{7.225}$$

于是

$$X^2 = \frac{(2\pi\alpha)^2 E^2}{m_0^2 c^4 - E^2}, \tag{7.226}$$

整理后可以得到

$$m_0^2 c^4 = E^2 \left[1 + \frac{(2\pi\alpha)^2}{X^2} \right]. \tag{7.227}$$

那么

$$E = \frac{m_0 c^2}{\sqrt{1 + \dfrac{(2\pi\alpha)^2}{X^2}}} = m_0 c^2 \left\{ 1 + \frac{(2\pi\alpha)^2}{\left[cJ_r + \sqrt{c^2 J_\theta^2 - (2\pi\alpha)^2} \right]^2} \right\}^{-1/2}. \tag{7.228}$$

应用量子化条件式 (5.113) 可得

$$E = m_0 c^2 \left\{ 1 + \frac{(2\pi\alpha)^2}{\left[cn_r h + \sqrt{c^2 n_\theta^2 h^2 - (2\pi\alpha)^2} \right]^2} \right\}^{-1/2}, \tag{7.229}$$

化简整理上面公式可得

$$\begin{aligned} E &= m_0 c^2 \left\{ 1 + \frac{(2\pi\alpha/hc)^2}{\left[n_r + \sqrt{n_\theta^2 - (2\pi\alpha/hc)^2} \right]^2} \right\}^{-1/2} \\ &= m_0 c^2 \left\{ 1 + \frac{\beta^2}{\left[n_r + \sqrt{n_\theta^2 - \beta^2} \right]^2} \right\}^{-1/2}, \end{aligned} \tag{7.230}$$

其中，$\beta = 2\pi\alpha/hc$. 至此我们求得了相对论情况下的玻尔公式. 我们看到，在相对论的情况下，能量并非简单的总量子数 $n_r + n_\theta$ 的函数.

参 考 文 献

[1] Hannay J H. Angle variable holonomy in adiabatic excursion of an integrable Hamiltonian. Journal of Physics A: Mathematical and General, 1985, 18(2): 221.

[2] 鞠国兴. 理论力学学习指导与习题解析. 北京：科学出版社，2008.

[3] Berry M V. Classical adiabatic angles and quantal adiabatic phase. Journal of Physics A: Mathematical and General, 1985, 18(1): 15-27.

[4] Dittrich W, Reuters M. Classical and Quantum Dynamics. Berlin: Springer-Verlag, 1994.

[5] 朗道 Л Д, 栗弗席兹 E M. 理论物理学教程. 第一卷, 力学. 李俊峰, 译. 北京: 高等教育出版社, 2007.

[6] Nambu Y. Generalized Hamiltonian dynamics. Physical Review D, 1973, 7(8): 2405-2412.

[7] 周衍柏. 理论力学教程. 北京: 高等教育出版社, 1979.

[8] 梁昆淼. 数学物理方法. 北京: 高等教育出版社, 1998.

[9] 金才垄, 王晓光, 潘正权. 用隆格-楞兹矢量推导玻尔公式. 大学物理, 2009, 28(1): 50, 51.

[10] Goldstein H, Poole C, Safko J. Classical Mechanics. Beijing: Higher Education Press, 2005.

第 8 章 附　　录

8.1　实对称矩阵、厄米矩阵及其对角化

下面回顾一些基本矩阵和内积的定义.

对称矩阵: 矩阵的转置矩阵等于该矩阵本身, 即

$$\boldsymbol{A}^{\mathrm{T}} = \boldsymbol{A}, \tag{8.1}$$

其中, T 代表转置.

实对称矩阵: 对称矩阵的矩阵元素全为实数, 即

$$\boldsymbol{A}^{\mathrm{T}} = \boldsymbol{A}, \quad \boldsymbol{A}^* = \boldsymbol{A}. \tag{8.2}$$

厄米矩阵: 矩阵的厄米共轭矩阵等于该矩阵本身, 即

$$\boldsymbol{H}^{\dagger} = \boldsymbol{H}, \quad \boldsymbol{H}^{\dagger} = (\boldsymbol{H}^{\mathrm{T}})^*, \tag{8.3}$$

矩阵元满足 $H_{ij}^* = H_{ji}$. $*$ 的运算代表对所有的矩阵元作复共轭. 厄米矩阵的对角元素是实数, 非对角元素成对互为复共轭. 上面的实对称矩阵其实是一种特殊的厄米矩阵.

幺正矩阵: 矩阵的厄米共轭等于其逆矩阵, 即

$$\boldsymbol{U}^{\dagger} = \boldsymbol{U}^{-1}, \quad \boldsymbol{U}^{\dagger}\boldsymbol{U} = \boldsymbol{U}\boldsymbol{U}^{\dagger} = \boldsymbol{E}. \tag{8.4}$$

如果 $\boldsymbol{H}$ 是厄米矩阵, $\boldsymbol{H}^n$ 是厄米的, 则 $\boldsymbol{U} = \exp(\mathrm{i}\boldsymbol{H})$ 是幺正矩阵.

实正交矩阵: 若矩阵的转置等于其逆矩阵, 同时矩阵的元素为实数, 即

$$\boldsymbol{C}^{\mathrm{T}} = \boldsymbol{C}^{-1}, \quad \boldsymbol{C}^{\mathrm{T}}\boldsymbol{C} = \boldsymbol{C}\boldsymbol{C}^{\mathrm{T}} = \boldsymbol{E}, \quad \text{且}\boldsymbol{C}^* = \boldsymbol{C} \tag{8.5}$$

实正交矩阵是特殊的幺正矩阵. 容易看出, 其矩阵的行列式为 ± 1. 这是因为

$$1 = \det(\boldsymbol{C}^{\mathrm{T}}\boldsymbol{C}) = \det(\boldsymbol{C}^{\mathrm{T}})\det(\boldsymbol{C}) = [\det(\boldsymbol{C})]^2 = 1. \tag{8.6}$$

在推导上面的公式也用了两个结果 $\det(\boldsymbol{AB}) = \det(\boldsymbol{A})\det(\boldsymbol{B}), \det(\boldsymbol{A}^{\mathrm{T}}) = \det(\boldsymbol{A})$.

内积: 两个复矢量之间的内积 (又叫点积) 定义为

$$\boldsymbol{x} \cdot \boldsymbol{y} = x_1^* y_1 + x_2^* y_2 + \cdots + x_N^* y_N = \langle \boldsymbol{x} | \boldsymbol{y} \rangle. \tag{8.7}$$

很显然，我们有

$$\langle \boldsymbol{x} | \boldsymbol{y} \rangle = \langle \boldsymbol{y} | \boldsymbol{x} \rangle^*. \tag{8.8}$$

这里我们采用了狄拉克符号 [①]，其中 $|\boldsymbol{y}\rangle$ 表示一个列矢量，而

$$\langle \boldsymbol{y} | = (|\boldsymbol{y}\rangle)^\dagger, \tag{8.9}$$

表示相应的行矢量，且元素取复共轭.

对于 $N \times N$ 的矩阵 $\boldsymbol{A}$(可对角化)，具有 N 个本征值和 N 个本征向量. 利用狄拉克符号，矩阵 $\boldsymbol{A}$ 的本征方程可简洁表示成

$$\boldsymbol{A} | \lambda \rangle = \lambda | \lambda \rangle. \tag{8.10}$$

因为存在关系式

$$(\boldsymbol{A} | \lambda \rangle)^{\mathrm{T}} = (|\lambda\rangle)^{\mathrm{T}} \boldsymbol{A}^{\mathrm{T}} \tag{8.11}$$

$$(\boldsymbol{A} | \lambda \rangle)^{\dagger} = (|\lambda\rangle)^{\dagger} \boldsymbol{A}^{\dagger} = \langle \lambda | \boldsymbol{A}^{\dagger}. \tag{8.12}$$

所以有

$$\langle \lambda | \boldsymbol{A}^{\dagger} = \langle \lambda | \lambda^*. \tag{8.13}$$

方程(8.10)和(8.13)是等价的.

通过求解下列方程

$$\det(\boldsymbol{A} - \lambda \boldsymbol{E}) \ = \ 0, \tag{8.14}$$

$$(\boldsymbol{A} - \lambda \boldsymbol{E}) | \lambda \rangle \ = \ 0. \tag{8.15}$$

我们可得到矩阵 $\boldsymbol{A}$ 的本征值与本征矢量.

作为例子，泡利矩阵的定义为

$$\boldsymbol{\sigma}_x = \begin{pmatrix} 0 & 1 \\ 1 & 0 \end{pmatrix}, \quad \boldsymbol{\sigma}_y = \begin{pmatrix} 0 & -\mathrm{i} \\ \mathrm{i} & 0 \end{pmatrix}, \quad \boldsymbol{\sigma}_z = \begin{pmatrix} 1 & 0 \\ 0 & -1 \end{pmatrix}, \tag{8.16}$$

其中，$\boldsymbol{\sigma}_x$ 和 $\boldsymbol{\sigma}_z$ 为实对称矩阵. 泡利矩阵的本征值和本征矢如下.

---

① 右矢 (bra) $|\rangle$ 和左矢 (ket) $\langle|$ 是由狄拉克引入的矢量记号，由 braket 而来，极大地方便了矩阵量子力学中的描述和计算.

$\boldsymbol{\sigma}_x$ 的本征值和本征矢:

$$\lambda_+ = 1, \frac{1}{\sqrt{2}}\begin{pmatrix} 1 \\ 1 \end{pmatrix}; \quad \lambda_- = -1, \frac{1}{\sqrt{2}}\begin{pmatrix} 1 \\ -1 \end{pmatrix}. \tag{8.17}$$

$\boldsymbol{\sigma}_y$ 的本征值和本征矢:

$$\lambda_+ = 1, \frac{1}{\sqrt{2}}\begin{pmatrix} 1 \\ \mathrm{i} \end{pmatrix}; \quad \lambda_- = -1, \frac{1}{\sqrt{2}}\begin{pmatrix} 1 \\ -\mathrm{i} \end{pmatrix}. \tag{8.18}$$

$\boldsymbol{\sigma}_z$ 的本征值和本征矢:

$$\lambda_+ = 1, \begin{pmatrix} 1 \\ 0 \end{pmatrix}; \quad \lambda_- = -1 \begin{pmatrix} 0 \\ 1 \end{pmatrix}. \tag{8.19}$$

接下来, 我们给出两个非常重要的定理.

定理 1 设 $\boldsymbol{A}$ 是 n 阶实对称矩阵, 则:

(1) $\boldsymbol{A}$ 的本征值都是实数;

(2) $\boldsymbol{A}$ 的对应不同本征值的本征向量必正交;

(3) 存在实正交矩阵 $\boldsymbol{C}$, 使得 $\boldsymbol{C}^{\mathrm{T}}\boldsymbol{A}\boldsymbol{C} = \boldsymbol{\Lambda}$ 为对角矩阵.

由于实对称矩阵是特殊的厄米矩阵, 实正交矩阵是特殊的幺正矩阵. 因此上述定理可以推广至更加一般的情况如下.

定理 2 设 $\boldsymbol{A}$ 是 n 阶厄米矩阵, 则:

(1) $\boldsymbol{A}$ 的本征值都是实数;

(2) $\boldsymbol{A}$ 的对应不同本征值的本征矢量必正交;

(3) 存在幺正矩阵 $\boldsymbol{U}$, 使得 $\boldsymbol{U}^{\dagger}\boldsymbol{A}\boldsymbol{U} = \boldsymbol{\Lambda}$ 为对角矩阵.

证明

(1) 假设 $\boldsymbol{A}$ 矩阵的本征值和本征矢分别为 λ_k 和 $|\lambda_k\rangle$, 根据矩阵的本征方程,

$$\boldsymbol{A}|\lambda_k\rangle = \lambda_k|\lambda_k\rangle. \tag{8.20}$$

对上式两边同时左乘左矢 $\langle\lambda_k|$, 我们有如下等式

$$\langle\lambda_k|\boldsymbol{A}|\lambda_k\rangle = \lambda_k = \langle\lambda_k|\boldsymbol{A}^{\dagger}|\lambda_k\rangle = \lambda_k^*. \tag{8.21}$$

这里利用了方程 (8.10).

(2) 对于不同的 λ_k 和 λ_l, 我们有 $\langle\lambda_k|\lambda_l\rangle = 0$, 利用方程(8.13), 矩阵元

$$\langle\lambda_l|\boldsymbol{A}|\lambda_k\rangle = \lambda_k\langle\lambda_l|\lambda_k\rangle,$$

$$\langle\lambda_l|\boldsymbol{A}|\lambda_k\rangle = \langle\lambda_l|\boldsymbol{A}^{\dagger}|\lambda_k\rangle$$

$$= \lambda_l \langle \lambda_l | \lambda_k \rangle, \tag{8.22}$$

上面两式相减得

$$(\lambda_l - \lambda_k) \langle \lambda_l | \lambda_k \rangle = 0, \tag{8.23}$$

即 $|\lambda_l\rangle$ 与 $|\lambda_k\rangle$ 正交. 对于 λ_l 和 λ_k 相等的情况, 我们总可以构造 $|\lambda_l\rangle$ 和 $|\lambda_k\rangle$ 使得 $\langle \lambda_l | \lambda_k \rangle = 0$. 这样所有的本征矢量是正交归一的.

　　(3) 将所有基矢排列成如下矩阵, 再将矩阵 $\boldsymbol{A}$ 作用在其上面, 我们得到

$$\boldsymbol{A}(|\lambda_1\rangle, |\lambda_2\rangle, \cdots, |\lambda_N\rangle) = (\lambda_1|\lambda_1\rangle, \lambda_2|\lambda_2\rangle, \cdots, \lambda_N|\lambda_N\rangle)$$
$$= (|\lambda_1\rangle, |\lambda_2\rangle, \cdots, |\lambda_N\rangle)$$
$$\times \begin{pmatrix} \lambda_1 & \cdots & 0 \\ \vdots & & \vdots \\ 0 & \cdots & \lambda_N \end{pmatrix}. \tag{8.24}$$

因此, 定义幺正矩阵

$$\boldsymbol{U} = (|\lambda_1\rangle, |\lambda_2\rangle, \cdots, |\lambda_N\rangle). \tag{8.25}$$

于是, 方程 (8.24) 可以写成

$$\boldsymbol{A}\boldsymbol{U} = \boldsymbol{U}\boldsymbol{\Lambda}, \quad \boldsymbol{\Lambda} = \mathrm{diag}(\lambda_1, \lambda_2, \cdots, \lambda_N) \tag{8.26}$$

$\boldsymbol{U}$ 的转置共轭表示为

$$\boldsymbol{U}^\dagger = \begin{pmatrix} \langle \lambda_1 | \\ \vdots \\ \langle \lambda_N | \end{pmatrix}. \tag{8.27}$$

用 $\boldsymbol{U}^\dagger$ 左乘方程(8.24)可得

$$\boldsymbol{U}^\dagger \boldsymbol{A} \boldsymbol{U} = \boldsymbol{\Lambda}. \tag{8.28}$$

证毕.

　　根据性质 (2), 我们有

$$\boldsymbol{U}^\dagger \boldsymbol{U} = \boldsymbol{E}_{N \times N}. \tag{8.29}$$

因为 $\boldsymbol{U}$ 是幺正的, 进一步有

$$\boldsymbol{U}\boldsymbol{U}^\dagger = \sum_{k=1}^{N} |\lambda_k\rangle \langle \lambda_k | = \boldsymbol{E}_{N \times N}. \tag{8.30}$$

该式称为完备性关系，也叫作矩阵的单位分解. 作为应用，我们可以用 $\boldsymbol{A}$ 左乘上面的方程得

$$\boldsymbol{A} = \boldsymbol{A} \sum_{k=1}^{N} |\lambda_k\rangle\langle\lambda_k| = \sum_{k=1}^{N} \lambda_k |\lambda_k\rangle\langle\lambda_k|. \tag{8.31}$$

这就是矩阵 $\boldsymbol{A}$ 的谱分解. 对于厄米矩阵 $\boldsymbol{H}$，谱分解可表示为

$$\boldsymbol{H} = \sum_{k=1}^{N} \lambda_k \boldsymbol{\lambda}_k \boldsymbol{\lambda}_k^{\dagger}. \tag{8.32}$$

对于实对称矩阵 $\boldsymbol{A}$，谱分解可表示为

$$\boldsymbol{A} = \sum_{k=1}^{N} \lambda_k \boldsymbol{\lambda}_k \boldsymbol{\lambda}_k^{\mathrm{T}}. \tag{8.33}$$

8.2 双正交基与非厄米矩阵的谱分解

对于非厄米矩阵, $\boldsymbol{H} \neq \boldsymbol{H}^{\dagger}$, 我们仍然有其本征方程：

$$\boldsymbol{H}|\lambda_n\rangle_r = \lambda_n |\lambda_n\rangle_r, \tag{8.34}$$

$$_l\langle\lambda_n|\boldsymbol{H} = \lambda_n {}_l\langle\lambda_n|, \tag{8.35}$$

这里的 $|\lambda_n\rangle_r$ 和 $_l\langle\lambda_n|$ 是 $\boldsymbol{H}$ 的右矢和左矢. 我们以下角标加以区分是因为它们并不互为厄米共轭, 而我们把它们对应的厄米共轭分别记为 $_r\langle\lambda_n|$ 和 $|\lambda_n\rangle_l$. 又因为

$$_l\langle\lambda_n|\boldsymbol{H}|\lambda_m\rangle_r = \lambda_m \cdot {}_l\langle\lambda_n|\lambda_m\rangle_r$$
$$= \lambda_n \cdot {}_l\langle\lambda_n|\lambda_m\rangle_r,$$

所以有

$$(\lambda_m - \lambda_n)_l \cdot \langle\lambda_n|\lambda_m\rangle_r = 0. \tag{8.36}$$

我们可以通过归一化使得左右矢正交归一，

$$_l\langle\lambda_n|\lambda_m\rangle_r = \delta_{mn}. \tag{8.37}$$

值得注意的是, 我们只选定了左右矢之间的正交归一, 但对于左矢或右矢本身并没有要求, 即 $_r\langle\lambda_n|\lambda_m\rangle_r$ 和 $_l\langle\lambda_n|\lambda_m\rangle_l$ 并不一定是 δ_{mn}.

为了得到 $\boldsymbol{H}$ 的谱分解，我们建立相似变换矩阵

$$\boldsymbol{V} = \left(\begin{array}{cccc} |\lambda_1\rangle_r, & |\lambda_2\rangle_r, & \cdots, & |\lambda_N\rangle_r \end{array} \right) \tag{8.38}$$

及其逆矩阵

$$
\boldsymbol{V}^{-1} = \begin{pmatrix} {}_l\langle\lambda_1| \\ {}_l\langle\lambda_2| \\ \vdots \\ {}_l\langle\lambda_N| \end{pmatrix}. \tag{8.39}
$$

可看出 $\boldsymbol{V}$ 并非幺正矩阵, 且其完备性关系可表示为

$$
\boldsymbol{V}\boldsymbol{V}^{-1} = \sum_k |\lambda_k\rangle_{rl}\langle\lambda_k| = \boldsymbol{E}_{N\times N}. \tag{8.40}
$$

将 $\boldsymbol{H}$ 作用上去即得到它的谱分解

$$
\boldsymbol{H} = \sum_{k=1}^N \lambda_k |\lambda_k\rangle_{rl}\langle\lambda_k|. \tag{8.41}
$$

8.3 群的基本知识

群: 集合 $G = \{abc\cdots\}$ 上定义一个乘法，满足

(1) 乘法的封闭性: $\forall ab \in G, ab \in G$;

(2) 乘法的结合律: $(ab)c = a(bc)$;

(3) 恒元的存在: $\exists$ 单位元 e, 对任意 a 满足 $ea = ae = a$;

(4) 逆元的存在: $\forall a \in G$, $\exists$ 逆元 a^{-1}, 满足 $a^{-1}a = aa^{-1} = e$, 则 G 构成群.
下面举几个群的例子.

例 1

$$
\boldsymbol{E} = \begin{pmatrix} 1 & 0 \\ 0 & 1 \end{pmatrix}, \quad \boldsymbol{\sigma}_x = \begin{pmatrix} 0 & 1 \\ 1 & 0 \end{pmatrix} \tag{8.42}
$$

这两个元素通过矩阵乘法构成群.

例 2 下面介绍置换群 S_3, 它由元素 $R_{123}^{123}, R_{312}^{123}, R_{231}^{123}$ 和 $R_{321}^{123}, R_{132}^{123}, R_{213}^{123}$ 构成. R_{nlm}^{ijk} 表示 i 变到 n, j 变到 l, k 变到 m. 三个客体排列次序的变换称为置换. 如果有 N 个客体, 则有 $N!$ 个置换. 各列次序可以任意交换, 例如 $R_{312}^{123} = R_{132}^{213}$ 元素的逆为 $(R^{-1})_{312}^{123} = R_{123}^{312}$, 单位元即为 R_{123}^{123}. 乘法 $R_{231}^{123} * R_{321}^{123} = R_{132}^{321} * R_{321}^{123} = R_{132}^{123}$. 满足结合律, 不满足交换律. 结合律可以证明如下: $R_{xyz}^{lmn} * (R_{lmn}^{ijk} * R_{ijk}^{123}) = R_{xyz}^{lmn} * R_{lmn}^{123} = R_{xyz}^{123}$; $(R_{xyz}^{lmn} * R_{lmn}^{ijk}) * R_{ijk}^{123} = R_{xyz}^{ijk} * R_{ijk}^{123} = R_{xyz}^{123}$. 当然我们可以有置换群 S_2, 由 R_{12}^{12}, R_{21}^{12} 构成. 与上面的例子属于同一个结构.

例 3 一般线性群 $GL(n, \mathbb{C}) = \{\boldsymbol{A} | \det(\boldsymbol{A}_{n\times n}) \neq 0\}$.

证明 (1) $\forall \boldsymbol{A}, \boldsymbol{B} \in GL(n, \mathbb{C})$, 因为 $\det(\boldsymbol{A}) \neq 0$, $\det(\boldsymbol{B}) \neq 0$, 则有 $\det(\boldsymbol{AB}) = \det(\boldsymbol{A})\det(\boldsymbol{B}) \neq 0$, 因此 $\boldsymbol{AB} \in GL(n, \mathbb{C})$;

(2) $(\boldsymbol{AB})\boldsymbol{C} = \boldsymbol{A}(\boldsymbol{BC})$, 满足乘法结合律;

(3) $\exists$ 恒元, 即为单位阵 $\boldsymbol{E}_{n \times n}$. 其满足 $\det(\boldsymbol{E}_{n \times n}) \neq 0$;

(4) $\forall \boldsymbol{A} \in GL(n, \mathbb{C})$, 因为 $\det(\boldsymbol{A}) \neq 0$, 故 $\exists \boldsymbol{A}$ 的逆存在, 即为 $\boldsymbol{A}^{-1}$. 其满足 $\det(\boldsymbol{A}^{-1}) = 1/\det(\boldsymbol{A}) \neq 0$. 下面我们介绍三维空间转动群的定义, 其是一般线性群的一个非常重要的特例.

8.3.1 $SO(3)$ 群

假设有一转动变换矩阵 $\boldsymbol{R}$ 将矢量 $\boldsymbol{r}$ 变换成新的矢量 $\boldsymbol{r}'$, 即

$$\boldsymbol{r}' = \boldsymbol{R}\boldsymbol{r}. \tag{8.43}$$

显然, 转动变换并不改变空间矢量的模长, 即有

$$\boldsymbol{r}'^{\mathrm{T}}\boldsymbol{r}' = \boldsymbol{r}^{\mathrm{T}}\boldsymbol{R}^{\mathrm{T}}\boldsymbol{R}\boldsymbol{r} = \boldsymbol{r}^{\mathrm{T}}\boldsymbol{r} \tag{8.44}$$

因为 $\boldsymbol{r}$ 任意, 故有

$$\boldsymbol{R}^{\mathrm{T}}\boldsymbol{R} = \boldsymbol{E}, \tag{8.45}$$

从而

$$\det(\boldsymbol{R}^{\mathrm{T}}\boldsymbol{R}) = 1, \quad \det(\boldsymbol{R}) = \pm 1. \tag{8.46}$$

说明空间转动 $\boldsymbol{R} \in GL(n, \mathbb{C})$ 是一种特殊的一般线性群.

关于 x 轴的空间转动的矩阵表示为

$$\boldsymbol{R}_x(\phi) = \begin{pmatrix} 1 & 0 & 0 \\ 0 & \cos\phi & -\sin\phi \\ 0 & \sin\phi & \cos\phi \end{pmatrix}. \tag{8.47}$$

利用等式

$$\exp(-\mathrm{i}\phi\sigma_y) = \begin{pmatrix} \cos\phi & -\sin\phi \\ \sin\phi & \cos\phi \end{pmatrix}. \tag{8.48}$$

进一步可以将式 (8.47) 表示成

$$\boldsymbol{R}_x(\phi) = \exp\left[-\mathrm{i}\phi\begin{pmatrix} 0 & \\ & \sigma_y \end{pmatrix}\right] = \exp(-\mathrm{i}\phi\boldsymbol{T}_1) \tag{8.49}$$

其中

$$\boldsymbol{T}_1 = \begin{pmatrix} 0 & \\ & \sigma_y \end{pmatrix} = \begin{pmatrix} 0 & 0 & 0 \\ 0 & 0 & -\mathrm{i} \\ 0 & \mathrm{i} & 0 \end{pmatrix} = -\mathrm{i}(e_{23} - e_{32}). \tag{8.50}$$

这里 $e_{ij} = |i\rangle\langle j|$ 是第 ij 位置是 1，其他都是 0 的矩阵. $|i\rangle$ 是第 i 个位置是 1，其他都是 0 的列矩阵. 同理，我们令

$$T_2 = \begin{pmatrix} 0 & 0 & \mathrm{i} \\ 0 & 0 & 0 \\ -\mathrm{i} & 0 & 0 \end{pmatrix} = -\mathrm{i}(e_{31} - e_{13}) \tag{8.51}$$

$$T_3 = \begin{pmatrix} 0 & -\mathrm{i} & 0 \\ \mathrm{i} & 0 & 0 \\ 0 & 0 & 0 \end{pmatrix} = -\mathrm{i}(e_{12} - e_{21}). \tag{8.52}$$

则以 y, z 轴为转轴的空间转动的矩阵可以写成

$$R_y(\phi) = \exp(-\mathrm{i}\phi T_2) = \begin{pmatrix} \cos\phi & 0 & \sin\phi \\ 0 & 1 & 0 \\ -\sin\phi & 0 & \cos\phi \end{pmatrix}, \tag{8.53}$$

$$R_z(\phi) = \exp(-\mathrm{i}\phi T_3) = \begin{pmatrix} \cos\phi & -\sin\phi & 0 \\ \sin\phi & \cos\phi & 0 \\ 0 & 0 & 1 \end{pmatrix}. \tag{8.54}$$

利用 $\langle i|j\rangle = \delta_{ij}$ 容易证明

$$[T_1, T_2] = \mathrm{i}T_3, \quad [T_2, T_3] = \mathrm{i}T_1, \quad [T_3, T_1] = \mathrm{i}T_2. \tag{8.55}$$

这就是三个生成元所满足的对易关系.

利用欧拉角的定义，任意一个三维空间转动可以分解成三个连续定轴转动，即

$$R = R_z(\alpha)R_y(\beta)R_z(\gamma).$$

可见 $\det(R) = 1$. 可以证明所有的幺模实正交矩阵 $R(n, \phi)$ 构成了三维空间的转动群，即称为 $SO(3)$ 群：

$$SO(3) = \{R | R \in GL(3, \mathbb{R}), \text{幺模} \det(R) = 1, \text{且正交} R^{\mathrm{T}}R = I\} \tag{8.56}$$

证明　(1) $\forall R_1, R_2 \in SO(3)$，我们有 $R_1^{\mathrm{T}}R_1 = E$ 且 $R_2^{\mathrm{T}}R_2 = E$. 可证两元素的乘积仍然是幺模的，即有

$$\det(R_1 R_2) = \det(R_1)\det(R_2) = 1. \tag{8.57}$$

两元素的乘积仍然满足正交性

$$(R_1 R_2)^{\mathrm{T}} R_1 R_2 = R_2^{\mathrm{T}} R_1^{\mathrm{T}} R_1 R_2 = E. \tag{8.58}$$

(2) $(\boldsymbol{R}_1\boldsymbol{R}_2)\,\boldsymbol{R}_3 = \boldsymbol{R}_1\,(\boldsymbol{R}_2\boldsymbol{R}_3)$, 满足乘法结合律.

(3) 由于单位阵满足

$$\det(\boldsymbol{E}) = 1, \text{且 } \boldsymbol{E}^{\mathrm{T}}\boldsymbol{E} = \boldsymbol{E}, \tag{8.59}$$

因此, ∃ 恒元, 即为单位阵.

(4) $\forall \boldsymbol{R} \in SO\,(3)$, 满足 $\det\,(\boldsymbol{R}) = 1$ 且 $\boldsymbol{R}^{\mathrm{T}}\boldsymbol{R} = \boldsymbol{E}$, 所以该元素的逆为 $\boldsymbol{R}^{-1} = \boldsymbol{R}^{\mathrm{T}}$, 可以证明 $\boldsymbol{R}^{-1}$ 是幺模的

$$\det\left(\boldsymbol{R}^{-1}\right) = \det\left(\boldsymbol{R}^{\mathrm{T}}\right) = \det\left(\boldsymbol{R}\right) = 1. \tag{8.60}$$

同时可证其还满足正交性,

$$(\boldsymbol{R}^{-1})^{\mathrm{T}}\boldsymbol{R}^{-1} = (\boldsymbol{R}^{\mathrm{T}})^{\mathrm{T}}\boldsymbol{R}^{\mathrm{T}} = \boldsymbol{R}\boldsymbol{R}^{\mathrm{T}} = \boldsymbol{E}. \tag{8.61}$$

故 ∃$\boldsymbol{R}$ 的逆即为 $\boldsymbol{R}^{\mathrm{T}}$.

任意的群元素也可以表示成

$$\boldsymbol{R}(\boldsymbol{n},\alpha) = \boldsymbol{S}(\varphi,\theta)\boldsymbol{R}(\boldsymbol{e}_3,\alpha)\boldsymbol{S}^{-1}(\varphi,\theta), \tag{8.62}$$

其中

$$\boldsymbol{S}(\varphi,\theta) = \boldsymbol{R}(\boldsymbol{e}_3,\varphi)\boldsymbol{R}(\boldsymbol{e}_2,\theta). \tag{8.63}$$

利用方程(8.54), 我们有

$$\boldsymbol{R}(\boldsymbol{n},\alpha) = \mathrm{e}^{-\mathrm{i}\alpha \boldsymbol{S}\boldsymbol{T}_3 \boldsymbol{S}^{-1}} \tag{8.64}$$

再利用下面的式(8.69), 我们可得

$$\begin{aligned} &\mathrm{e}^{-\mathrm{i}\theta \boldsymbol{T}_2}\boldsymbol{T}_3\mathrm{e}^{\mathrm{i}\theta \boldsymbol{T}_2}\\ &= \cos\theta\,\boldsymbol{T}_3 + \sin\theta\,\boldsymbol{T}_1 \end{aligned} \tag{8.65}$$

和

$$\begin{aligned} &\mathrm{e}^{-\mathrm{i}\varphi \boldsymbol{T}_3}\boldsymbol{T}_1\mathrm{e}^{\mathrm{i}\varphi \boldsymbol{T}_3}\\ &= \cos\varphi\,\boldsymbol{T}_1 + \sin\varphi\,\boldsymbol{T}_2. \end{aligned} \tag{8.66}$$

于是可得

$$\boldsymbol{S}\boldsymbol{T}_3\boldsymbol{S}^{-1} = \boldsymbol{n}\cdot\boldsymbol{T}. \tag{8.67}$$

故

$$\boldsymbol{R}(\boldsymbol{n},\alpha) = \mathrm{e}^{-\mathrm{i}\alpha\boldsymbol{n}\cdot\boldsymbol{T}}. \tag{8.68}$$

可以看到, 任何一个群元都由三个生成元生成.

上面推导时, 我们用到了一下算符等式

$$\mathrm{e}^{\boldsymbol{A}}\boldsymbol{B}\mathrm{e}^{-\boldsymbol{A}} = \mathrm{e}^{\boldsymbol{A}^{\times}}\boldsymbol{B}, \tag{8.69}$$

其中, $\boldsymbol{A}^{\times}$ 是超算符, 定义为

$$\boldsymbol{A}^{\times}\boldsymbol{B} = [\boldsymbol{A}, \boldsymbol{B}]. \tag{8.70}$$

令 $\mathrm{e}^{\lambda\boldsymbol{A}}\boldsymbol{B}\mathrm{e}^{-\lambda\boldsymbol{A}} = f(\lambda)$, 则

$$\frac{\mathrm{d}f}{\mathrm{d}\lambda} = \boldsymbol{A}^{\times}f(\lambda) \tag{8.71}$$

$$= \mathrm{e}^{\lambda\boldsymbol{A}}\left[\boldsymbol{A}, \boldsymbol{B}\right]\mathrm{e}^{-\lambda\boldsymbol{A}} \tag{8.72}$$

$$= \mathrm{e}^{\lambda\boldsymbol{A}}\boldsymbol{A}^{\times}\boldsymbol{B}\mathrm{e}^{-\lambda\boldsymbol{A}}, \tag{8.73}$$

$$\frac{\mathrm{d}^2 f}{\mathrm{d}\lambda^2} = \boldsymbol{A}^{\times}\frac{\mathrm{d}f}{\mathrm{d}\lambda} \tag{8.74}$$

$$= \mathrm{e}^{\lambda\boldsymbol{A}}\left[\boldsymbol{A}, [\boldsymbol{A}, \boldsymbol{B}]\right]\mathrm{e}^{-\lambda\boldsymbol{A}} \tag{8.75}$$

$$= \mathrm{e}^{\lambda\boldsymbol{A}}\boldsymbol{A}^{\times 2}\boldsymbol{B}\mathrm{e}^{-\lambda\boldsymbol{A}}. \tag{8.76}$$

推而广之, 我们有

$$f(1) = f(0) + \sum_{n=1}^{\infty}\frac{1}{n!}\left(\frac{\mathrm{d}^n f}{\mathrm{d}\lambda^n}\right)\bigg|_{\lambda=0} \tag{8.77}$$

$$= \boldsymbol{B} + \sum_{n=1}^{\infty}\frac{1}{n!}\boldsymbol{A}^{\times n}\boldsymbol{B} \tag{8.78}$$

$$= \mathrm{e}^{\boldsymbol{A}^{\times}}\boldsymbol{B}. \tag{8.79}$$

得证.

8.3.2 $SU(2)$ 群

很容易验证所有的幺模 (行列式为 1) 幺正矩阵构成群, 即 $SU(2)$ 群. 下面来求群元素的表达式. 一个 2×2 矩阵可以写成

$$\boldsymbol{u} = \begin{pmatrix} a & b \\ c & d \end{pmatrix}. \tag{8.80}$$

根据其幺正性, 我们有

$$\boldsymbol{u}\boldsymbol{u}^{\dagger} = \begin{pmatrix} a & b \\ c & d \end{pmatrix}\begin{pmatrix} a^* & c^* \\ b^* & d^* \end{pmatrix} = \begin{pmatrix} 1 & 0 \\ 0 & 1 \end{pmatrix}. \tag{8.81}$$

结合幺模的性质, 我们得到以下方程组:

$$ac^* + bd^* = 0, \tag{8.82}$$

$$aa^* + bb^* = 1, \tag{8.83}$$

$$cc^* + dd^* = 1, \tag{8.84}$$

$$ad - bc = 1. \tag{8.85}$$

将上面四个方程中的第一个乘以 c, 并利用最后两个方程得

$$acc^* + bcd^* = 0, \tag{8.86}$$

$$acc^* + (ad - 1)d^* = 0, \tag{8.87}$$

$$a = d^*. \tag{8.88}$$

同样, 将四个方程中的第一个乘以 d, 并利用最后两个方程得

$$ac^*d + bd^*d = 0, \tag{8.89}$$

$$c^*(1 + bc) + bdd^* = 0, \tag{8.90}$$

$$b = -c^*. \tag{8.91}$$

利用方程(8.88)和(8.91), 对于一般 $SU(2)$ 群元, 我们有

$$
\begin{aligned}
\boldsymbol{U} &= \begin{pmatrix} h_0 - \mathrm{i}h_3 & -h_2 - \mathrm{i}h_1 \\ h_2 - \mathrm{i}h_1 & h_0 + \mathrm{i}h_3 \end{pmatrix} \\
&= h_0 \boldsymbol{E}_{2\times 2} - \mathrm{i}(h_1 \sigma_x + h_2 \sigma_y + h_3 \sigma_z) \\
&= h_0 \boldsymbol{E}_{2\times 2} - \mathrm{i}\sqrt{h_1^2 + h_2^2 + h_3^2}\, \boldsymbol{n} \cdot \boldsymbol{\sigma} \\
&\equiv \cos\frac{\alpha}{2} \boldsymbol{E}_{2\times 2} - \mathrm{i}\sin\frac{\alpha}{2} \boldsymbol{n} \cdot \boldsymbol{\sigma} \\
&= \mathrm{e}^{-\mathrm{i}\frac{\alpha}{2}\boldsymbol{n}\cdot\boldsymbol{\sigma}}, \tag{8.92}
\end{aligned}
$$

这里 $\boldsymbol{n} = (\sin\theta\cos\phi, \sin\theta\sin\phi, \cos\theta)$. 恒等号利用了 $SU(2)$ 群元的幺模性质, $h_0^2 + h_1^2 + h_2^2 + h_3^2 = 1$. 可见, 三个泡利矩阵为其生成元. 这样我们就给出了 $SU(2)$ 群元的一个表达式.

8.4 置 换 群

n 个客体排列次序有 $n!$ 个, 这些变换构成置换群, 其群元素可以表示成

$$\boldsymbol{R} = \begin{pmatrix} 1 & 2 & \cdots & n \\ r_1 & r_2 & \cdots & r_n \end{pmatrix}. \tag{8.93}$$

显然, 其逆元素可以表示成

$$\boldsymbol{R}^{-1} = \begin{pmatrix} r_1 & r_2 & \cdots & r_n \\ 1 & 2 & \cdots & n \end{pmatrix}. \tag{8.94}$$

单位元为

$$\boldsymbol{E} = \begin{pmatrix} 1 & 2 & \cdots & n \\ 1 & 2 & \cdots & n \end{pmatrix}. \tag{8.95}$$

有一种特殊的置换——轮换. 例如, 长度为 3 的轮换,

$$(123) = \begin{pmatrix} 123 \\ 231 \end{pmatrix}, \tag{8.96}$$

和

$$(213) = \begin{pmatrix} 123 \\ 312 \end{pmatrix}. \tag{8.97}$$

任一置换可以唯一地分别为没有公共客体的轮换的乘积, 例如

$$\boldsymbol{R} = \begin{pmatrix} 12345 \\ 34521 \end{pmatrix} = (135)(24) = (24)(135). \tag{8.98}$$

两个轮换有一个公共客体时可以合并, 如

$$(abcd)(def) = \begin{pmatrix} abcefd \\ bcdefa \end{pmatrix} \begin{pmatrix} abcdef \\ abcefd \end{pmatrix} \tag{8.99}$$

$$= \begin{pmatrix} abcdef \\ bcdefa \end{pmatrix} \tag{8.100}$$

$$= (abcdef). \tag{8.101}$$

该轮换长度为 6. 所以, 对于一个置换可以写为对换乘积的形式,

$$(abc \cdots pq) = (ab)(bc) \cdots (pq) \tag{8.102}$$

对换数目是偶数的称为偶置换, 对换数目是奇数的称为奇置换.

我们看一下 Levi-Civita 符号

$$\epsilon_{ijk} = \begin{cases} 1, & ijk = 123, 312, 231, \\ -1, & ijk = 132, 321, 213, \\ 0, & ijk \text{中任意两个相同.} \end{cases} \tag{8.103}$$

我们有

$$\begin{pmatrix} 123 \\ 123 \end{pmatrix} = (12)\,(12)\,(23)\,(23),$$

$$\begin{pmatrix} 123 \\ 312 \end{pmatrix} = (132) = (13)\,(32),$$

$$\begin{pmatrix} 123 \\ 231 \end{pmatrix} = (123) = (13)\,(32).$$

再看一下 $n \times n$ 的矩阵 $\boldsymbol{A}$，其行列式可以写为

$$|\boldsymbol{A}| = \sum_{\pi} \epsilon_{\pi} a_{1\pi(1)} a_{2\pi(2)} \cdots a_{n\pi(n)},$$

其中，π 为偶，则

$$\epsilon_{\pi} = 1,$$

π 为奇，则

$$\epsilon_{\pi} = -1.$$

8.5 拉格朗日乘子法

拉格朗日乘子法，是一种求多元目标函数在 k 个约束条件下极值的方法. 其主要思想是引入 k 个新参数 λ_m (即拉格朗日乘子).

假设需求极值的目标函数为 $f(\boldsymbol{x})$，约束条件为 $\varphi_m(\boldsymbol{x}) = 0 (m = 1, \cdots, k)$. 这里 $\boldsymbol{x}$ 是一个 n 维矢量. 其极值求解步骤如下：

(1) 定义一个新函数

$$L(\boldsymbol{x}, \boldsymbol{\lambda}) = f(\boldsymbol{x}) + \sum_{m=1}^{k} \lambda_m \varphi_m(\boldsymbol{x}); \tag{8.104}$$

(2) 求 $L(\boldsymbol{x}, \boldsymbol{\lambda})$ 的极值方程

$$\frac{\partial L}{\partial x_i} = 0, \quad i = 1, 2, \cdots, n,$$
$$\frac{\partial L}{\partial \lambda_m} = 0, \quad m = 1, 2, \cdots, k. \tag{8.105}$$

由以上 $n + k$ 个方程求出 x_i, λ_m 的值，代入即可得到目标函数的极值. 下面我们以信息熵为例来说明拉格朗日乘子法的应用.

例 4　　求信息熵

$$S = -\sum_{n=1}^{N} p_n \log_2 p_n \tag{8.106}$$

的最大值，其中 $\{p_n\}$ 为概率分布满足归一化条件 (约束条件)

$$\sum_{n=1}^{N} p_n = 1. \tag{8.107}$$

定义函数

$$
\begin{aligned}
L(\boldsymbol{p}, \lambda) &= S + \lambda \left(\sum_{n=1}^{N} p_n - 1 \right) \\
&= -\sum_{n=1}^{N} (p_n \log_2 p_n - \lambda p_n) - \lambda,
\end{aligned} \tag{8.108}
$$

其中，$\boldsymbol{p} = (p_1, \cdots, p_n)$. 利用关系式

$$\log_2 p_n = \frac{\ln p_n}{\ln 2}, \tag{8.109}$$

求 L 的极值方程有

$$
\begin{aligned}
\frac{\partial L}{\partial p_n} &= \lambda - \log_2 p_n - \frac{1}{\ln 2} = 0, \\
\frac{\partial L}{\partial \lambda} &= \sum_{n=1}^{N} p_n - 1 = 0.
\end{aligned} \tag{8.110}
$$

由上式可知，最大熵对应的 p_n 不依赖于 n 且对所有 λ 成立. 这说明此时所有 p_n 都相等，再次利用归一化条件可得

$$p_n = \frac{1}{N}. \tag{8.111}$$

故最大熵为

$$S_{\max} = -\sum_{n=1}^{N} \frac{1}{N} \log_2 \frac{1}{N} = \log_2 N. \tag{8.112}$$

8.6　一个定积分

为了方便玻尔公式的推导，在本附录中我们将在一开始给出下面这个不定积分的计算方法.

求解不定积分

$$\int \frac{\sqrt{R}}{x}\mathrm{d}x,\tag{8.113}$$

其中

$$R = a + bx + cx^2,\tag{8.114}$$

$$c < 0, \quad a < 0, \quad \Delta = b^2 - 4ac > 0, \quad x > 0,\tag{8.115}$$

其积分结果为

$$\int \frac{\sqrt{R}}{x}\mathrm{d}x = \sqrt{R} + a\int \frac{\mathrm{d}x}{x\sqrt{R}} + \frac{b}{2}\int \frac{\mathrm{d}x}{\sqrt{R}}$$
$$= \sqrt{R} - \sqrt{-a}\arcsin\left(\frac{2a + bx}{x\sqrt{\Delta}}\right) - \frac{b}{2\sqrt{-c}}\arcsin\left(\frac{2cx + b}{\sqrt{\Delta}}\right).\tag{8.116}$$

下面给出每一部分的求解过程, 首先利用分部积分,

$$\int \frac{\sqrt{R}}{x}\mathrm{d}x = \int \mathrm{d}\left(\frac{\sqrt{R}}{x}x\right) - \int x\mathrm{d}\left(\frac{\sqrt{R}}{x}\right)$$
$$= \sqrt{R} - \int x\mathrm{d}\left(\frac{\sqrt{R}}{x}\right),\tag{8.117}$$

其中, 最后一项为

$$x\mathrm{d}\left(\frac{\sqrt{R}}{x}\right) = -\left(\frac{b}{2\sqrt{R}} + \frac{a}{x\sqrt{R}}\right)\mathrm{d}x.\tag{8.118}$$

由条件式 (8.115) 得

$$\int \frac{\mathrm{d}x}{x\sqrt{R}} = \int \frac{\mathrm{d}x}{x\sqrt{a + bx + cx^2}}$$
$$= \frac{1}{\sqrt{-a}}\arcsin\left(\frac{2a + bx}{x\sqrt{\Delta}}\right).\tag{8.119}$$

上式所得积分可以通过求导验证其正确性,

$$\mathrm{d}\arcsin\left(\frac{2a + bx}{x\sqrt{\Delta}}\right) = \frac{1}{\sqrt{1 - \left(\dfrac{4a^2 + 4abx + b^2x^2}{x^2\Delta}\right)}}\frac{-2a}{x^2\sqrt{\Delta}}\mathrm{d}x$$
$$= \frac{-2a}{x}\frac{1}{\sqrt{-4acx^2 - 4a^2 - 4abx}}\mathrm{d}x$$

$$= \frac{\sqrt{-a}}{x} \frac{1}{\sqrt{cx^2 + a + bx}} \mathrm{d}x$$

$$= \frac{\sqrt{-a}}{x} \frac{1}{\sqrt{R}} \mathrm{d}x, \tag{8.120}$$

这里我们利用了公式

$$\mathrm{d} \arcsin x = \frac{\mathrm{d}x}{\sqrt{1 - x^2}}. \tag{8.121}$$

方程 (8.118) 中另一个积分为

$$\int \frac{\mathrm{d}x}{\sqrt{R}} = \int \frac{\mathrm{d}x}{\sqrt{a + bx + cx^2}}$$

$$= \int \frac{\mathrm{d}x}{\sqrt{c \left(x + \dfrac{b}{2c} \right)^2 + \dfrac{\varDelta}{-4c}}}$$

$$= \int \frac{\mathrm{d}x}{\sqrt{\dfrac{\varDelta}{-4c} - \left[\sqrt{-c} \left(x + \dfrac{b}{2c} \right) \right]^2}}$$

$$= \frac{1}{\sqrt{-c}} \int \frac{\mathrm{d}y}{\sqrt{\dfrac{\varDelta}{-4c} - y^2}}$$

$$= \frac{-1}{\sqrt{-c}} \arcsin \left(\frac{2cx + b}{\varDelta} \right). \tag{8.122}$$

其中，$y = x + b/2c$. 这里利用了公式

$$\int \frac{\mathrm{d}x}{\sqrt{a^2 - x^2}} = \arcsin \left(\frac{x}{a} \right) \tag{8.123}$$

和

$$\frac{1}{\sqrt{-c}} \arcsin \left(\frac{\sqrt{-c} \left(x + \dfrac{b}{2c} \right)}{\sqrt{\dfrac{b^2 - 4ac}{-4c}}} \right)$$

$$= \frac{1}{\sqrt{-c}} \arcsin \left(\frac{-2cx - b}{\sqrt{\varDelta}} \right)$$

$$= \frac{-1}{\sqrt{-c}} \arcsin \left(\frac{2cx + b}{\sqrt{\varDelta}} \right). \tag{8.124}$$

注意：上面公式用到了

$$\arcsin(-x) = -\arcsin x. \tag{8.125}$$

对于中心力场，我们将积分变量换成 r，

$$\int \frac{\sqrt{R}}{r} \mathrm{d}r = \sqrt{R} - \sqrt{-a} \arcsin\left(\frac{2a + br}{r\sqrt{\Delta}}\right) - \frac{b}{2\sqrt{-c}} \arcsin\left(\frac{2cr + b}{\sqrt{\Delta}}\right), \quad (8.126)$$

它满足式 (8.115) 同样形式的条件

$$R = cr^2 + br + a, \quad (8.127)$$

$$c < 0, \quad a < 0, \quad r > 0, \quad \Delta = b^2 - 4ac > 0. \quad (8.128)$$

当满足 $R = cr^2 + br + a = 0$ (径向动量为 0) 时，我们有

$$r_1 = \frac{-b + \sqrt{\Delta}}{2c}, \quad r_2 = \frac{-b - \sqrt{\Delta}}{2c}, \quad r_2 > r_1. \quad (8.129)$$

则从 r_1 到 r_2 的定积分为

$$\int_{r_1}^{r_2} \frac{\sqrt{R}}{r} \mathrm{d}r = -\sqrt{-a} \arcsin\left(\frac{2a + br}{r\sqrt{\Delta}}\right)\Big|_{r_1}^{r_2} - \frac{b}{2\sqrt{-c}} \arcsin\left(\frac{2cr + b}{\sqrt{\Delta}}\right)\Big|_{r_1}^{r_2}$$

$$= -\sqrt{-a}\pi + \frac{\pi b}{2\sqrt{-c}}. \quad (8.130)$$

以上求解过程利用了下面的计算结果，

$$\frac{2a}{r_1\sqrt{\Delta}} + \frac{b}{\sqrt{\Delta}} = \frac{2ac}{r_1 c\sqrt{\Delta}} + \frac{b}{\sqrt{\Delta}}$$

$$= \frac{4ac}{\left(-b + \sqrt{\Delta}\right)\sqrt{\Delta}} + \frac{b}{\sqrt{\Delta}}$$

$$= \frac{4ac - b^2 + b\sqrt{\Delta}}{\left(-b + \sqrt{\Delta}\right)\sqrt{\Delta}}$$

$$= -1. \quad (8.131)$$

同理可得

$$\frac{2a}{r_2\sqrt{\Delta}} + \frac{b}{\sqrt{\Delta}} = 1. \quad (8.132)$$

因此有

$$\arcsin\left(\frac{2a + br}{r\sqrt{\Delta}}\right)\Big|_{r_1}^{r_2} = \frac{\pi}{2} - \left(-\frac{\pi}{2}\right) = \pi. \quad (8.133)$$

再利用式(8.129)，我们有

$$2cr_1 + b = \sqrt{\Delta}, \, 2cr_2 + b = -\sqrt{\Delta}. \quad (8.134)$$

我们有

$$\frac{2cr_2 + b}{\sqrt{\Delta}} = -1, \quad \frac{2cr_1 + b}{\sqrt{\Delta}} = 1. \tag{8.135}$$

$$\arcsin\left(\frac{2cr + b}{\sqrt{\Delta}}\right)\Bigg|_{r_1}^{r_2} = -\frac{\pi}{2} - \frac{\pi}{2} = -\pi. \tag{8.136}$$

利用式 (8.133)，(8.135) 和 (8.136)，即可得方程 (8.130).

8.7　简谐振子的作用量

简谐振子系统的哈密顿量为

$$H = \frac{p^2}{2m} + \frac{1}{2}m\omega^2 q^2 = E = c_1, \tag{8.137}$$

于是，动量可以表示为

$$p = \pm\sqrt{2mc_1 - (m\omega q)^2}. \tag{8.138}$$

当 $p = 0$ 时，$q = \pm a = \pm\omega^{-1}\sqrt{2c_1/m}$. 由于 p 是 q 的双值函数，相积分应当分段进行 (见图 8.1)，

$$\begin{aligned}
J = \oint p\mathrm{d}q &= \int_{-a}^{a} |p|\mathrm{d}q + \int_{a}^{-a} (-|p|)\,\mathrm{d}q \\
&= 2\int_{-a}^{a} \sqrt{2mc_1 - (m\omega q)^2}\mathrm{d}q \\
&= 2\sqrt{2mc_1} \int_{-a}^{a} \sqrt{1 - \left(\frac{m\omega q}{\sqrt{2mc_1}}\right)^2}\,\mathrm{d}q. \tag{8.139}
\end{aligned}$$

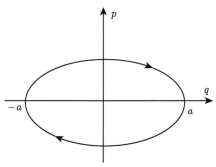

图 8.1　相积分示意图

令 $\rho = m\omega q/\sqrt{2mc_1}$，并利用

$$\frac{1}{\omega}\sqrt{\frac{2c_1}{m}}\frac{m\omega}{\sqrt{2mc_1}} = 1, \tag{8.140}$$

所以，J 可以写成

$$J = \frac{4c_1}{\omega}\int_{-1}^{1}\sqrt{1-\rho^2}\mathrm{d}\rho = \frac{4c_1}{\omega}\int_{-\frac{\pi}{2}}^{\frac{\pi}{2}}\cos^2\theta\mathrm{d}\theta\ (\rho = \sin\theta)$$

$$= \frac{4c_1}{\omega}\int_{-\frac{\pi}{2}}^{\frac{\pi}{2}}\frac{1+\cos 2\theta}{2}\mathrm{d}\theta = \frac{2\pi c_1}{\omega}. \tag{8.141}$$

最后得到 $J = 2\pi E/\omega$，即 $E = \omega J/2\pi$，那么频率为 $f = \omega/2\pi$.

《现代物理基础丛书》已出版书目

(按出版时间排序)